KB264031

 Basic

고교생을 위한 **수학공식 활용사전**

김종호 엮음

좋은 책 좋은 독자를 만드는 ―
 (주)신원문화사

이 책은 고등학생 신입생부터 대학 입시를 눈앞에 둔 3학년 학생들까지 폭넓게 이용할 수 있도록 엮었다. 기본 공식의 이해는 물론 효과적인 활용을 이끌어낼 수 있도록 예제와 상세한 풀이를 덧붙였고, 입시 문제 풀이에 직접 연관되도록 구성했다.

수학 문제 풀이는 우선 공식을 잘 활용하여 짧은 시간 안에 정확한 답을 구해 자신감을 얻을 수 있을 때 재미도 붙고 실력도 향상되게 마련이다. 그것이 수학 세계의 전부는 아니지만 기초 문제부터 완벽하게 풀지 못하면 아무리 훌륭한 명강의를 들어도 효과가 지속될 수 없고 자신감도 잃게 된다. 이 책은 이런 점을 염두에 두고 고교 전 과정을 포괄하는 내용으로 구성했으며, 예제는 최근 대학 입시 문제 유형에서 선택했다.

신입생에게는 고교 전 과정을 훑어보고 선행 학습하는 데 길잡이가 되리라 생각한다. 또한, 상급생은 기본 문제 풀이에 막혔을 때 곧바로 기본 공식과 예제 풀이를 펼쳐 참고할 수 있도록 엮었다.

고교 일선 강단에서의 오랜 경험과 교재 연구를 바탕으로, 되도록 알기 쉬운 간결한 설명과 풀이를 통해 수학에의 접근을 꾀하려 노력했다. 학생 여러분에게 많은 도움이 되기를 간절히 바란다.

2002년 2월

엮은이 씀

수 학 공 식 활 용 사

차 례

1 집합과 명제

1. 집합의 포함관계 _15
2. 집합의 연산 _16
3. 명제 _17
4. 명제 사이의 관계 _18

2 수와 식

1. 수의 체계 _19
2. 복소수 _20
3. 복소수의 연산 _21
4. 다항식의 연산 _22
5. 인수분해 공식과 활용 _23
6. 항등식과 미정계수법 _24
7. 나머지 정리와 인수 정리 _25
8. 조립제법 _26
9. 다항식에서의 약수와 배수 _27
10. 유리식과 연산 _28
11. 유리식의 연산 활용 _29
12. 무리식과 연산 _31
13. 분모의 유리화 _32
14. 이중근호의 풀이 _33

3 방정식과 부등식

1. 방정식 $ax = b$의 풀이 _34
2. 이차방정식 _35
3. 완전제곱식에 의한 풀이 _35
4. 이차방정식의 근의 판별 _36
5. 근과 계수와의 관계 _37
6. 이차식의 인수분해 _38
7. 두 수를 근으로 하는 이차방정식 _39
8. 공통근을 구하는 방법 _40
9. 이차방정식의 실근의 부호 _41
12. 고차방정식의 켤레근 _44
13. 연립일차방정식의 해법 _45
14. 연립이차방정식의 해법 _46
15. 부정방정식 _47
16. 부등식의 성질 _48
17. 일차부등식 _49
18. 이차부등식 _51
19. 이차부등식이 모든 실수 x에 대하여 성립할 조건 _52
20. 연립이차부등식 _53

10. 삼차방정식의 근과 계수와의 관계 _42

11. 고차방정식의 해법 _42

21. 절대부등식 _54

22. 부등식의 증명 _55

4 도형의 방정식

1. 도형의 방정식 _56

2. 수직선 위의 선분의 내분점 · 외분점 _57

3. 좌표평면 위의 선분의 내분점 · 외분점 _58

4. 삼각형의 무게중심의 좌표 _59

5. 한 점을 지나는 직선 _60

6. 두 점을 지나는 직선 _61

7. 두 직선의 평행조건 _62

8. 두 직선의 수직조건 _63

9. 두 직선의 교점을 지나는 직선 _64

10. 점과 직선 사이의 거리 _65

11. 원의 방정식 _66

12. 원의 방정식 일반형 _67

13. 원과 직선 _68

14. 원의 접선 _69

15. 두 원의 교점을 지나는 원 · 직선 _70

16. 도형의 자취 _71

17. 도형의 이동 _72

18. 대칭이동 _73

19. 부등식의 영역 _74

20. 부등식의 영역에서의 최대 · 최소 _76

5 함 수

1. 함수 _77

2. 일대일 대응 _78

3. 합성함수 _79

9. 이차함수의 그래프와 이차부등식의 해 _85

10. 이차방정식의 근의 분리 _86

11. 간단한 삼차함수의 그래프 _87

4. 역함수 _80

5. 역함수의 성질 _81

6. 일차함수 _82

7. 이차함수의 그래프 _83

8. 이차함수의 그래프와
　　이차방정식의 실근 _84

12. 우함수 · 기함수 _88

13. 유리함수 _89

14. 무리함수 $y=\sqrt{ax}$의 그래프 _91

15. 함수의 최대 · 최소 _92

16. $y=\dfrac{f(x)}{g(x)}$ 꼴의 최대 · 최소 _93

6 지수 · 로그함수

1. 지수 · 로그함수 거듭제곱근의 계산
　　_94

2. 지수법칙 _95

3. 지수방정식 · 부등식 _96

4. 지수함수 $y=a^x(a>0,\ a\neq1)$의
　　그래프 _97

5. 로그의 정의 · 성질 _98

6. 상용로그 _99

7. 로그함수 · 그래프 _100

8. 로그방정식과 로그부등식 _101

7 삼각함수

1. 삼각함수 _102

2. 삼각함수의 정의 · 성질 _104

3. 삼각함수의 각의 변환 공식 _105

4. 삼각함수의 그래프 _107

5. 삼각함수의 주기, 최대 · 최소 _108

6. 삼각방정식과 부등식 _111

7. 사인법칙 _112

8. 코사인법칙 _113

9. 삼각함수의 응용 _114

8 행 렬

1. 행렬 _115

2. 행렬의 곱 _116

3. 역행렬 _118

4. 역행렬과 연립일차방정식 _119

9 수 열

1. 수열 _120

2. 등차수열 _121

3. 등차수열의 합 _122

4. 등비수열 _123

5. 등비수열의 합 _124

6. 여러 가지 수열 · 기호 Σ _125

7. 분수식의 수열의 합, $S-$, S꼴의 풀이 _127

8. 계차수열 _128

9. 수열의 귀납적 정의 · 점화식 _129

10. 수학적귀납법 _130

11. 순서도 _132

10 극 한

1. 수열의 극한 _133

2. 수열의 수렴 · 발산 _133

3. 극한값의 계산 _134

4. 무한등비수열 $\{r^n\}$의 극한 _136

5. 무한급수 _138

6. 무한등비급수 _140

7. 무한급수의 성질 _141

8. 순환소수와 무한등비급수 _142

9. 함수의 극한 _143

10. 함수의 극한의 성질 _144

11. 극한값의 계산 _145

12. 함수의 연속성 _147

13. 연속함수의 성질 _148

11 미분법

1. 평균변화율 · 미분계수 _149

2. 미분가능과 연속 _150

3. 도함수 _152

4. 접선의 방정식 _153

5. 도함수의 부호와 함수의 증감 _154

6. 함수의 극대 · 극소 _155

7. 함수의 최대와 최소 _156

8. 방정식 · 부등식에의 응용 _157

9. 속도 · 가속도 _158

12 적분법

1. 부정적분·공식 _159
2. 구분 구적법 _160
3. 정적분 _161
4. 정적분의 공식 _163
5. 무한급수를 정적분으로 나타내기 _165
6. x축과 곡선으로 둘러싸인 부분의 넓이 _167
7. 두 곡선으로 둘러싸인 부분의 넓이 _168
8. 단면적을 이용한 부피 _169
9. 회전체의 부피 _170
10. 속도와 거리 _171

13 확 률

1. 경우의 수 _172
2. 순열 _173
3. 중복순열·원수열 _174
4. 같은 것을 포함하는 순열의 수 _175
5. 조합 _176
6. 중복조합 _177
7. 이항정리 _178
8. 확률 _180
9. 확률의 계산 _181
10. 확률의 곱셈 정리 _182
11. 독립사건과 종속사건 _183

14 통 계

1. 도수분포 _184
2. 이산확률분포 _185
3. 이항분포 _187
4. 연속확률분포 _188
5. 정규분포 _190
6. 표본집단 _192
7. 모평균의 추정 _194

15 방정식과 부등식(Ⅱ)

1. 분수방정식·무리방정식 _195
2. 고차부등식·분수부등식 _196

16 일차변환과 행렬

1. 일차변환 _198
2. 일차변환의 합성과 역변환 _200
3. 일차변환과 도형 _202

17 삼각함수와 복소수

1. 삼각함수의 덧셈정리 _203
2. 곱을 합·차로, 합·차를 곱으로 고치는 공식 _205
3. 복소수의 극형식 _207
4. 복소수의 계산 _208
5. 복소수와 도형 _210
6. 도형의 방정식 _210

18 이차곡선

1. 포물선 _212
2. 타원 _213
3. 쌍곡선 _214

19 공간도형

1. 평면의 결정 조건 _216
2. 직선과 평면·두 평면의 위치 관계 _217
3. 삼수선의 정리 _218
4. 정사영 _219
5. 공간의 점의 좌표 _220
6. 선분의 내분점과 외분점 _221
7. 구의 방정식 _221

20 벡 터

1. 벡터의 정의와 연산 _222
2. 공간벡터 _223
3. 벡터의 내분점·외분점 _224
7. 두 직선의 수직·평행 _228
8. 두 직선이 이루는 각 _229
9. 평면의 방정식 _230

4. 벡터의 내적 _ 225

5. 두 벡터의 수직 · 평행 _ 226

6. 직선의 방정식 _ 227

10. 두 평면의 위치관계 _ 230

11. 직선과 평면 _ 231

21 함수의 극한(Ⅱ)

1. 삼각함수, 지수, 로그함수의 극한 _ 232

22 도함수(Ⅱ)

1. 도함수(Ⅱ) _ 234

2. 함수의 미분법(Ⅱ) _ 235

3. 삼각함수, 지수 · 로그함수의 도함수 _ 236

4. 평균값의 정리 _ 237

5. 고계도함수와 응용 _ 238

6. 변곡점 _ 239

7. 속도와 가속도(Ⅱ) _ 240

23 적분법(Ⅱ)

1. 적분법(Ⅱ) _ 241

2. 치환적분, 부분적분법 _ 242

3. 정적분의 치환 · 부분적분 _ 243

4. 정적분의 응용(Ⅱ) _ 245

24 기본 도형의 종합 정의

1. 삼각형의 넓이 _ 246

2. 이등변삼각형의 성질 _ 246

3. 닮은도형의 성질 _ 246

4. 삼각형과 평행선 _ 247

5. 삼각형의 중점연결 정리 _ 247

7. 직각삼각형에서 변의 길이의 비 _ 248

8. 삼각형의 내심 _ 249

9. 원에서의 비례 관계 _ 249

10. 원의 접선 _ 250

11. 원주각 _ 250

6. 삼각형의 각의 이등분선 _248

12. 원과 사각형 _251

부 록

상용로그표(1) _252

상용로그표(2) _253

정규분포표 _254

Basic

고교생을 위한 수학공식 활용사전

고교생을 위한 수학공식 활용사전

1. 집합의 포함관계

1. 집합과 원소
집합 A의 원소가 0, 1, 2, 3일 때
(1) 원소 나열법 : $A=\{0,\ 1,\ 2,\ 3\}$
(2) 조건제시법 : $A=\{x|0\leq x\leq 3,\ x$는 정수$\}$
(3) 원소와 집합 관계 $0\in A$, $5\notin A$

2. 집합의 종류
(1) ϕ, { } : 원소가 하나도 없는 집합, 공집합
(2) 유한집합 : 원소의 개수가 유한개인 집합
   무한집합 : 원소의 개수가 무수히 많은 집합

3. 집합의 포함관계
(1) $A\subset B \Leftrightarrow$ 임의의 $x\in A$이면 $x\in B$
(2) $A=B \Leftrightarrow A\subset B$이고 $B\subset A$, A와 B는 상등
(3) $A\subset B$, $B\subset C$이면 $A\subset C$
(4) $\phi\subset A$, $A\subset A$, $A\subset U$ (U는 전체집합)

4. 부분집합의 개수
n개의 원소를 가진 집합의 부분집합의 개수는 2^n개
진부분 집합의 개수는 자신을 제외하므로 2^n-1개

| 예문 | 전체집합 $U=\{1,\ 2,\ 3,\ \cdots\cdots,\ 100\}$의 부분집합 A에 대하여 $f(A)$를 A에 속하는 모든 원소의 합이라고 하자. U의 두 부분집합 A, B에 대하여 | 보기 | 중 항상 옳은 것은? (단, $f(\phi)=0$)

─────────┤ 보기 ├─────────

ㄱ. $f(A^c)=f(U)-f(A)$ ㄴ. $A\subset B$이면 $f(A)\leq f(B)$
ㄷ. $f(A\cup B)=f(A)+f(B)$

풀이 》》》 <약해> ㄷ. (반례) $A=\{1\}$, $B=\{1,\ 2\}$로 놓으면
$A\cup B=\{1,\ 2\}$에서 $f(A\cup B)=3$, $f(A)=1$, $f(B)=3$
즉, $f(A\cup B)\neq f(A)+f(B)$ $\therefore$ 옳은 것은 ㄱ, ㄴ … **답**

2. 집합의 연산

1. 집합의 연산
(1) 교환법칙 : $A \cup B = B \cup A$, $A \cap B = B \cap A$

(2) 결합법칙 : $(A \cup B) \cup C = A \cup (B \cup C)$
$(A \cap B) \cap C = A \cap (B \cap C)$

(3) 분배법칙 : $A \cup (B \cap C) = (A \cup B) \cap (A \cup C)$
$A \cap (B \cup C) = (A \cap B) \cup (A \cap C)$

(4) 드 모르간의 법칙 : $(A \cup B)^c = A^c \cap B^c$
$(A \cap B)^c = A^c \cup B^c$

(5) 차집합의 성질 : $A - B = A \cap B^c$

(6) 여집합의 성질 : $A \cup A^c = U$, $A \cap A^c = \phi$

(7) 동치변형 : $A \subset B \Leftrightarrow B^c \subset A^c \Leftrightarrow A \cap B = A$
$\Leftrightarrow A \cup B = B \Leftrightarrow A - B = \phi \Leftrightarrow A^c \cup B = U$

2. 유한집합의 원소의 개수
(1) $n(A \cup B) = n(A) + n(B) - n(A \cap B)$

(2) $n(A \cup B \cup C) = n(A) + n(B) + n(C) - n(A \cap B)$
$- n(B \cap C) - n(C \cap A) + n(A \cap B \cap C)$

┃ 예문 ┃ 전체집합 $U = \{1,\ 2,\ 3,\ 4,\ 5,\ 6\}$의 두 부분집합을 A, B라 할 때 $A^c \cap B^c = \{1,\ 5\}$, $A \cap B = \{3\}$, $A \cap B^c = \{2,\ 6\}$를 만족하는 집합 A를 구하여라.

풀이 ≫ $A^c \cap B^c = (A \cup B)^c = \{1,\ 5\}$ $\quad \therefore A \cup B = \{2,\ 3,\ 4,\ 6\}$
$A \cap B = \{3\}$, $A \cap B^c = A - B = \{2,\ 6\}$ $\quad \therefore A = \{2,\ 3,\ 6\} \cdots$ 답

┃ 예문 ┃ 자연수 n에 대하여 A_n을 $A_n = \{x \,|\, x$는 n과 서로소인 자연수$\}$ 라고 할 때, ┃ 보기 ┃ 중에서 옳은 것은?

┤ 보기 ├

ㄱ. $A_2 = A_4$ ㄴ. $A_3 = A_6$ ㄷ. $A_6 = A_3 \cap A_4$

풀이 ≫ 원소나열법으로 나타내서 비교
$A_3 = \{1,\ 2,\ 4,\ 5,\ 7,\ 8,\ 10,\ \cdots\}$, $A_6 = \{1,\ 5,\ 7,\ \cdots\}$ $\quad \therefore A_3 \neq A_6$

답 ㄱ, ㄷ

3. 명 제

참, 거짓을 명확하게 구별할 수 있는 문장이나 식

(1) 조건 : x의 값에 따라 참 또는 거짓을 판별할 수 있는 문장이나 식을 조건 또는 명제함수라 하고, $p(x)$로 나타낸다.

(2) 진리집합 : 전체집합 U의 원소 중에서 조건 $p(x)$가 참이 되는 x의 값의 집합을 $p(x)$의 진리집합이라고 한다.

(3) 명제와 집합

명제 $p \to q$가 참일 때 조건 p를 만족시키는 것 전체로 이루어지는 집합을 P, 조건 q를 만족시키는 것 전체로 이루어지는 집합을 Q라고 하면 $P \subset Q$가 성립한다.

즉 $p \Rightarrow q$는 $P \subset Q$와 같은 뜻이다.

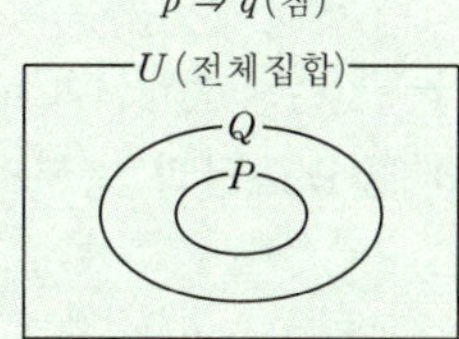

보기 1 조건 '$p(x)$: x는 짝수이다.'에서 $p(2)$는 참, $p(5)$는 거짓이다.

보기 2 자연수 전체의 집합 N에서 조건 '$p(x)$: x는 12의 약수이다'의 진리집합을 P라고 하면

$$P=\{x \mid x \in N,\ x\text{는 } 12\text{의 약수}\}$$
$$=\{1,\ 2,\ 3,\ 4,\ 6,\ 12\}$$

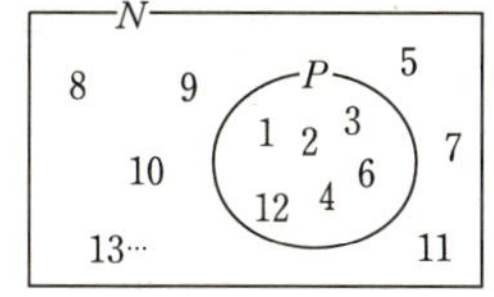

┃ 예문 ┃ 다음 명제의 참, 거짓을 판별하여라.

(1) 4의 배수는 2의 배수이다.

(2) 8의 약수는 12의 약수이다.

풀이 》》 주어진 명제의 가정을 p, 결론을 q라 하고 이들의 진리집합을 각각 P, Q라 하자.

(1) $P=\{4,\ 8,\ 12,\ \cdots\}$, $Q=\{2,\ 4,\ 6,\ 8,\ 10,\ 12,\ \cdots\}$ $P \subset Q$이므로 **참**…답

(2) $P=\{1,\ 2,\ 4,\ 8\}$ $Q=\{1,\ 2,\ 3,\ 4,\ 6,\ 12\}$ $P \not\subset Q$ **거짓**…답

4. 명제 사이의 관계

1. 명제의 역, 이, 대우

명제와 그 역, 이, 대우 사이의 관계는 다음과 같다.

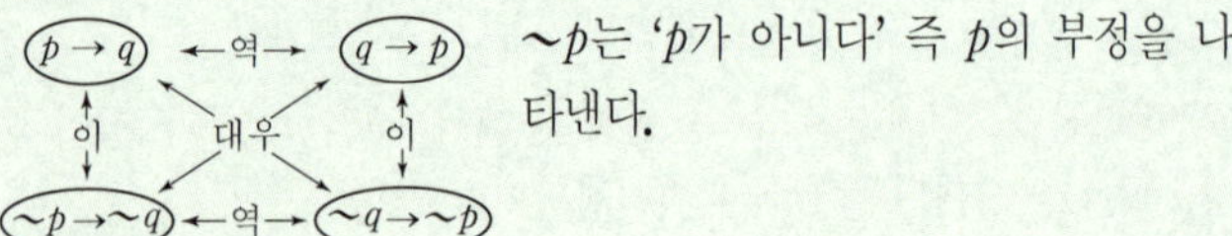

$\sim p$는 'p가 아니다' 즉 p의 부정을 나타낸다.

2. 명제와 대우

명제 '$p \to q$'와 그 대우 '$\sim q \to \sim p$'는 참, 거짓이 일치하므로 '$p \to q$'를 증명하기 위해서는 '$\sim q \to \sim p$'를 밝혀도 충분하다.

3. 필요조건과 충분조건

명제 $p \to q$가 참인 것을 기호로 $p \Rightarrow q$와 같이 나타낸다. 이 때,

q를 p이기 위한 필요조건

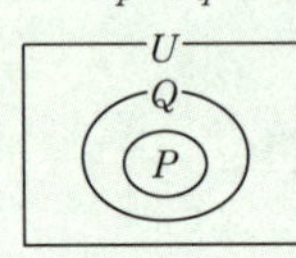

p를 q이기 위한 충분조건이라 하고 $p \Leftrightarrow q$는 p, q가 서로 필요충분조건이라고 한다.

┃ 예문 ┃ 다음은 1보다 큰 자연수 n에 대한 명제 '$\sqrt{n}$보다 작거나 같은 모든 소수로 n이 나누어 떨어지지 않으면, n은 소수이다'의 증명이다.

┤ 보 기 ├

> 결론을 부정하여 n이 소수가 아니라고 가정하면, $n = lm$인 1보다 큰 자연수 l과 m이 존재한다. l의 한 소수인 약수를 p, m의 한 소수인 약수를 q라 하면 pq는 lm의 약수이다. 그러므로 $pq \le n$이다. 만약 $p > \sqrt{n}$이고 $q > \sqrt{n}$이면, $pq > \sqrt{n}\sqrt{n} = n$이므로 모순이다. 따라서, (가)이다. 즉, n의 약수 중에서 $\sqrt{n}$보다 작거나 같은 소수가 존재한다. 그런데 이것은 가정에 모순이므로, n은 소수이다.

위의 증명에서 (가)에 알맞은 것은?

풀이 ≫ 만약 $p > \sqrt{n}$이고 $q > \sqrt{n}$이면 $pq > \sqrt{n}\sqrt{n} = n$이므로 모순. 그러므로 $p > \sqrt{n}$이고 $q > \sqrt{n}$의 부정이 참인 명제가 된다. 따라서 $p \le \sqrt{n}$이거나 $q \le \sqrt{n}$ … 답

1. 수의 체계

1. 실수의 연산에 대한 성질

실수 전체의 집합 R의 임의의 원소 a, b, c에 대하여 다음이 성립한다.

(1) 닫혀있다 $a+b \in R$, $ab \in R$

(2) 교환법칙 $a+b=b+a$, $ab=ba$

(3) 결합법칙 $(a+b)+c=a+(b+c)$, $(ab)c=a(bc)$

(4) 분배법칙 $a(b+c)=ab+ac$, $(a+b)c=ac+bc$

(5) 항등원

   ① 덧셈에 대한 항등원 $a+0=0+a=a$, $0 \in R$

   ② 곱셈에 대한 항등원 $a \cdot 1=1 \cdot a=a$, $1 \in R$

(6) 역원

   ① a의 덧셈에 대한 역원 $a+(-a)=0$, $-a \in R$

   ② a의 곱셈에 대한 역원 $a \cdot \dfrac{1}{a}=1(a \neq 0)$, $\dfrac{1}{a} \in R$

2. 실수의 대소 관계

(1) $a>b$, $b>c$이면 $a>c$

(2) $a>b$이면 $a+c>b+c$

(3) $a>b$이고 $c>0$이면 $ac>bc$

(4) $a>b$이고 $c<0$이면 $ac<bc$

┃예문┃ 다음을 증명하여라.

(1) a, b가 유리수일 때, $a+b\sqrt{3}=0$이면 $a=b=0$

(2) $\sqrt{2}$가 유리수가 아니면 $\sqrt{8}$이 유리수가 아니다.

풀이 ≫ (1) 대우명제를 써서 $b \neq 0$이라고 하면 $\sqrt{3}=-\dfrac{a}{b}$

$\sqrt{3}$은 무리수, $-\dfrac{a}{b}$는 유리수 되어 모순. $\therefore$ $b=0$, $a=0$이다.

(2) $\sqrt{8}=2\sqrt{2}=a$(유리수)로 가정하면

$\sqrt{2}=\dfrac{a}{2}$되어 $\sqrt{2}$는 무리수, $\dfrac{a}{2}$는 유리수 되어 모순

$\therefore$ $\sqrt{8}$은 유리수가 아니다.

2. 복소수

1. 복소수

(1) 허수단위 i의 정의 : $i^2=-1$, $i=\sqrt{-1}$

　즉, 제곱하여 -1이 되는 수의 하나.

(2) 복소수 : 임의의 실수 a, b에 대하여 $a+bi$의 형태의 수

(3) 복소수 $\begin{cases} \text{실수} : a+0i \\ \text{허수} \begin{cases} \text{순허수 } bi(b\neq0) \\ \text{순허수가 아닌 허수 } a+bi(a\neq0,\ b\neq0) \end{cases} \end{cases}$

(4) 복소수가 서로 같을 조건

　a, b, c, d가 실수일 때

$$a+bi=c+di \Leftrightarrow a=c,\ b=d$$

2. 사칙연산 Ⅰ

(1) $(a+bi)+(c+di)=(a+c)+(b+d)i$

(2) $(a+bi)-(c+di)=(a-c)+(b-d)i$

(3) $(a+bi)(c+di)=(ac-bd)+(ad+bc)i$

(4) 복소수 $a-bi$를 복소수 $a+bi$의 켤레복소수라 하고

$$\overline{a+bi}=a-bi$$

$$\frac{a+bi}{c+di}=\frac{ac+bd}{c^2+d^2}+\frac{bc-ad}{c^2+d^2}i\,(\text{분모, 분자에 } \overline{c+di} \text{ 를 곱함})$$

$$(\text{단, } c+di\neq0)$$

┃ 예문 ┃ 복소수 $\alpha=-2+i$, $\beta=1-2i$일 때 $\alpha\overline{\alpha}+\overline{\alpha}\beta+\alpha\overline{\beta}+\beta\overline{\beta}$의 값은? (단, $\overline{\alpha}$, $\overline{\beta}$는 각각 α, β의 켤레복소수)

풀이 》 $\alpha+\beta=(-2+i)+(1-2i)=-1-i$, $\overline{\alpha}+\overline{\beta}=\overline{\alpha+\beta}=-1+i$이므로

$$\alpha\overline{\alpha}+\overline{\alpha}\beta+\alpha\overline{\beta}+\beta\overline{\beta}=\alpha(\overline{\alpha}+\overline{\beta})+\beta(\overline{\alpha}+\overline{\beta})$$

$$=(\alpha+\beta)(\overline{\alpha}+\overline{\beta})=(\alpha+\beta)(\overline{\alpha+\beta})$$

$$=(-1-i)(-1+i)=2\cdots\text{답}$$

┃ 예문 ┃ $\alpha=3+2i$, $\beta=3-i$일 때 $\dfrac{\alpha}{\beta}$의 값은?

풀이 》 $\dfrac{\alpha}{\beta}=\dfrac{3+2i}{3-i}\times\dfrac{3+i}{3+i}=\dfrac{(9-2)+(3+6)i}{10}=\dfrac{7}{10}+\dfrac{9}{10}i\cdots\text{답}$

3. 복소수의 연산

1. 복소수의 연산 II

복소수 전체의 집합 C의 임의의 세 원소를 z_1, z_2, z_3라고 하면

(1) 닫혀 있음 　　　　$z_1 + z_2 \in C$, $z_1 z_2 \in C$

(2) 교환 법칙 성립 　$z_1 + z_2 = z_2 + z_1$, $z_1 z_2 = z_2 z_1$

(3) 결합 법칙 성립 　$(z_1 + z_2) + z_3 = z_1 + (z_2 + z_3)$, $(z_1 z_2) z_3 = z_1 (z_2 z_3)$

(4) 분배 법칙 성립 　$z_1(z_2 + z_3) = z_1 z_2 + z_1 z_3$, $(z_2 + z_3) z_1 = z_2 z_1 + z_3 z_1$

(5) 항등원·역원 존재

　① 항등원 $\begin{cases} \text{덧셈에 관한 항등원} : 0 \\ \text{곱셈에 관한 항등원} : 1 \end{cases}$

　② 역원 $\begin{cases} a+bi\text{의 덧셈에 관한 역원} : -(a+bi) = -a-bi \\ a+bi\text{의 곱셈에 관한 역원} : \end{cases}$

$$\frac{1}{a+bi} = \frac{a}{a^2+b^2} - \frac{b}{a^2+b^2}i \quad (a+bi \neq 0)$$

2. 음수의 제곱근

a가 양수일 때

(1) $\sqrt{-a} = \sqrt{a}\,i$

(2) $-a$의 제곱근은 $\sqrt{a}\,i$와 $-\sqrt{a}\,i$

(3)
$\begin{cases} \bullet\ a<0,\ b<0\text{일 때는 } \sqrt{a}\,\sqrt{b} = -\sqrt{ab} \\[2mm] \bullet\ a \geq 0,\ b<0\text{일 때는 } \dfrac{\sqrt{a}}{\sqrt{b}} = -\sqrt{\dfrac{a}{b}} \ (b \neq 0) \\[2mm] \bullet\ \text{그 이외의 경우 } \sqrt{a}\,\sqrt{b} = \sqrt{ab},\ \dfrac{\sqrt{a}}{\sqrt{b}} = \sqrt{\dfrac{a}{b}} \ (b \neq 0) \end{cases}$

┃ 예문 ┃ 다음 값을 구하여라.

(1) $(4+3i)^2 - (4-3i)^2$ (단, $i = \sqrt{-1}$)

(2) $\left(\dfrac{1+i}{1-i}\right)^{1998}$ 의 값?

풀이 ≫　(1) $(4+3i)^2 - (4-3i)^2 = (16+24i-9) - (16-24i-9) = 48i \cdots$ 답

(2) $\dfrac{1+i}{1-i} = \dfrac{1+i}{1-i} \times \dfrac{1+i}{1+i} = i$ 이므로 $\left(\dfrac{1+i}{1-i}\right)^{1998} = i^{1998} = (i^4)^{499} \cdot i^2 = -1 \cdots$ 답

4. 다항식의 연산

1. 곱셈 공식

$$(a+b)^2=a^2+2ab+b^2 \qquad (a-b)^2=a^2-2ab+b^2$$

$$(a+b)(a-b)=a^2-b^2$$

$$(x+a)(x+b)=x^2+(a+b)x+ab$$

$$(a+b+c)^2=a^2+b^2+c^2+2ab+2bc+2ca$$

$$(a+b)^3=a^3+3a^2b+3ab^2+b^3 \qquad (a-b)^3=a^3-3a^2b+3ab^2-b^3$$

$$(a+b)(a^2-ab+b^2)=a^3+b^3 \qquad (a-b)(a^2+ab+b^2)=a^3-b^3$$

2. 곱셈공식의 변형

$$a^2+b^2=(a+b)^2-2ab=(a-b)^2+2ab \qquad (a-b)^2=(a+b)^2-4ab$$

$$a^3+b^3=(a+b)^3-3ab(a+b) \qquad a^3-b^3=(a-b)^3+3ab(a-b)$$

$$a^2+b^2+c^2=(a+b+c)^2-2(ab+bc+ca)$$

$$a^2+b^2+c^2-ab-bc-ca=\frac{1}{2}\{(a-b)^2+(b-c)^2+(c-a)^2\}$$

$$(a_1+a_2+\cdots\cdots+a_n)^2$$
$$=a_1{}^2+a_2{}^2+a_3{}^2+\cdots\cdots+a_n{}^2+2(a_1a_2+a_2a_3+\cdots\cdots+a_{n-1}a_n)$$

참고 서로 다른 두 수의 곱의 합을 구하는데 쓰인다.

| 예문 | n이 짝수일 때, $a^n+(-a)^{n+1}+a^{n+1}-(-a)^n$을 간단히 하면 ?

풀이 ≫ n이 짝수이면 $n+1$은 홀수이므로
$$a^n+(-a)^{n+1}+a^{n+1}-(-a)^n=a^n-a^{n+1}+a^{n+1}-a^n=0 \cdots \boxed{답}$$

| 예문 | (1) $(x^2-x+1)(x^2+x+1)$을 전개하여 x에 관한 내림차순으로 나타내어라.

(2) $(a^2-2ab+4b^2)(a+2b)$를 간단히 하여라.

풀이 ≫ (1) $(x^2-x+1)(x^2+x+1)=(x^2+1-x)(x^2+1+x)$
$$=(x^2+1)^2-x^2=x^4+2x^2+1-x^2$$
$$=x^4+x^2+1 \cdots \boxed{답}$$

(2) $(a^2-2ab+4b^2)(a+2b)=\{a^2-2ab+(2b)^2\}(a+2b)$
$$=a^3+(2b)^3=a^3+8b^3 \cdots \boxed{답}$$

5. 인수분해 공식과 활용

(1) $ma+mb=m(a+b)$

(2) $a^2\pm2ab+b^2=(a\pm b)^2$ (복부호 동순)

(3) $a^2-b^2=(a+b)(a-b)$

(4) $x^2+(a+b)x+ab=(x+a)(x+b)$

(5) $acx^2+(ad+bc)x+bd=(ax+b)(cx+d)$

(6) $a^3\pm b^3=(a\pm b)(a^2\mp ab+b^2)$ (복부호 동순)

(7) $a^3\pm3a^2b+3ab^2\pm b^3=(a\pm b)^3$ (복부호 동순)

(8) $a^2+b^2+c^2+2ab+2bc+2ca=(a+b+c)^2$

(9) $a^4+a^2b^2+b^4=(a^2+ab+b^2)(a^2-ab+b^2)$

(10) $a^3+b^3+c^3-3abc=(a+b+c)(a^2+b^2+c^2-ab-bc-ca)$

(11) $a^n-b^n=(a-b)(a^{n-1}+a^{n-2}b+a^{n-3}b^2+\cdots\cdots+ab^{n-2}+b^{n-1})$

(12) 복잡한 식의 인수분해는 가장 낮은 차수의 문자에 주목하여 내림 차순으로 정리하면 (1) 또는 (5) 공식이 적용된다.

예문 다음 식을 인수분해하여라.

(1) $a^2b-bc^2-a^2c+c^3$

(2) $3x^3-18x^2y+36xy^2-24y^3$

(3) x^4+3x^2+4

(4) x^3+x^2y-x-y

풀이

(1) $b(a^2-c^2)-c(a^2-c^2)=(b-c)(a^2-c^2)$
$$=(b-c)(a+c)(a-c) \cdots \text{답}$$

(2) $3(x^3-6x^2y+12xy^2-8y^3)$
$$=3\{x^3-3\cdot x^2\cdot 2y+3\cdot x\cdot(2y)^2-(2y)^3\}$$
$$=3(x-2y)^3 \cdots \text{답}$$

(3) $(x^4+4x^2+4)-x^2=(x^2+2)^2-x^2$
$$=(x^2+2+x)(x^2+2-x)$$
$$=(x^2+x+2)(x^2-x+2) \cdots \text{답}$$

(4) $(x^2-1)y+x^3-x=(x^2-1)(y+x)$
$$=(x+1)(x-1)(x+y) \cdots \text{답}$$

6. 항등식과 미정계수법

1. 항등식 : 식의 주목하는 문자에 어떤 수를 대입해도 항상 성립하는 등식

2. 미정계수 구하기
(1) 계수 비교법 : 양 변의 차수가 같은 항의 계수를 비교.
(2) 수치 대입법 : 문자에 적당한 값을 대입.

3. 항등식의 성질
다음 식이 x, y에 대한 항등식일 때,
(1) $ax+b=0 \Leftrightarrow a=0,\ b=0$
(2) $ax^2+bx+c=0 \Leftrightarrow a=0,\ b=0,\ c=0$
(3) $ax^2+bx+c=a'x^2+b'x+c' \Leftrightarrow a=a',\ b=b',\ c=c'$
(4) $ax+by+c=0 \Leftrightarrow a=0,\ b=0,\ c=0$

┃ 예문 ┃ 모든 실수 x에 대하여 $a(x-1)(x+2)=2x^2+bx+c$가 성립할 때, a, b, c의 값을 구하여라.

풀이 》》 주어진 항등식의 양변에 적당한 수(간단하게 되는)를 대입
등식의 양변에 $x=1$, -2, 0을 각각 대입하면
$0=2+b+c,\ 0=8-2b+c,\ -2a=c$
세 식을 연립하여 풀면 $\boldsymbol{a=2,\ b=2,\ c=-4}$ … 답

┃ 예문 ┃ 등식 $ax^2+bx+c=0$이 x에 대한 항등식이 되기 위한 필요충분 조건은 $a=b=c=0$임을 증명하여라.

풀이 》》 $ax^2+bx+c=0$이 x에 대한 항등식이면 $x=0$, -1, 1을 대입하여도 주어진 등식은 성립한다. 따라서,
$x=0$일 때, $c=0$
$x=-1$일 때 $a-b+c=0$, 즉 $a-b=0$
$x=1$일 때 $a+b+c=0$, 즉 $a+b=0$. 그러므로, $a=b=c=0$이다.
역으로 $a=b=c=0$이면 등식 $ax^2+bx+c=0$은 x의 값에 관계없이 항상 성립한다.

7. 나머지 정리와 인수 정리

1. 나머지 정리

x에 대한 다항식 $P(x)$를 x의 일차식 $x-a$로 나누었을 때의 나머지 R은 $P(a)$와 같다.

참고 x에 대한 다항식 $P(x)$를 $ax+b$로 나눈 나머지는

$$P\left(-\frac{b}{a}\right)$$ 와 같다. 제수를 0으로 하는 x의 값$(ax+b=0)$

을 다항식에 대입한 결과와 같다.

2. 인수 정리

x에 대한 다항식 $P(x)$가 $x-a$로 나누어 떨어지기 위한 필요충분조건은 $P(a)=0$이다.

예문 정식 $P(x)$를 $x-1$, $x-2$, $x-3$으로 나눈 나머지를 2, 5, 8이라 할 때, $P(x)$를 $(x-1)(x-2)(x-3)$으로 나눈 나머지는?

풀이 $P(1)=2$, $P(2)=5$, $P(3)=8$이고, $P(x)$를 $(x-1)(x-2)(x-3)$으로 나누었을 때의 몫을 $Q(x)$, 나머지를 ax^2+bx+c라 하면

$$P(x)=(x-1)(x-2)(x-3)\,Q(x)+ax^2+bx+c \cdots ①$$

①에 나머지 정리의 결과를 이용하면

$$\left.\begin{array}{l} 2=a+b+c \\ 5=4a+2b+c \\ 8=9a+3b+c \end{array}\right\}$$

$\therefore\ a=0,\ b=3,\ c=-1$

따라서 나머지는 $3x-1 \cdots$ 답

예문 x의 삼차식 $f(x)$가 $f(1)=\dfrac{1}{2}$, $f(2)=\dfrac{1}{3}$, $f(3)=\dfrac{1}{4}$, $f(4)=\dfrac{1}{5}$ 일 때, $f(0)$의 값은?

풀이 $2f(1)=3f(2)=4f(3)=5f(4)=1$을 이용하여 $(x+1)f(x)-1=0$(단, $x=1,\ 2,\ 3,\ 4$)을 얻어내고 이 식이 4차식이면서 1, 2, 3, 4를 근으로 가지므로

$$(x+1)f(x)-1=a(x-1)(x-2)(x-3)(x-4)\ (a\neq0)\cdots①$$

①의 양변에 $x=-1$을 대입하면 $a=\dfrac{-1}{2\cdot3\cdot4\cdot5}$

$$\therefore\ f(0)=1+1\cdot2\cdot3\cdot4\left(-\frac{1}{2\cdot3\cdot4\cdot5}\right)=1-\frac{1}{5}=\frac{4}{5}\cdots$$ 답

8. 조립제법

x의 다항식 $f(x)=ax^3+bx^2+cx+d\,(a\neq0)$를 $x-a$로 나누었을 때 몫과 나머지를 다음 표와 같이 쉽게 구할 수 있다.

$3x^3-2x^2+x+1$을 $x+1$로 나누어 보자.

$$
\begin{array}{r|rrrr}
-1 & 3 & -2 & 1 & 1 \\
   &   & -3 & 5 & -6 \\
\hline
   & 3 & -5 & 6 & -5 \\
\end{array}
$$

몫 : $3x^2-5x+6$, 나머지 : -5

참고 $3x^3-2x^2+x+1$을 $3x+3$으로 나누면

$$
\begin{array}{r|rrrr}
-1 & 3 & -2 & 1 & 1 \\
   &   & -3 & 5 & -6 \\
\hline
   & 3 & -5 & 6 & -5 \\
\end{array}
$$

주의 : 몫은 $3x^2-5x+6$이 아니고

$\dfrac{1}{3}(3x^2-5x+6)$이고 나머지는 -5

| 예문 | $P(x)=3x^3-x^2+3x+4$를 $3x-1$로 나누어라.

풀이 ≫ $P(x)$를 $x-\dfrac{1}{3}$로 나누면 몫은 $3x^2+3$, 나머지는 5

따라서 $P(x)=\left(x-\dfrac{1}{3}\right)(3x^2+3)+5$

$\qquad\quad\;\; =(3x-1)(x^2+1)+5$

답 몫 : x^2+1, 나머지 : 5

$$
\begin{array}{r|rrrr}
\dfrac{1}{3} & 3 & -1 & 3 & 4 \\
   &   & 1 & 0 & 1 \\
\hline
   & 3 & 0 & 3 & 5 \\
\end{array}
$$

9. 다항식에서의 약수와 배수

1. 다항식 A가 다항식 B로 나누어 떨어질 때, $A=BQ$(단, $B \neq 0$)
   일 때 B를 A의 약수라 하고, A를 B의 배수라고 한다.

2. **최대공약수와 최소공배수와의 관계**
   다항식 A, B의 최대공약수를 G, 최소공배수를 L이라 하고 A, B를 G로 나눈 몫을 각각 a, b라 하면
   $$A=Ga, \quad B=Gb\,(a와\ b는\ 서로\ 소)$$
   (1) $L=Gab$　　　　　　　　(2) $LG=AB$

| 예문 | 다음 다항식의 약수를 구하여라.
  (1) $2x^2+6x$ 　　　　　　　　　(2) $-x^2+x$

풀이 》》 (1) $2x^2+6x=2x(x+3)$에서 약수는 x, $x+3$ ··· 답

(2) $-x^2+x=-x(x+1)$에서 약수는 x, $x+1$ ··· 답

참고 다항식에서 약수, 배수를 말할 때는 계수를 무시하여도 무방하다.

| 예문 | 두 개의 다항식 $A=4x^2-16$, $B=2x^2+6x+4$의 최소공배수를 구하여라.

풀이 》》 $A=4(x+2)(x-2)$, $B=2(x+2)(x+1)$이므로 최소공배수는
$L=Gab=4(x+2)(x-2)(x+1)$ ··· 답

| 예문 | 두 이차식의 최소공배수가 $L=x^3-7x^2+15x-9$, 최대공약수가 $G=x-3$일 때, 두 이차식을 구하여라. (단, 두 이차식의 이차항의 계수는 모두 1이다)

풀이 》》 $L=Gab$를 이용하여 L을 인수분해하면
  $$L=x^3-7x^2+15x-9=(x-3)(x-3)(x-1)$$
그런데 구하는 두 이차식은 모두 최대공약수 $x-3$을 인수로 가지므로 구하는 두 이차식은
$$(x-3)^2, \ (x-3)(x-1) \cdots 답$$

10. 유리식과 연산

1. 정의

(1) 두 정수 a, $b(\neq 0)$에 대하여 $\dfrac{a}{b}$의 꼴로 나타내어지는 수를 유리수라고 한다.

(2) A, B가 다항식이고, $B \neq 0$일 때 A를 B로 나눈 $\dfrac{A}{B}$인 꼴로 나타내어지는 식을 유리식이라 한다.

2. 유리식의 기본 성질 $(A \neq 0,\ B \neq 0)$

(1) $\dfrac{A}{B} = \dfrac{A \times C}{B \times C}\,(C \neq 0), \qquad \dfrac{A}{B} = \dfrac{A \div C}{B \div C}\,(C \neq 0)$

(2) $\dfrac{B}{A} + \dfrac{C}{A} = \dfrac{B+C}{A}, \quad \dfrac{B}{A} - \dfrac{C}{A} = \dfrac{B-C}{A}$

(3) $\dfrac{B}{A} \times \dfrac{D}{C} = \dfrac{BD}{AC}, \quad \dfrac{B}{A} \div \dfrac{D}{C} = \dfrac{BC}{AD}$

┃예문┃ $\dfrac{1}{x^2+3x+2} + \dfrac{x-1}{x^2-x-2}$ 을 계산하여라.

풀이 ≫ 두 식의 분모의 최소공배수는 $(x+1)(x+2)(x-2)$이다.
주어진 두 분수식을 통분하여 더하면

$$\dfrac{x-2}{(x+1)(x+2)(x-2)} + \dfrac{(x-1)(x+2)}{(x+1)(x+2)(x-2)} = \dfrac{x^2+2x-4}{(x+1)(x+2)(x-2)}$$

$\cdots$ 답

┃예문┃ $\dfrac{x^2+x-1}{x-1} + \dfrac{x^2-x+1}{x+1}$ 을 계산하여라.

풀이 ≫ $\dfrac{x^2+x-1}{x-1} = \dfrac{x^2+x-2+1}{x-1} = \dfrac{(x+2)(x-1)+1}{x-1} = x+2+\dfrac{1}{x-1}$

$\dfrac{x^2-x+1}{x+1} = \dfrac{(x+1)(x-2)+3}{x+1} = x-2+\dfrac{3}{x+1}$

따라서 주어진 두 다항식의 덧셈은

$(x+2) + (x-2) + \dfrac{1}{x-1} + \dfrac{3}{x+1} = 2x + \dfrac{4x-2}{x^2-1} = \dfrac{2x^3+2x-2}{x^2-1}$ $\cdots$ 답

1. 번분수식 : $\dfrac{\dfrac{A}{B}}{\dfrac{D}{C}} = \dfrac{AC}{BD}$

2. 부분분수분해 : $\dfrac{1}{A \cdot B} = \dfrac{1}{B-A}\left(\dfrac{1}{A} - \dfrac{1}{B}\right)$

3. 비례식

(1) $a : b : c = d : e : f \Leftrightarrow \dfrac{a}{d} = \dfrac{b}{e} = \dfrac{c}{f} = k$

(2) $a : b = c : d$이면 $\dfrac{a}{b} = \dfrac{c}{d}, \ \dfrac{a+b}{b} = \dfrac{c+d}{d}, \ \dfrac{a-b}{b} = \dfrac{c-d}{d},$

$\dfrac{a+b}{a-b} = \dfrac{c+d}{c-d}$

(3) $a : b : c = d : e : f$이면

$\dfrac{a}{d} = \dfrac{b}{e} = \dfrac{c}{f} = \dfrac{a+b+c}{d+e+f} = \dfrac{pa+qb+rc}{pd+qe+rf}$ (단, 모든 분모 $\neq 0$)

(4) 비례관계

① x는 y에 비례한다 : $x = ky$

② x는 y에 반비례한다 : $x = k \cdot \dfrac{1}{y}$ (k는 비례상수)

| 예문 | 다음 식을 간단히 하여라.

(1) $\dfrac{x-2}{x+1} + \dfrac{6x}{x^2-1}$ (2) $\dfrac{1}{(x+1)(x+2)} + \dfrac{1}{(x+2)(x+3)} + \dfrac{1}{(x+3)(x+4)}$

풀이 》》》 (1) $\dfrac{x-2}{x+1} + \dfrac{6x}{x^2-1} = \dfrac{(x-2)(x-1)+6x}{x^2-1}$

$= \dfrac{x^2+3x+2}{(x+1)(x-1)} = \dfrac{(x+1)(x+2)}{(x+1)(x-1)} = \dfrac{x+2}{x-1} \cdots$ 답

(2) 준식은

$$\left(\frac{1}{x+1}-\frac{1}{x+2}\right)+\left(\frac{1}{x+2}-\frac{1}{x+3}\right)+\left(\frac{1}{x+3}-\frac{1}{x+4}\right)$$

$$=\frac{1}{x+1}-\frac{1}{x+4}=\frac{x+4-x-1}{(x+1)(x+4)}=\frac{3}{(x+1)(x+4)}\cdots \text{답}$$

| 예문 | $\dfrac{x+y}{3}=\dfrac{y+z}{4}=\dfrac{z+x}{5}\neq 0$일 때 $\dfrac{x^2+y^2+z^2}{xy+yz+zx}$을 구하여라.

풀이 》 $\dfrac{x+y}{3}=\dfrac{y+z}{4}=\dfrac{z+x}{5}=k$로 놓으면

$x+y=3k,\ y+z=4k,\ z+x=5k$를 연립하여 풀면

$x+y+z=6k\qquad \therefore\ x=2k,\ y=k,\ z=3k$

$$(준식)=\frac{4k^2+k^2+9k^2}{2k^2+3k^2+6k^2}=\frac{14k^2}{11k^2}=\frac{14}{11}\cdots \text{답}$$

| 예문 | $a,\ b,\ c$가 0이 아닌 서로 다른 복소수이고,

$\dfrac{a+b}{a-b}=\dfrac{b+c}{b-c}=\dfrac{c+a}{c-a}=k$일 때, k값을 구하면?

풀이 》 $\dfrac{a+b}{a-b}=\dfrac{b+c}{b-c}$를 정리하면 $b^2=ac\Leftrightarrow\dfrac{b}{a}=\dfrac{c}{b}\cdots①$

$\dfrac{b+c}{b-c}=\dfrac{c+a}{c-a}$도 같은 방법에 의해 $c^2=ab\Leftrightarrow\dfrac{c}{b}=\dfrac{a}{c}\cdots②$

①, ②에서 $\dfrac{b}{a}=\dfrac{c}{b}=\dfrac{a}{c}=t$

$\therefore\ b=at,\ c=bt,\ a=ct$이므로

$\quad b=at=ct^2=bt^3$

$b\neq 0,\ t\neq 1$이므로 $t^2+t+1=0$

$\quad \therefore\ t=\dfrac{-1\pm\sqrt{3}\,i}{2}$

따라서 $k=\dfrac{a+b}{a-b}=\dfrac{a+at}{a-at}=\dfrac{1+t}{1-t}=\pm\dfrac{i}{\sqrt{3}}\cdots \text{답}$

1. 제곱근의 성질

(1) $a \geqq 0$, $b \geqq 0$일 때, $\sqrt{a}\sqrt{b}=\sqrt{ab}$ 이고, $\sqrt{a^2 b}=a\sqrt{b}$

(2) $a \geqq 0$, $b > 0$일 때, $\dfrac{\sqrt{a}}{\sqrt{b}}=\sqrt{\dfrac{a}{b}}$ 이고, $\sqrt{\dfrac{b}{a^2}}=\dfrac{\sqrt{b}}{a}$

2. 무리식의 계산

(1) $\sqrt{a^2}=|a|=\begin{cases} a \ (a \geqq 0일\ 때) \\ -a \ (a < 0일\ 때) \end{cases}$

(2) $\sqrt{(a-b)^2}=|a-b|=\begin{cases} a-b \ (a \geqq b일\ 때) \\ b-a \ (a < b일\ 때) \end{cases}$

▌예문▐ $\sqrt{18}+2\sqrt{12}-3\sqrt{3}$ 을 계산하여라.

풀이 ≫ (준식) $-\sqrt{3^2 \times 2}+2\sqrt{2^2 \times 3}-3\sqrt{3}-3\sqrt{2}+4\sqrt{3}-3\sqrt{3}$

$=3\sqrt{2}+\sqrt{3}\cdots$ 답

참고 양수 a의 제곱근에는 양수와 음수 2개가 있다.

이 때, 양의 제곱근을 $\sqrt{a}$, 음의 제곱근을 $-\sqrt{a}$ 로 나타낸다.

따라서 $(\sqrt{a})^2=a$, $(-\sqrt{a})^2=a$ …… 제곱근의 정의

위의 1. 제곱근의 성질을 증명할 때는 제곱근의 정의를 써서 증명한다.

▌예문▐ 다음을 간단히 하여라.

(1) $\sqrt{(1-\sqrt{2})^2}$ 　　　　　　　　(2) $\sqrt{(2-\sqrt{3})^2}$

풀이 ≫ (1) $1-\sqrt{2} < 0$ 이므로 $\sqrt{(1-\sqrt{2})^2}=-(1-\sqrt{2})=\sqrt{2}-1\cdots$ 답

(2) $2-\sqrt{3} > 0$ 이므로 $\sqrt{(2-\sqrt{3})^2}=2-\sqrt{3}\cdots$ 답

참고 $\sqrt{(a-b)^2}$ 의 풀이에서 $a \geqq b$일 때와 $a < b$일 때의 경우로 나눈 것이다.

13. 분모의 유리화

$$\frac{b}{\sqrt{a}}=\frac{b\times\sqrt{a}}{\sqrt{a}\times\sqrt{a}}=\frac{b\sqrt{a}}{a}\ (\text{분모, 분자에 } \sqrt{a} \text{ 를 곱한다})$$

$$\frac{c}{\sqrt{a}+\sqrt{b}}=\frac{c(\sqrt{a}-\sqrt{b})}{(\sqrt{a}+\sqrt{b})(\sqrt{a}-\sqrt{b})}=\frac{c(\sqrt{a}-\sqrt{b})}{a-b},$$

$$\frac{c}{\sqrt{a}-\sqrt{b}}=\frac{c(\sqrt{a}+\sqrt{b})}{(\sqrt{a}-\sqrt{b})(\sqrt{a}+\sqrt{b})}=\frac{c(\sqrt{a}+\sqrt{b})}{a-b}\ (\text{단, } a\neq b)$$

무리식의 상등

$a,\ b,\ c,\ d$가 유리수이고, $\sqrt{n}$이 무리수일 때,

(1) $a+b\sqrt{n}=0 \Leftrightarrow a=0$ 이고 $b=0$

(2) $a+b\sqrt{n}=c+d\sqrt{n} \Leftrightarrow a=c$ 이고 $b=d$

┃ 예문 ┃ 다음 식의 분모를 유리화하여라.

(1) $\dfrac{1}{3\sqrt{2}}$ (2) $\dfrac{1}{\sqrt{3}-\sqrt{2}}$

풀이 》》 (1) $\dfrac{1}{3\sqrt{2}}=\dfrac{\sqrt{2}}{3\sqrt{2}\times\sqrt{2}}=\dfrac{\sqrt{2}}{6}$

(2) $\dfrac{1}{\sqrt{3}-\sqrt{2}}=\dfrac{1}{\sqrt{3}-\sqrt{2}}\times\dfrac{\sqrt{3}+\sqrt{2}}{\sqrt{3}+\sqrt{2}}=\sqrt{3}+\sqrt{2}$

답 (1) $\dfrac{\sqrt{2}}{6}$ (2) $\sqrt{3}+\sqrt{2}$

참고 위 예제와 같이 분모가 근호를 품지 않은 모양으로 바꾸는 일, 즉 분모를 유리수로 고치는 일을 분모의 유리화라고 한다.

$\dfrac{1}{\sqrt[3]{a}+\sqrt[3]{b}},\ \dfrac{1}{\sqrt[3]{a}-\sqrt[3]{b}}$ 을 분모의 유리화 하기 위해서는 각각 분모, 분자에 $\sqrt[3]{a^2}-\sqrt[3]{a}\sqrt[3]{b}+\sqrt[3]{b^2}$ 과 $\sqrt[3]{a^2}+\sqrt[3]{a}\sqrt[3]{b}+\sqrt[3]{b^2}$ 을 곱한다.

┃ 예문 ┃ $(3+2\sqrt{2})x-(2-\sqrt{2})y+1-4\sqrt{2}=0$ 을 만족시키는 유리수 $x,\ y$ 의 값을 구하여라.

풀이 》》 $(\text{준식})=(3x-2y+1)+(2x+y-4)\sqrt{2}=0$ 으로 정돈하여

$3x-2y+1=0,\ 2x+y-4=0$ 을 연립하여 풀어서

$x=1,\ y=2\cdots$ **답**

1. $a>0$, $b>0$일 때

$$\sqrt{a+b+2\sqrt{ab}}=\sqrt{a}+\sqrt{b}$$

2. $a>b>0$일 때

$$\sqrt{a+b-2\sqrt{ab}}=\sqrt{a}-\sqrt{b}$$

참고 (1) $a>0$, $b>0$일 때 $\sqrt{a+b-2\sqrt{ab}}=|\sqrt{a}-\sqrt{b}|$라고 할 수도 있다

(2) 이중근호 앞에는 반드시 2가 곱해져야 한다.

| 예문 | 다음 식의 이중근호를 없애고 간단히 하여라.

(1) $\sqrt{7+2\sqrt{10}}$ (2) $\sqrt{8-\sqrt{60}}$

풀이 ≫ (1) $\sqrt{7+2\sqrt{10}}=\sqrt{5+2+2\sqrt{5\cdot2}}=\sqrt{5}+\sqrt{2}\cdots$ **답**

(2) $\sqrt{8-\sqrt{60}}=\sqrt{5+3-2\sqrt{5\cdot3}}=\sqrt{5}-\sqrt{3}\cdots$ **답**

| 예문 | 무리식 $\sqrt{10+2\sqrt{24}}-2\sqrt{2-\sqrt{3}}$ 을 간단히 하여라.

풀이 ≫ $\sqrt{10+2\sqrt{24}}=\sqrt{6+4+2\sqrt{6\cdot4}}=\sqrt{6}+\sqrt{4}=\sqrt{6}+2$

$$\sqrt{2-\sqrt{3}}=\sqrt{\frac{4-2\sqrt{3}}{2}}=\frac{\sqrt{3}-1}{\sqrt{2}}=\frac{\sqrt{6}-\sqrt{2}}{2}$$

$$\therefore \ (준식)=(\sqrt{6}+2)-2\cdot\frac{\sqrt{6}-\sqrt{2}}{2}=2+\sqrt{2}\cdots \ \text{답}$$

| 예문 | $\sqrt{4+\sqrt{12}}$ 의 정수 부분을 a, 소수 부분을 b라 할 때, $a-b+\dfrac{2}{b}$ 의 값을 구하여라.

풀이 ≫ $\sqrt{4+\sqrt{12}}=\sqrt{4+2\sqrt{3}}=\sqrt{3}+1$에서 $2<\sqrt{3}+1<3$이므로

정수 부분 $a=2$이고, 소수 부분 $b=\sqrt{3}+1-2=\sqrt{3}-1$이다.

따라서 $a-b+\dfrac{2}{b}=2-(\sqrt{3}-1)+\dfrac{2}{\sqrt{3}-1}=3-\sqrt{3}+\dfrac{2}{\sqrt{3}-1}\times\dfrac{\sqrt{3}+1}{\sqrt{3}+1}$

$$=(3-\sqrt{3})+(\sqrt{3}+1)=4\cdots \ \text{답}$$

참고 $\sqrt{A^2-2AB+B^2}=\sqrt{(A-B)^2}=\sqrt{A^2+B^2-2\sqrt{A^2B^2}}$ 에서 이중근호 앞에는 반드시 2가 곱해진 꼴로 고쳐서 이중근호를 없앤다.

1. 방정식 $ax=b$의 풀이

방정식 $ax=b$의 근은

1. $a\neq 0$일 때 $x=\dfrac{b}{a}$ (근이 1개이다)

2. $a=b=0$일 때 부정 (근은 무수히 많다)

$a=0$이고 $b\neq 0$일 때 불능 (근은 없다)

참고 부정은 근이 무수히 많은 경우이고, 불능은 근이 존재하지 않는 경우이다.

┃ **예문** ┃ 다음 x에 관한 방정식을 풀어라.

(1) $a(x-2)=x+1$ (2) $ax-a^2=bx-b^2$

풀이 >>> (1) $a(x-2)=x+1$에서 $(a-1)x=1+2a$

$$\therefore \begin{cases} a\neq 1 \text{일 때, } x=\dfrac{2a+1}{a-1} \\ a=1 \text{일 때, } 0\cdot x=3 \text{이 되어 근은 없다. (불능)} \end{cases}$$

(2) $ax-a^2=bx-b^2$에서 $(a-b)x=a^2-b^2=(a+b)(a-b)$

$$\therefore \begin{cases} a\neq b \text{일 때, } x=a+b \\ a=b \text{일 때, } 0\cdot x=0 \text{이 되어 근은 무수히 많다. (부정)} \end{cases}$$

참고 '일차방정식 $ax=b$를 풀어라'에서 $a\neq 0$이므로 해는 $x=\dfrac{b}{a}$ 뿐이다.

┃ **예문** ┃ x에 대한 방정식 $(a^2-3a+2)x=a-1$의 해를 구하여라.

풀이 >>> $(a^2-3a+2)x=a-1$에서

$(a-1)(a-2)x=a-1$

(1) $a=1$이면 해는 모두 수이다.

(2) $a=2$이면 $0\cdot x=1$되어 해는 없다.

(3) $a\neq 1$, $a\neq 2$이면 $x=\dfrac{1}{a-2}$인 해를 갖는다.

참고 위 방정식에서 해를 오직 하나 갖기 위한 조건은 $a\neq 1$, $a\neq 2$

2. 이차방정식

인수분해에 의한 풀이

이차방정식 $ax^2+bx+c=0\,(a\neq0)$을 풀 때, 이차방정식이 인수분해되면, 그 해를 간단히 구할 수 있다.

$$ax^2+bx+c=a(x-\alpha)(x-\beta)=0 \Leftrightarrow x=\alpha,\ x=\beta$$

| 예문 | $2x^2-7x+5=0$ 의 해를 구하시오.

풀이 ≫ 좌변을 인수분해하면 $(2x-5)(x-1)=0$ 이므로

$2x-5=0$ 또는 $x-1=0$, 따라서 구하는 해는 $x=\dfrac{5}{2},\ x=1 \cdots$ 답

3. 완전제곱식에 의한 풀이

$$(x-\alpha)^2=\beta \Leftrightarrow x=\alpha\pm\sqrt{\beta}\,(\beta\geqq0)$$

이차방정식의 근의 공식

$ax^2+bx+c=0\,(a\neq0)$의 근은 $x=\dfrac{-b\pm\sqrt{b^2-4ac}}{2a}$

$ax^2+2b'x+c=0\,(a\neq0)$의 근은 $x=\dfrac{-b'\pm\sqrt{b'^2-ac}}{a}$

| 예문 | 근의 공식을 이용하여 다음 이차방정식을 풀어라.

(1) $x^2-3x+1=0$ (2) $16x^2+24x+9=0$ (3) $x^2+6x+12=0$

풀이 ≫ (1) 근의 공식에서 $a=1,\ b=-3,\ c=1$ 이므로

$$x=\frac{-(-3)\pm\sqrt{(-3)^2-4\times1\times1}}{2}=\frac{3\pm\sqrt{5}}{2}$$

(2) $a=16,\ b'=12,\ c=9$ 이므로

$$x=\frac{-12\pm\sqrt{12^2-16\times9}}{16}=-\frac{12}{16}=-\frac{3}{4}$$

(3) $a=1,\ b'=3,\ c=12$ 이므로 $x=-3\pm\sqrt{3^2-1\times12}=-3\pm\sqrt{3}\,i$

답 (1) $x=\dfrac{3\pm\sqrt{5}}{2}$ (2) $x=-\dfrac{3}{4}$ (3) $x=-3\pm\sqrt{3}\,i$

4. 이차방정식의 근의 판별

계수가 실수인 이차방정식 $ax^2+bx+c=0\,(a\neq0)$의 판별식을

$D=b^2-4ac$라 하면

$D>0 \Leftrightarrow$ 서로 다른 두 실근

$D=0 \Leftrightarrow$ 서로 같은 두 실근, 즉 중근 $\Big\}$ 실근

$D<0 \Leftrightarrow$ 서로 다른 두 허근

참고 (1) 판별식은 반드시 계수가 실수일 때만 쓸 수 있다.

(2) 이차방정식 $ax^2+2b'x+c=0\,(a\neq0)$의 두 근의 판별은

$$D'=\frac{D}{4}=(b')^2-ac$$를 사용하여도 된다.

(3) x의 이차식 ax^2+bx+c가 완전제곱식이 되려면 $D=0$이어야

한다. 즉, $D=b^2-4ac=0 \Leftrightarrow ax^2+bx+c=a\Big(x+\dfrac{b}{2a}\Big)^2$

| 예문 | 다음 이차방정식의 근을 판별하여라.

(1) $3x^2+5x+4=0$ (2) $2x^2-10x+27=0$

풀이 ≫ (1) $D=5^2-4\cdot3\cdot4=25-48<0,\;\;\therefore$ 서로 다른 두 허근을 갖는다.

(2) $D'=\dfrac{D}{4}=(-5)^2-2\times27<0,\;\;\therefore$ 서로 다른 두 허근을 갖는다.

| 예문 | x에 대한 이차방정식 $(k+1)x^2+2kx+(k-2)=0$의 해가

다음과 같을 때, 실수 k의 값 또는 범위를 구하여라.

(1) 서로 다른 두 실근을 갖는다.

(2) 중근을 갖는다.

(3) 서로 다른 두 허근을 갖는다.

풀이 ≫ $D'=\dfrac{D}{4}=k^2-(k+1)(k-2)=k+2\;\;(k\neq-1)$

(1) $k+2>0,\;\;\therefore\;-2<k<-1,\;k>-1$

(2) $k+2=0,\;\;\therefore\;k=-2$ $\Big\}$ **답**

(3) $k+2<0,\;\;\therefore\;k<-2$

5. 근과 계수와의 관계

이차방정식 $ax^2+bx+c=0\,(a\neq0)$의 두 근을 α, β라고 하면
$$\alpha+\beta=-\frac{b}{a}, \quad \alpha\beta=\frac{c}{a}$$

참고 (1) 이차방정식 $ax^2+bx+c=0\,(a\neq0) \Rightarrow x^2+\frac{b}{a}x+\frac{c}{a}=0$의 두 근을 α, β라 하면 $(x-\alpha)(x-\beta)=0$과 동치되어

$$x^2-(\alpha+\beta)x+\alpha\beta=0 \quad \text{계수를 비교하여} \quad \begin{cases} \alpha+\beta=-\dfrac{b}{a} \\ \alpha\beta=\dfrac{c}{a} \end{cases}$$

가 됨을 알 수 있다.

(2) 이차방정식 $ax^2+bx+c=0$의 두 근 α, β가 실수일 때

$$|\alpha-\beta|=\left|\frac{-b+\sqrt{D}}{2a}-\frac{-b-\sqrt{D}}{2a}\right|=\left|\frac{2\sqrt{D}}{2a}\right|=\frac{\sqrt{D}}{|a|}$$

예문 이차방정식 $2x^2+6x-3=0$의 두 근을 α, β라고 할 때, 다음 식의 값을 구하여라.

(1) $\dfrac{1}{\alpha}+\dfrac{1}{\beta}$ 　　(2) $\alpha^2+\beta^2$ 　　(3) $(\alpha-\beta)^2$ 　　(4) $\alpha^3+\beta^3$

풀이 근과 계수와의 관계에서 $\alpha+\beta=-3$, $\alpha\beta=-\dfrac{3}{2}$이므로

(1) $\dfrac{1}{\alpha}+\dfrac{1}{\beta}=\dfrac{\alpha+\beta}{\alpha\beta}=\dfrac{-3}{-\dfrac{3}{2}}=2$

(2) $\alpha^2+\beta^2=(\alpha+\beta)^2-2\alpha\beta=(-3)^2-2\times\left(-\dfrac{3}{2}\right)=12$

(3) $(\alpha-\beta)^2=(\alpha+\beta)^2-4\alpha\beta=(-3)^2-4\times\left(-\dfrac{3}{2}\right)=15$

(4) $\alpha^3+\beta^3=(\alpha+\beta)^3-3\alpha\beta(\alpha+\beta)=(-3)^3-3\left(-\dfrac{3}{2}\right)(-3)=-27-\dfrac{27}{2}$

$$=-\frac{81}{2}$$

답 (1) **2** 　(2) **12** 　(3) **15** 　(4) $-\dfrac{81}{2}$

6. 이차식의 인수분해

이차방정식 $ax^2+bx+c=0\,(a\neq0)$에서 두 근을 α, β라 하면
$$ax^2+bx+c=a(x-\alpha)(x-\beta)$$

참고 「일차식의 곱으로 나타내어라」고 할 때는 복소수의 범위에서 인수분해한다.

┃예문┃ 다음 이차식을 복소수의 범위에서 인수분해하여라.
 (1) x^2+2x-4　　　　　　　　　(2) x^2-2x+3

풀이 ⟫　(1) $x^2+2x-4=0$의 근을 구하면
$x=-1+\sqrt{5}$ 또는 $x=-1-\sqrt{5}$ 이다.
따라서 $x^2+2x-4=\{x-(-1+\sqrt{5})\}\{x-(-1-\sqrt{5})\}$
$\qquad\qquad\qquad =(x+1-\sqrt{5})(x+1+\sqrt{5})$
(2) $x^2-2x+3=0$의 근을 구하면
$x=1+\sqrt{2}\,i$ 또는 $x=1-\sqrt{2}\,i$
따라서 $x^2-2x+3=\{x-(1+\sqrt{2}\,i)\}\{x-(1-\sqrt{2}\,i)\}$
$\qquad\qquad\qquad =(x-1-\sqrt{2}\,i)(x-1+\sqrt{2}\,i)$

답
$\begin{cases}(1)\ (x+1-\sqrt{5})(x+1+\sqrt{5}) \\ (2)\ (x-1-\sqrt{2}\,i)(x-1+\sqrt{2}\,i)\end{cases}$

┃예문┃ 다음 이차식을 인수분해하여라.
$-ix^2-(6-2i)x+6+9i=0$ (단, $i=\sqrt{-1}$)

풀이 ⟫　양변에 i를 곱하면
$x^2-(2+6i)x-9+6i=0\cdots$①
①의 근을 구하기 위해 근의 공식을 이용하면
$x=(1+3i)\pm\sqrt{(1+3i)^2-(-9+6i)}$
$\ =(1+3i)\pm\sqrt{1}$
$\therefore\ x$는 $2+3i$ 또는 $3i$
$\therefore\ $준식$=(x-3i)(x-2-3i)\cdots$**답**

7. 두 수를 근으로 하는 이차방정식

두 수 α, β를 근으로 하는 x^2의 계수가 1인 모양의 이차방정식은 $x^2-(\alpha+\beta)x+\alpha\beta=0$이다.

| 예문 | 이차방정식 $x^2-4x-3=0$의 두 근을 α, β라 할 때 다음 물음에 답하여라.

(1) $\dfrac{1}{\alpha}$, $\dfrac{1}{\beta}$을 두 근으로 하는 이차방정식

(2) $\alpha+1$, $\beta+1$을 두 근으로 하는 이차방정식

풀이 ≫ $\alpha+\beta=4$, $\alpha\beta=-3$이므로

(1) $\dfrac{1}{\alpha}+\dfrac{1}{\beta}=\dfrac{\alpha+\beta}{\alpha\beta}=-\dfrac{4}{3}$, $\dfrac{1}{\alpha}\cdot\dfrac{1}{\beta}=-\dfrac{1}{3}$이므로 이차방정식은

$$x^2+\frac{4}{3}x-\frac{1}{3}=0$$

(2) $(\alpha+1)+(\beta+1)=\alpha+\beta+2=6$, $(\alpha+1)(\beta+1)=\alpha\beta+\alpha+\beta+1$
$=-3+4+1=2$에서 구하는 이차방정식은 $x^2-6x+2=0$

답 $\begin{cases}(1)\ 3x^2+4x-1=0 \\ (2)\ x^2-6x+2=0\end{cases}$

| 예문 | 이차방정식 $x^2-19x+9=0$의 두 근을 α, β라 할 때, $\sqrt{\alpha}$, $\sqrt{\beta}$를 근으로 갖는 이차방정식을 $x^2+ax+b=0$이라 할 때 $a+b$ 값을 구하면 ?

풀이 ≫ 근과 계수와의 관계에 의해
$\alpha+\beta=19$, $\alpha\beta=9$
또, $\sqrt{\alpha}+\sqrt{\beta}=-a(a\leqq0)$ $\sqrt{\alpha}\sqrt{\beta}=b(b\geqq0)$이므로
$a^2=(\sqrt{\alpha}+\sqrt{\beta})^2=\alpha+\beta+2\sqrt{\alpha\beta}=19+2b$,
$b^2=9$에서 $b=3$이므로 $a^2=25$, $a=-5$ $\quad\therefore\ a+b=-2\cdots$ 답

참고 $\sqrt{a}$는 언제나 0보다 크거나 같다. (a는 실수)

8. 공통근을 구하는 방법

두 방정식 $f(x)=0$, $g(x)=0$의 공통근을 구하기 위해서

(1) 각 방정식의 근에서 공통근을 구한다.

(2) $f(x)$, $g(x)$의 최대공약수를 $G(x)$라 할 때, $G(x)=0$의 근을 구한다.

(3) 공통근을 α라 놓으면 $f(\alpha)=0$, $g(\alpha)=0$을 연립하여 α를 구한다.

(4) 세 개 이상의 방정식의 공통근도 위의 방법을 사용한다.

▌예문▌ $x^2-3x+2=0$과 $3x^2-2x-1=0$의 (1)공통근을 구하고, (2) x^2-3x+2와 $3x^2-2x-1$의 최소공배수를 구하여라.

풀이 ≫ (1) $x^2-3x+2=(x-1)(x-2)=0$에서 $\therefore\ x=1$ 또는 $x=2 \cdots$①

$3x^2-2x-1=(3x+1)(x-1)=0$에서 $\therefore\ x=1$ 또는 $x=-\dfrac{1}{3}\cdots\cdots$②

따라서 ①, ②에서 공통근은 $\boldsymbol{x=1}\cdots$답

(2) $x^2-3x+2=(x-1)(x-2)$, $3x^2-2x-1=(3x+1)(x-1)$에서 최대공약수는 $x-1$이다. 따라서 두 다항식의 최소공배수 L은

$$L=(\boldsymbol{x-1})(\boldsymbol{x-2})(\boldsymbol{3x+1})\cdots답$$

▌예문▌ 두 이차방정식 $x^2+2x+a=0$, $x^2+ax+2=0$이 오직 하나의 공통근 α를 가질 때, $a+\alpha$의 값을 구하여라.

풀이 ≫ $x=\alpha$를 두 이차방정식에 대입하면

$\alpha^2+2\alpha+a=0$, $\alpha^2+a\alpha+2=0$ 두 식의 변끼리 빼면

$(a-2)\alpha-(a-2)=0$, $(a-2)(\alpha-1)=0$ $\quad\therefore\ a=2$ 또는 $\alpha=1$

그런데 $a=2$이면 두 방정식이 일치하게 되므로 「오직 하나의 공통근을 갖는다」에 어긋나므로 $\alpha=1$, 이것을 $\alpha^2+2\alpha+a=0$에 대입하면

$1+2+a=0$ $\quad\therefore\ a=-3$

$\therefore\ a+\alpha=-3+1=-2$ 답 -2

참고 두 방정식 $f(x)=0$, $g(x)=0$의 공통근을 α라고 하면 $f(\alpha)=0$, $g(\alpha)=0$에서 $f(\alpha)-g(\alpha)=0$이 성립한다.

9. 이차방정식의 실근의 부호

이차방정식 $ax^2+bx+c=0$의 두 실근을 α, β라고 하면 다음 관계가 성립한다. (단, 모든 계수는 실수이다.)

(1) 두 근이 모두 양수이면

$$\Leftrightarrow b^2-4ac\geqq0,\ \alpha+\beta=-\frac{b}{a}>0,\ \alpha\beta=\frac{c}{a}>0$$

(2) 두 근이 모두 음수이면

$$\Leftrightarrow b^2-4ac\geqq0,\ \alpha+\beta=-\frac{b}{a}<0,\ \alpha\beta=\frac{c}{a}>0$$

(3) 한 근은 양, 다른 한 근은 음

$$\Leftrightarrow \alpha\beta=\frac{c}{a}<0$$

참고 (3)에서 $b^2-4ac>0$은 $\alpha\beta=\frac{c}{a}<0$ 조건으로 충분하다.

┃예문┃ x의 이차방정식 $x^2+(m+2)x+m+5=0$의 두 근이 다음 조건을 만족시키도록 실수 m의 값의 범위를 정하여라.

(1) 두 근이 모두 양   (2) 두 근이 모두 음

(3) 한 근은 양, 또 한 근은 음

풀이 ≫ $x^2+(m+2)x+m+5=0$의 두 근을 α, β라고 하면

$\alpha+\beta=-(m+2),\ \alpha\beta=m+5$

(1) $\alpha+\beta>0,\ \alpha\beta>0,\ D\geqq0$으로부터

$-(m+2)>0,\ m+5>0,\ (m+2)^2-4(m+5)\geqq0$이 세 식을 동시에 만족시키는 범위는 $-5<m\leqq-4\cdots$답

(2) $\alpha+\beta<0,\ \alpha\beta>0,\ D\geqq0$으로부터

$-(m+2)<0,\ m+5>0,\ (m+2)^2-4(m+5)\geqq0$

이 세 식을 동시에 만족시키는 범위는 $m\geqq4\cdots$답

(3) $\alpha\beta<0$으로부터 $m+5<0$ $\therefore\ m<-5\cdots$답

참고 두 근이 서로 다른 부호를 갖고 '양근의 절대값이 음근의 절대값보다 크다'는 조건이 있으면 $\alpha+\beta>0$임을 알 수 있다.

10. 삼차방정식의 근과 계수와의 관계

삼차방정식 $ax^3+bx^2+cx+d=0\,(a\neq0)$의 세 근을 α, β, γ라 하면

$$\alpha+\beta+\gamma=-\frac{b}{a},\ \alpha\beta+\beta\gamma+\gamma\alpha=\frac{c}{a},\ \alpha\beta\gamma=-\frac{d}{a}$$

가 성립한다.

참고 세 근이 α, β, γ이고 x^3항의 계수가 1인 삼차방정식은
$(x-\alpha)(x-\beta)(x-\gamma)=0$ 또는
$x^3-(\alpha+\beta+\gamma)x^2+(\alpha\beta+\beta\gamma+\gamma\alpha)x-\alpha\beta\gamma=0$

11. 고차방정식의 해법

삼차 이상의 방정식을 고차방정식이라고 한다.

1. **인수분해에 의한 방법** : 방정식 $f(x)=0$에서 인수분해의 공식 또는 인수정리를 이용하여 $f(x)$를 인수분해하여 푼다.

2. **복이차식의 해법** : $x^2=X$로 치환하여 X에 관한 이차방정식으로 변형하여 풀거나, 적당한 계수의 x^2을 가감하여 $A^2-B^2=(A+B)(A-B)=0$으로 변형하여 푼다.

3. **상반방정식의 해법** : 각 항의 계수가 중앙항을 기준으로 좌우 대칭인 방정식을 상반방정식이라 하고 양변을 x^2으로 나누고 $x+\dfrac{1}{x}=t$로 치환하여 다항방정식으로 고쳐서 푼다.

┃ 예문 ┃ 다음 방정식을 풀어라.

(1) $x^3=1$

(2) $x^3-x^2+3x+5=0$

(3) $x^4+4x^3+3x^2-4x-4=0$

(4) $x^4-3x^3+4x^2-3x+1=0$

풀이 ≫ (1) $x^3=1 \Leftrightarrow (x-1)(x^2+x+1)=0$ 에서 $x=1$ 또는 $x^2+x+1=0$

$$x=1, \quad x=\frac{-1\pm\sqrt{3}\,i}{2} \cdots \boxed{답}$$

(2) $x^3-x^2+3x+5=0$ 에서 상수항 5 의 인수 -1 을 대입하면 만족

$(x+1)(x^2-2x+5)=0$ 에서 $x+1=0, \ x^2-2x+5=0$

근은 $x=-1, \ x=1\pm2i \cdots \boxed{답}$

(3) 인수정리를 써서 x 에 1 을 대입하면 만족하므로

(준식)$=(x-1)(x^3+5x^2+8x+4)=(x-1)(x+1)(x^2+4x+4)=0$ 에서

해집합 : $\{1, \ -1, \ -2\} \cdots \boxed{답}$

〈별해〉 준식은 $x^4+4x^3+4x^2-(x^2+4x+4)=x^2(x+2)^2-(x+2)^2$

$=(x^2-1)(x+2)^2=(x+1)(x-1)(x+2)^2=0$

$\therefore$ 해집합 : $\{1, \ -1, \ -2\}$

(4) $x^4-3x^3+4x^2-3x+1=0$ 의 양변을 x^2 으로 나누고 $x+\dfrac{1}{x}=t$ 로 치환

하면 $x^2+\dfrac{1}{x^2}=t^2-2$ 이므로

(준식)$=x^2+\dfrac{1}{x^2}-3\left(x+\dfrac{1}{x}\right)+4=0 \Leftrightarrow t^2-3t+2=0$ 에서

① $t=x+\dfrac{1}{x}=1$ 에서　　　　② $t=x+\dfrac{1}{x}=2$ 에서

$\quad x^2-x+1=0$ 　　　　　　　　　 $x^2-2x+1=0$

$\quad x=\dfrac{1\pm\sqrt{3}\,i}{2}$ 　　　　　　　　　 $\therefore x=1$

$$\boxed{답}\ x=\frac{1\pm\sqrt{3}\,i}{2}, \ x=1$$

12. 고차방정식의 켤레근

1. **실계수**의 고차방정식 $f(x)=0$에서
   한 근이 $p+qi$이면 $p-qi$도 근이다. (단, p, q는 실수)

2. **유리계수**의 고차방정식 $f(x)=0$에서
   한 근이 $p+q\sqrt{m}$이면 $p-q\sqrt{m}$도 근이다.

   (단, p, q는 유리수, $\sqrt{m}$은 무리수)

┃예문┃ 방정식 $x^3-5x^2+ax+b=0$의 한 근이 $1-i$이다. 이 때, 실수 a, b의 값을 구하고, 나머지 근을 구하여라.

풀이 ≫ 방정식의 모든 계수가 실수일 때 $1-i$가 근이면 켤레근 $1+i$도 근이다.

세 근을 $1-i$, $1+i$, α라고 하면 근과 계수와의 관계에서

$(1-i)+(1+i)+\alpha=5$에서 $\alpha=3$

$(1-i)(1+i)+3(1-i)+3(1+i)=8=a$

$(1-i)(1+i)\cdot 3=6=-b$

답 $\begin{cases} a=8, \ b=-6 \\ \text{나머지 두근} : 1+i, \ 3 \end{cases}$

┃예문┃ 삼차방정식 $x^3-2x^2+x-3=0$의 세 근을 α, β, γ라 할 때, $(\alpha+\beta)(\beta+\gamma)(\gamma+\alpha)$의 값을 구하여라.

풀이 ≫ $f(x)=x^3-2x^2+x-3=(x-\alpha)(x-\beta)(x-\gamma)$로 놓고 근과 계수와의 관계에서 $\alpha+\beta+\gamma=2$, $\alpha\beta+\beta\gamma+\gamma\alpha=1$, $\alpha\beta\gamma=3$이므로

$$(\alpha+\beta)(\beta+\gamma)(\gamma+\alpha)=(2-\gamma)(2-\alpha)(2-\beta)$$
$$=8-4(\alpha+\beta+\gamma)+2(\alpha\beta+\beta\gamma+\gamma\alpha)-\alpha\beta\gamma$$
$$=8-4\cdot 2+2\cdot 1-3=-1 \cdots \text{답}$$

1. 연립방정식의 기본 해법

$$\begin{cases} A=0 \\ B=0 \end{cases} \Longleftrightarrow kA+lB=0\,(k\neq0,\ l\neq0)\ \text{소거법의 원리}$$

2. 미지수가 3개인 연립방정식의 해법

세 개의 방정식에서 한 미지수를 소거(개수를 줄여서)하여 이원일차연립방정식으로 고쳐서 푼다.

3. 부정과 불능

연립방정식을 간단히 정리하여 일차방정식 $ax=b$의 꼴로 고쳐서 **부정, 불능**을 판정한다.

| 예문 | 다음 연립방정식을 풀어라.

$$(1)\ \begin{cases} x+y+z=1 \cdots\cdots\cdots ① \\ 2x-3y+z=-4 \cdots\cdots ② \\ 2x-y+2z=-4 \cdots\cdots ③ \end{cases} \qquad (2)\ \begin{cases} ax+y+z=1 \cdots\cdots ① \\ x+ay+z=1 \cdots\cdots ② \\ x+y+az=1 \cdots\cdots ③ \end{cases}$$

풀이 ≫ (1) z를 소거하기 위해서 ②－①, ③－2×①을 하여

$$\begin{cases} x-4y=-5 \cdots\cdots ④ \\ -3y=-6 \ \cdots\cdots ⑤ \end{cases} \quad ④,\ ⑤에서\ y=2,\ x=3$$

$$\therefore\ \boldsymbol{x=3,\ y=2,\ z=-4} \cdots \boxed{답}$$

(2) ①＋②＋③ 하여 $(a+2)(x+y+z)=3 \cdots ④$

(i) $a\neq-2$이면 $x+y+z=\dfrac{3}{a+2} \cdots\cdots ⑤$, $a=-2$이면 해는 없다.

①－⑤에서 $(a-1)x=\dfrac{a-1}{a+2}$

(ii) $a=1$이면 해가 무수히 많다. $a\neq1$이면 $x=y=z=\dfrac{1}{a+2}$

$$\therefore\ \begin{cases} a\neq-2,\ a\neq1이면\ x=y=z=\dfrac{1}{a+2} \\ a=-2이면\ \text{불능} \\ a=1이면\ \text{부정} \end{cases} \cdots \boxed{답}$$

14. 연립이차방정식의 해법

적당한 변형에 의하여 일차식을 유도한다.

1. 일차방정식과 이차방정식

일차방정식을 한 문자에 관하여 정리한 후 이차방정식에 대입한다.

2. 이차방정식과 이차방정식

(1) 두 식 중 한 식이 인수분해되면 인수분해한다.

(2) 상수항 또는 이차항을 소거한다.

(3) 두 식이 x, y에 대한 대칭식인 경우 $x+y=u$, $xy=v$로 치환하여 u, v에 대한 방정식을 푼다. 이 때, x, y는 방정식 $t^2-ut+v=0$의 두 근이다.

│예문│ 연립방정식 $\begin{cases} x+y=a+2 \\ xy=a^2+1 \end{cases}$ 을 만족하는 x, y의 값이 모두 실수가 되도록 하는 상수 a의 값의 집합을 A라 할 때, 다음 중 옳은 것은?

① $A \subset \{x \,|\, -3 \leq x \leq -1\}$　　② $A \subset \{x \,|\, -2 \leq x \leq 0\}$

③ $A \subset \{x \,|\, -1 \leq x \leq 1\}$　　④ $A \subset \{x \,|\, 0 \leq x \leq 2\}$

⑤ $A \subset \{x \,|\, 1 \leq x \leq 3\}$

풀이 ≫　x, y는 이차방정식 $t^2-(a+2)t+a^2+1=0$의 두 근이다. 이 방정식이 실근을 가지므로 판별식 $D=(a+2)^2-4(a^2+1) \geq 0$

$3a^2-4a \leq 0$에서 $a(3a-4) \leq 0$　　$\therefore\ 0 \leq a \leq \dfrac{4}{3}$　　**답 ④**

│예문│ 연립방정식 $\begin{cases} x^2-xy-2y^2=0 \cdots\cdots ① \\ xy+3y=2 \cdots\cdots\cdots ② \end{cases}$ 를 풀어라.

풀이 ≫　①의 좌변을 인수분해하여 $(x-2y)(x+y)=0$에서 $y=-x$, $x=2y$를 ②식에 대입하여 다음 네 쌍의 근을 얻는다.

답 $\begin{cases} x=1 \\ y=\dfrac{1}{2}, \end{cases} \begin{cases} x=-4 \\ y=-2, \end{cases} \begin{cases} x=-1 \\ y=1, \end{cases} \begin{cases} x=-2 \\ y=2 \end{cases}$

15. 부정방정식

1. 정수 조건이 있을 때
(일차식)×(일차식)＝(정수)의 꼴로 나타낸 다음 두 일차식이
정수의 약수가 되도록 한다.

2. 실수 조건이 있을 때
(1) $D \geqq 0$을 이용한다.
(2) $A^2 + B^2 = 0$의 꼴로 변형하여 $A=0$, $B=0$임을 이용한다.
(3) $A + Bi = 0$일 때 실수 A, B가 $A=B=0$을 이용한다.
(4) $|A| + |B| = 0$일 때 $A=B=0$임을 이용한다.

참고 미지수의 개수보다 방정식의 개수가 부족할 때, 다른 조건(위의 정
수조건, 실수조건)을 보충하여 푼다.

▌예문▌ 방정식 $xy - 2x - 2y - 1 = 0$을 만족하는 정수 x, y를 구하여라.

풀이 ≫ $xy - 2x - 2y - 1 = 0$에서 $(x-2)(y-2) = 5 \cdots\cdots$ ①
x, y가 정수이므로 $x-2$, $y-2$도 정수이다.

$$\therefore \begin{cases} x-2=5 \\ y-2=1, \end{cases} \begin{cases} x-2=1 \\ y-2=5, \end{cases} \begin{cases} x-2=-5 \\ y-2=-1, \end{cases} \begin{cases} x-2=-1 \\ y-2=-5 \end{cases}$$

따라서 $\begin{cases} x=7 \\ y=3, \end{cases} \begin{cases} x=3 \\ y=7, \end{cases} \begin{cases} x=-3 \\ y=1, \end{cases} \begin{cases} x=1 \\ y=-3 \end{cases}$ … 답

참고 $xy - 2x - 2y - 1 = (x-\triangle)(y-\star) = \square$ 꼴로 먼저 ①과 같이 틀을 짜
고 계수를 비교하여 상수항들을 채운다.

▌예문▌ 방정식 $x^2 - 2xy + 2y^2 - 6y + 9 = 0$을 만족시키는 실수 x, y의
값을 구하여라.

풀이 ≫ $x^2 - 2xy + y^2 + y^2 - 6y + 9 = 0$, $(x-y)^2 + (y-3)^2 = 0$에서
$x-y$, $y-3$이 실수이므로 $x=y=3$ … 답

16. 부등식의 성질

$a>b$는 $a-b>0$과 동치이다.
(1) $a>b,\ b>c$이면 $a>c$
(2) $a>b$이면 $a+c>b+c,\ a-c>b-c$
(3) $a>b,\ c>0$이면 $ac>bc,\ \dfrac{a}{c}>\dfrac{b}{c}$
(4) $a>b,\ c<0$이면 $ac<bc,\ \dfrac{a}{c}<\dfrac{b}{c}$

참고 음수를 곱하거나, 음수로 나누면 부등호의 방향은 바뀐다.

예문 $a>b,\ c>d$일 때, 부등식 $a+c>b+d$가 성립함을 증명하여라.

풀이 $a>b$이므로 $a+c>b+c$
$c>d$이므로 $b+c>b+d$ 따라서 $a+c>b+d$ **증명 끝**

예문 $a>b>0$일 때, 부등식 $\dfrac{1}{b}>\dfrac{1}{a}>0$이 성립함을 증명하여라.

풀이 $a>b>0$에 양수 $\dfrac{1}{ab}$을 곱하면 $\dfrac{1}{ab}\cdot a>\dfrac{1}{ab}\cdot b>\dfrac{1}{ab}\cdot 0$은

$\dfrac{1}{b}>\dfrac{1}{a}>0$ 되어 **증명 끝**

예문 위 부등식의 성질 (3), (4)를 증명하여라.

풀이 (3) $a>b,\ c>0$이면 $ac>bc,\ \dfrac{a}{c}>\dfrac{b}{c}$ 를 증명하자.

$a>b$에서 $a-b>0$이다. 또, $c>0$이므로
$(a-b)c=ac-bc>0$ ($\because$ 양수$\times$양수$=$양수) $\qquad \therefore\ ac>bc$
또, $\dfrac{a-b}{c}=\dfrac{a}{c}-\dfrac{b}{c}>0$ (같은 조건으로) $\qquad \therefore\ \dfrac{a}{c}>\dfrac{b}{c}$ **증명 끝**

(4) $c<0$이므로 $(a-b)c=ac-bc<0$ ($\because$ 음수$\times$양수$=$음수) $\quad \therefore\ ac<bc$

같은 방법으로 $\dfrac{a}{c}<\dfrac{b}{c}$도 성립한다. **증명 끝**

1. 부등식 $ax>b$의 풀이

$a>0$일 때 $x>\dfrac{b}{a}$, $a<0$일 때 $x<\dfrac{b}{a}$

$a=0$일 때 $\begin{cases} b\geqq0\text{이면 해는 없다.} \\ b<0\text{이면 해는 모든 실수} \end{cases}$

2. 절대값의 부등식

(1) $|x|<a\Longleftrightarrow-a<x<a$　　(2) $|x|>a\Longleftrightarrow x<-a,\ x>a$

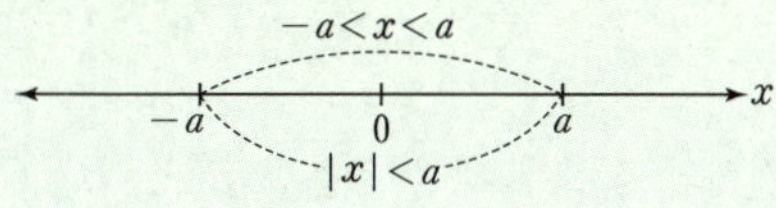

참고 $|x-0|<a\Longleftrightarrow0$에서 거리가 a 미만인 범위를 나타내므로 $|x|<a$는 $-a<x<a$를 뜻한다.

｜예문｜ 다음 일차부등식의 해를 구하시오.

(1) $ax-3>x-1$　　　　(2) $|x-2|<3$　　　　(3) $|x-2|>3$

풀이 ≫ (1) $ax-3>x-1$을 이항하여 정리하면 $(a-1)x>2$

① $a-1>0$ 즉 $a>1$일 때 $x>\dfrac{2}{a-1}$

② $a-1<0$ 즉 $a<1$일 때 $x<\dfrac{2}{a-1}$

③ $a-1=0$ 즉 $a=1$일 때는 $0\cdot x>2$ 되는 실수 x는 없다.

(2) $|x-2|<3\Longleftrightarrow-3<x-2<3\Longleftrightarrow-1<x<5\cdots$ 답

(3) $|x-2|>3\Longleftrightarrow x-2<-3$ 또는 $x-2>3$
　즉, $x<-1,\ x>5\cdots$ 답

| 예문 | 부등식 $|x+1|+|2-x|>5$ 를 만족하는 범위를 정하여라.

풀이 ≫ 절대값을 0 이 되게 하는 x 의 값을 수직선 위에 나타내면

그림과 같이 세 범위로 나누어 진다.

(i) $x<-1$ 일 때 $-(x+1)+2-x=-2x+1>5$ 에서 $x<-2$

(ii) $-1\leqq x<2$ 일 때 $x+1+2-x=3>5$ 되어 모순

(iii) $x\geqq2$ 일 때 $x+1-(2-x)=2x-1>5,\ x>3$ **답** $x<-2,\ x>3$

| 예문 | 실수 전체의 집합에 대한 부분집합 $A,\ B,\ C,\ D$ 가 다음과 같다.

$$A=\{x|f(x)>0\},\ B=\{x|g(x)<0\}$$

$$C=\{x|f(x)=0\},\ D=\{x|g(x)=0\}$$

이 때 다음 부등식의 해집합을 $A,\ B,\ C,\ D$ 로 나타내어라.

(1) $\dfrac{g(x)}{f(x)}>0$ (2) $\{f(x)\}^2\{g(x)\}^3\leqq0$

풀이 ≫ (1) $\dfrac{g(x)}{f(x)}>0 \Leftrightarrow g(x)>0$ 이고 $f(x)>0$ 또는

$$g(x)<0\ \text{이고}\ f(x)<0$$

또, $g(x)>0 \Leftrightarrow (B\cup D)^c,\ f(x)<0 \Leftrightarrow (A\cup C)^c$

∴ **해집합은** $\{(B\cup D)^c\cap A\}\cup\{(A\cup C)^c\cap B\}$ ⋯**답**

(2) $\{f(x)\}^2$ 과 $\{g(x)\}^2$ 은 항상 0 보다 크거나 같다.

∴ $\{f(x)\}^2\{g(x)\}^3\leqq0 \Leftrightarrow g(x)\leqq0$

∴ **해집합은** $B\cup D$ ⋯**답**

1. 이차부등식의 해법

이차부등식 $ax^2+bx+c=0\,(a>0)$의 두 근이 $\alpha,\ \beta\,(\alpha\leq\beta)$일 때

부등식 \ 판별식	$D>0$	$D=0$	$D<0$
$ax^2+bx+c>0$	$x<\alpha,\ x>\beta$	$x\neq\alpha$(또는 β)인 모든 실수	모든 실수
$ax^2+bx+c<0$	$\alpha<x<\beta$	해가 없다	해가 없다

2. 이차부등식 $ax^2+bx+c>0,\ ax^2+bx+c<0$ 의 해법

첫째 : x^2의 계수를 양으로 고쳐서 판별식을 조사한다.

둘째 : $D>0$, 즉 서로 다른 두 실근을 가질 때는 **인수분해** 또는 **근의공식**을 사용하여 해의 공식을 사용한다.

$D<0,\ D=0$일 때는 **완전제곱꼴**로 변형한 다음 'x는 모든 실수값' 또는 '해가 없다'로 결정한다.

┃ 예문 ┃ 다음 이차부등식을 풀어라.

(1) $-x^2+x+6>0$ (2) $x^2-2x+1<0$ (3) $x^2-4x+5>0$

풀이 ≫ (1) $-x^2+x+6>0 \Leftrightarrow x^2-x-6<0$

$(x+2)(x-3)<0$ ∴ $-2<x<3\cdots$ 답

(2) $x^2-2x+1=(x-1)^2<0$이 되는 **해는 없다** ··· 답

(3) $x^2-4x+5=(x-2)^2+1>0$이 되는 x**는 모든 실수** ··· 답

┃ 예문 ┃ x에 관한 이차부등식 $2x^2+px+q<0$의 해가 $\dfrac{1}{2}<x<4$가 되도록 $p,\ q$의 값을 정하여라.

풀이 ≫ $\dfrac{1}{2}<x<4$는 $\left(x-\dfrac{1}{2}\right)(x-4)<0$의 해이므로 전개해서 정리하면

$x^2-\dfrac{9}{2}x+2<0$, 양변에 2배하면 $2x^2-9x+4<0$

$\begin{cases}2x^2-9x+4<0 \\ 2x^2+px+q<0\end{cases}$ 두 부등식이 일치하려면 $\begin{cases}p=-9 \\ q=4\end{cases}\cdots$ 답

19. 이차부등식이 모든 실수 x에 대하여 성립할 조건

1. 모든 실수 x에 대하여 $ax^2+bx+c>0\,(a\neq0) \Leftrightarrow a>0\ D<0$

2. 모든 실수 x에 대하여 $ax^2+bx+c\geqq0\,(a\neq0) \Leftrightarrow a>0\ D\leqq0$

3. 모든 실수 x에 대하여 $ax^2+bx+c<0\,(a\neq0) \Leftrightarrow a<0\ D<0$

4. 모든 실수 x에 대하여 $ax^2+bx+c\leqq0\,(a\neq0) \Leftrightarrow a<0\ D\leqq0$

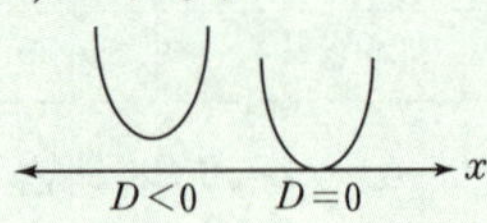

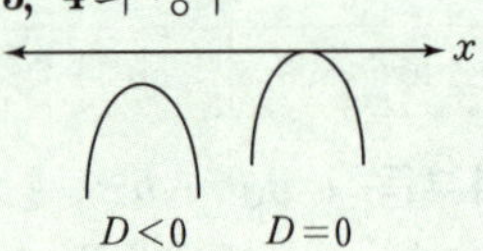

┃ 예문 ┃ 부등식 $(a+1)x^2-2(a+1)x+2>0$이 모든 실수 x에 대하여 성립하게 되는 a의 범위를 구하여라.

풀이 ≫ (1) $a+1=0$일 때 즉 $a=-1$일 때 $2>0$이 되어 성립한다.

(2) $a+1\neq0$일 때 $\begin{cases} a+1>0 \quad\cdots\cdots\cdots\cdots\cdots① \\ \dfrac{D}{4}=(a+1)^2-2(a+1)<0\cdots② \end{cases}$

①, ②를 연립하여 풀면 $-1<a<1$

$\therefore$ (1), (2)의 결과에 의해 $-1\leqq a<1 \cdots$ 답

┃ 예문 ┃ 실수 전체의 집합에 대한 부분집합 $A,\ B$가
$A=\{x\,|\,x^2-5x-6\leqq0\}$, $B=\{x\,|\,x^2+bx+c>0\}$일 때, 다음 두 관계를 만족하도록 $b,\ c$의 값을 구하여라.
$A\cup B=\{x\,|\,x$는 실수$\}$, $A\cap B=\{x\,|\,3<x\leqq6\}$

풀이 ≫ $x^2-5x-6\leqq0$에서 $-1\leqq x\leqq6$ $\cdots\cdots①$

$x^2+bx+c>0$에서 $x^2+bx+c=0$의 두 근을 $\alpha,\ \beta\,(\alpha<\beta)$라 하면 B의 해는 $x<\alpha,\ x>\beta$ $\cdots\cdots②$

그림에서 $\alpha=-1,\ \beta=3$임을 알 수 있다.

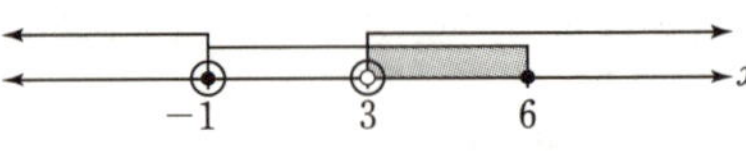

$\alpha+\beta=-1+3=-b$, $\alpha\cdot\beta=-1\times3=c$ $\therefore$ $b=-2,\ c=-3 \cdots$ 답

20. 연립이차부등식

1. 연립부등식 $\begin{cases} ax+b\geq 0 & \cdots\cdots\cdots① \\ cx^2+dx+e\geq 0 & \cdots\cdots② \end{cases}$ 의 풀이 : ①∩②에서 공통

범위를 구한다.

2. 두 이차연립부등식 $\begin{cases} ax^2+bx+c\geq 0 & \cdots\cdots① \\ px^2+qx+r\leq 0 & \cdots\cdots② \end{cases}$ 의 풀이 : ①∩②에

서 공통범위를 구한다.

┃ 예문 ┃ 연립부등식 $\begin{cases} 2x+9\geq 1 & \cdots\cdots\cdots① \\ x^2-x-2>0 & \cdots\cdots② \end{cases}$ 를 풀어라.

┃ 풀이 ┃ ≫ ①에서 $x\geq -4\cdots\cdots③$
②에서 $(x-2)(x+1)>0$, 즉, $x<-1$ 또는 $x>2\cdots\cdots④$
구하는 해는 ③, ④를 동시에 만족시키는
$$-4\leq x<-1 \text{ 또는 } x>2\cdots\boxed{답}$$

┃ 예문 ┃ $\begin{cases} x^2-2x-8>0 & \cdots\cdots① \\ x^2-6x-4\leq 0 & \cdots\cdots② \end{cases}$ 를 풀어라.

┃ 풀이 ┃ ≫ $x^2-2x-8=(x+2)(x-4)$이므로, ①의 해는
$$x<-2 \text{ 또는 } x>4 \cdots\cdots③$$
$x^2-6x-4=0$의 해는 $x=3\pm\sqrt{13}$ 이므로, ②의 해는
$$3-\sqrt{13}\leq x\leq 3+\sqrt{13} \cdots\cdots④$$
③∩④에서 구하는 해는 $4<x\leq 3+\sqrt{13}\cdots\boxed{답}$

┃ 예문 ┃ 두 부등식 $x^2-2x-3\geq 0$, $(x-2)(x-a)<0$의 공통의 해가
$-2<x\leq -1$이 되게 하는 a의 값을 구하여라.

┃ 풀이 ┃ ≫ $x^2-2x-3=(x+1)(x-3)\geq 0$에서 $x\leq -1$, $x\geq 3\cdots\cdots①$
①과 $(x-2)(x-a)<0$의 공통범위가 $-2<x\leq -1$이 되기 위해서는
$a<2$이고 $a<x<2$에서 $a=-2$가 됨을 알 수 있다.
$$\therefore \ a=-2\cdots\boxed{답}$$

21. 절대부등식

1. $a>0$, $b>0$일 때 $\dfrac{a+b}{2}\geqq\sqrt{ab}$ (등호는 $a=b$일 때 성립)

2. $a>0$, $b>0$일 때 $\sqrt{a}+\sqrt{b}>\sqrt{a+b}$

3. $|a+b|\leqq|a|+|b|$ (등호는 $ab\geqq0$일 때 성립)

4. $a^2+b^2+c^2\geqq ab+bc+ca$ (등호는 $a=b=c$일 때 성립)

5. $(a^2+b^2)(c^2+d^2)\geqq(ac+bd)^2$ (등호는 $ad=bc$일 때 성립)

참고 5의 부등식을 **코시-슈바르츠의 부등식**이라고 하고
$(a^2+b^2+c^2)(x^2+y^2+z^2)\geqq(ax+by+cz)^2$도 성립한다.
(a, b, c, x, y, z는 실수)

┃ 예문 ┃ 절대부등식 1~5를 증명하여라.

(1) $\dfrac{a+b}{2}-\sqrt{ab}=\dfrac{1}{2}(a-2\sqrt{ab}+b)=\dfrac{1}{2}(\sqrt{a}-\sqrt{b})^2\geqq0$

  ($\because \sqrt{a}-\sqrt{b}$ 는 실수)

(2) $(\sqrt{a}+\sqrt{b})^2-(\sqrt{a+b})^2=a+b+2\sqrt{ab}-(a+b)=2\sqrt{ab}>0$

(3) $(|a|+|b|)^2-(|a+b|)^2=a^2+b^2+2|ab|-(a^2+2ab+b^2)$
$$=2(|ab|-ab)\geqq0 \ (\because |A|^2=A^2)$$

(4) $a^2+b^2+c^2-ab-bc-ca$

  $=\dfrac{1}{2}(2a^2+2b^2+2c^2-2ab-2bc-2ac)$

  $=\dfrac{1}{2}\{(a-b)^2+(b-c)^2+(c-a)^2\}\geqq0 \quad \therefore$ 성립

(5) $(a^2+b^2)(c^2+d^2)-(ac-bd)^2$
  $=a^2d^2-2abcd+b^2c^2=(ad-bc)^2\geqq0 \quad \therefore$ 성립함

┃ 예문 ┃ $a>0$, $b>0$일 때,

$(a+b)\left(\dfrac{1}{a}+\dfrac{1}{b}\right)$의 최소값을 구하여라.

풀이 》 (준식)을 정리하면 $\dfrac{a}{b}+\dfrac{b}{a}+2$ 이고, $\dfrac{a}{b}+\dfrac{b}{a}\geqq2\sqrt{\dfrac{a}{b}\cdot\dfrac{b}{a}}=2$

  $\therefore$ 최소값은 4 … 답

22. 부등식의 증명

실수의 대소관계

두 실수 또는 두 식 A, B의 대소관계를 정하려면

(1) A에서 B를 빼어 본다.

$$A-B>0 \Longleftrightarrow A>B \qquad A-B=0 \Longleftrightarrow A=B$$
$$A-B<0 \Longleftrightarrow A<B$$

(2) A^2에서 B^2을 빼어본다. (양수이고 근호가 있을 때)

$$A\geqq0, \ B\geqq0 \text{일 때 } A^2-B^2>0 \Longleftrightarrow A>B$$

(3) A와 B의 비를 구한다. (지수꼴일 때)

$$A>0, \ B>0 \text{일 때}$$

$$\frac{A}{B}>1 \Longleftrightarrow A>B, \quad \frac{A}{B}=1 \Longleftrightarrow A=B, \quad \frac{A}{B}<1 \Longleftrightarrow A<B$$

부등식의 여러 가지 증명 문제

부등식을 증명하는 데 쓰이는 주요 성질들을 알아보자.

(1) $|a|>|b| \Leftrightarrow a^2>b^2$

(2) (산술 평균)$\geqq$(기하 평균)의 정리를 이용한다.

(3) (실수)$^2\geqq0$임을 이용하여 $a^2+b^2+c^2\geqq0$을 유도한다.

(4) 판별식 D를 이용한다.

$$a>0, \ D<0 \Longleftrightarrow ax^2+bx+c>0$$
$$a<0, \ D<0 \Longleftrightarrow ax^2+bx+c<0$$

(5) 코시-슈바르츠의 부등식을 이용한다.

예문 $x^2-xy+y^2\geqq0$이 성립함을 증명하여라. (단, x, y는 실수)

풀이 $x^2-xy+y^2=\left(x-\dfrac{y}{2}\right)^2+\dfrac{3}{4}y^2$으로 변형하여 (실수)$^2\geqq0$임을 이용하면 (준식)$\geqq0$이 성립한다.

또 등호는 $x=\dfrac{y}{2}$, $y=0$ 즉, $x=y=0$일 때 성립한다.

1. 도형의 방정식

두 점 사이의 거리

평면 위의 두 점 $A(x_1, y_1)$, $B(x_2, y_2)$ 사이의 거리는

$$\overline{AB} = \sqrt{(x_2-x_1)^2 + (y_2-y_1)^2}$$

이다.

특히 원점 $O(0, 0)$과 점 $A(x_1, y_1)$ 사이의 거리는 $\overline{OA} = \sqrt{x_1^2 + y_1^2}$ 이 된다.

| 예문 | 평면 위의 두 점 $A(3, -1)$, $B(4, 1)$ 사이의 거리를 구하여라.

풀이 ≫ 공식에서 두 점 A, B 사이의 거리는

$$\overline{AB} = \sqrt{(4-3)^2 + \{1-(-1)\}^2} = \sqrt{5} \cdots \boxed{답}$$

참고 평면 위의 서로 다른 두 점 $A(x_1, y_1)$, $B(x_2, y_2)$에 대하여 직선 AB 가 좌표축에 평행하지 않을 때 오른쪽 그림과 같이 점 C를 정하면

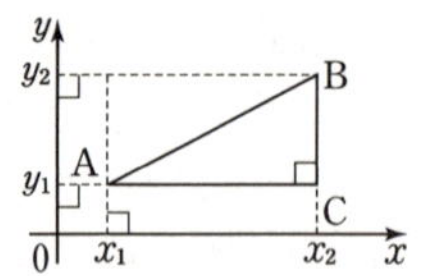

$$\overline{AC}^2 = (x_2-x_1)^2$$
$$\overline{BC}^2 = (y_2-y_1)^2 \text{ 이므로}$$

피타고라스의 정리에서 두 점 A, B 사이의 거리는

$$\overline{AB} = \sqrt{(x_2-x_1)^2 + (y_2-y_1)^2} \cdots\cdots ①$$

또, 직선 AB가 x축에 평행할 때 그림에서 $\overline{AB} = |x_2-x_1|$ 이다.

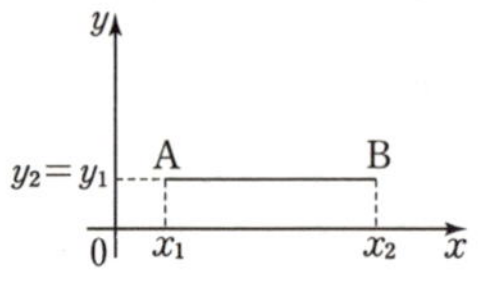

직선 AB가 y축에 평행한 경우에는 $\overline{AB} = |y_2-y_1|$ 이 되어 축에 평행한 경우에도 ①은 성립한다.

2. 수직선 위의 선분의 내분점 · 외분점

수직선 위의 두 점 $A(a)$, $B(b)$에 대하여, 선분 AB를

1. $m : n$으로 내분하는 점 $P(x)$의 좌표는

$$x=\frac{mb+na}{m+n}$$

2. 특히, 중점 $R(x)$의 좌표는 $x=\dfrac{a+b}{2}$

3. $m : n$으로 외분하는 점 $Q(x)$의 좌표는 $x=\dfrac{mb-na}{m-n}\ (m\neq n)$

▌ 예문 ▐ 두 점 $A(3)$, $B(6)$을 이은 선분 AB를 $2:1$로 내분하는 점을 $P(a)$, 외분하는 점을 $Q(b)$라고 할 때, 점 P와 Q의 좌표를 구하여라.

풀이 ≫ $a=\dfrac{2\times6+1\times3}{2+1}=5$, $b=\dfrac{2\times6-1\times3}{2-1}=9$

답 $P(5)$, $Q(9)$

▌ 예문 ▐ 세 점 $A(-2)$, $B(3)$, $C(-5)$에 대하여 다음을 구하여라.

(1) 선분 AB를 $1:3$으로 내분하는 점의 좌표
(2) 선분 BA를 $3:2$로 내분하는 점의 좌표
(3) 선분 CB를 $4:2$로 외분하는 점의 좌표

풀이 ≫ (1) $\overline{AB}$를 $1:3$으로 내분하는 점의 좌표를 x_1이라 하면

$$x_1=\frac{1\times3+3\times(-2)}{1+3}=-\frac{3}{4}\cdots \text{답}$$

(2) $\overline{BA}$를 $3:2$로 내분하는 점의 좌표를 x_2라 하면

$$x_2=\frac{3\times(-2)+2\times3}{3+2}=0\cdots \text{답}$$

(3) $\overline{CB}$를 $4:2$로 외분하는 점의 좌표를 x_3라 하면

$$x_3=\frac{4\times3-2\times(-5)}{4-2}=11\cdots \text{답}$$

3. 좌표평면 위의 선분의 내분점 · 외분점

좌표평면 위의 두 점을 $A(x_1, y_1)$, $B(x_2, y_2)$라 할 때, 선분 AB를

1. $m : n$으로 **내분**하는 점 $P(x, y)$의 좌표는

$$x=\frac{mx_2+nx_1}{m+n}, \quad y=\frac{my_2+ny_1}{m+n}$$

특히, $P(x, y)$가 **중점**일 때, $x=\frac{x_1+x_2}{2}$, $y=\frac{y_1+y_2}{2}$

2. $m : n$으로 **외분**하는 점 $Q(x, y)$의 좌표는

$$x=\frac{mx_2-nx_1}{m-n}, \quad y=\frac{my_2-ny_1}{m-n} \ (m \neq n)$$

| 예문 | 두 점 $A(0, 4)$, $B(3, -7)$을 잇는 선분 AB에 대하여 $1 : 2$로 내분, 외분하는 점의 좌표를 각각 구하여라.

풀이 ≫ (1) 내분하는 점의 좌표는

$$\left(\frac{1\times3+2\times0}{1+2}, \ \frac{1\times(-7)+2\times4}{1+2}\right), \ \text{즉} \ \left(1, \ \frac{1}{3}\right)$$

(2) 외분하는 점의 좌표는

$$\left(\frac{1\times3-2\times0}{1-2}, \ \frac{1\times(-7)-2\times4}{1-2}\right), \ \text{즉} \ (-3, \ 15)$$

답 $\begin{cases} \text{내분점} \left(1, \ \dfrac{1}{3}\right) \\ \text{외분점} \ (-3, \ 15) \end{cases}$

| 예문 | 평행사변형 ABCD에서 세 점을 $A(x_1, y_1)$, $B(x_2, y_2)$, $C(x_3, y_3)$라고 할 때, 꼭지점 D의 좌표를 구하여라.

풀이 ≫ 꼭지점 D의 좌표를 (x, y)라고 하면, 평행사변형의 두 대각선의 중점이 일치함을 이용하여 $\overline{AC}$의 중점과 $\overline{BD}$의 중점을 같게 놓아

$$\frac{x_1+x_3}{2}=\frac{x_2+x}{2} \ \text{에서} \ x=x_1-x_2+x_3$$

같은 방법으로 $y=y_1-y_2+y_3$

$$\left. \begin{array}{l} x=x_1-x_2+x_3 \\ y=y_1-y_2+y_3 \end{array} \right\} \cdots \text{답}$$

4. 삼각형의 무게중심의 좌표

평면 위의 세 점

$A(x_1, \ y_1)$

$B(x_2, \ y_2)$

$C(x_3, \ y_3)$를 꼭지점으로

하는 $\triangle ABC$의 무게중

심 G의 좌표는

$G\left(\dfrac{x_1+x_2+x_3}{3}, \ \dfrac{y_1+y_2+y_3}{3}\right)$이다.

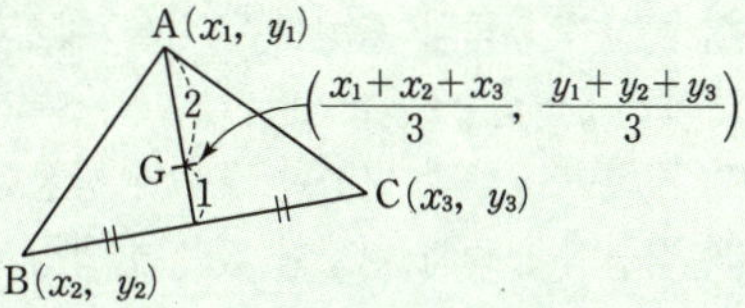

┃예문┃ 평면 위의 세 점 $A(2, \ 4)$, $B(1, \ 0)$, $C(6, \ -1)$를 꼭지점으로 하는 $\triangle ABC$의 무게중심의 좌표를 구하여라.

풀이 》》》 무게중심의 좌표는

$\left(\dfrac{2+1+6}{3}, \ \dfrac{4+0-1}{3}\right)$, 즉, $(3, \ 1)$ … 답

┃예문┃ 세 점 $A(x, \ y)$, $B(2y, \ -3)$, $C(-3x, \ -1)$을 꼭지점으로 하는 삼각형 ABC의 무게중심이 원점이 되도록 $x, \ y$의 값을 정하여라.

풀이 》》》 $\triangle ABC$의 무게중심이 원점 $O(0, \ 0)$이므로

$\dfrac{x+2y-3x}{3}=0 \qquad \therefore \ x-y=0 \cdots\cdots ①$

$\dfrac{y-3-1}{3}=0 \qquad \therefore \ y=4 \cdots\cdots ②$

①, ②에서 　　　　　　　　　　　　　　답 $(x, \ y)=(4, \ 4)$

참고 위 그림에서 꼭지점 A와 마주보는 변 BC의 중점을 이은 선분을 중선이라고 하고 중선을 A로부터 $2:1$로 내분하는 점이 무게중심 G이다.

5. 한 점을 지나는 직선

점 $(x_1,\ y_1)$을 지나는 직선의 방정식

(1) 직선이 y축과 평행하지 않을 때 그 기울기가 m인 직선의 방정식은 $y-y_1=m(x-x_1)$

(2) 직선이 y축과 평행한 경우에 방정식은 $x=x_1$이다.

(3) 직선이 x축과 평행한 경우에 방정식은 $y=y_1$이다.

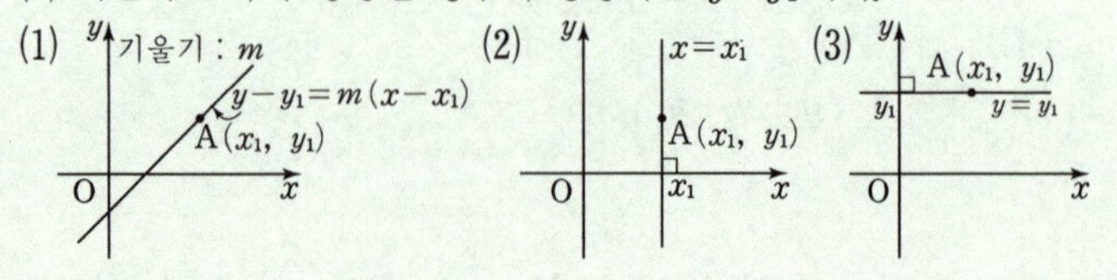

| 예문 | 점 $(2,\ 1)$을 지나고, 기울기가 3인 직선의 방정식을 구하여라.

풀이 ≫ $x_1=2,\ y_1=1,\ m=3$이므로 구하는 직선의 방정식은

$y-1=3(x-2)$, 즉 $y=3x-5\cdots$ 답

참고 기울기 m인 직선의 방정식은

$y=mx+b\cdots\cdots$ ①

①이 점 $(x_1,\ y_1)$을 지나므로 이 점을 ①에 대입하면

$y_1=mx_1+b\cdots\cdots$ ②

①-②에서 $y-y_1=m(x-x_1)$ 즉, 점 $(x_1,\ y_1)$을 지나고, 기울기가 m인 직선의 방정식은 $y-y_1=m(x-x_1)$임을 알 수 있다.

참고 직선의 방정식을 구하는 문제는 최소한 다음 한가지는 주어진다.

(1) 기울기 m이 주어질 때, 구하는 직선의 방정식을 $y=mx+b$로 놓고 조건에 따라 y절편 b를 구한다.

(2) 지나는 한 점 $(x_1,\ y_1)$의 좌표가 주어질 때, 직선의 방정식을 $y-y_1=m(x-x_1)$으로 놓고 조건에 따라서 기울기 m을 구한다.

6. 두 점을 지나는 직선

두 점 $A(x_1,\ y_1)$, $B(x_2,\ y_2)$를 지나는 직선
1. 직선 AB가 y축에 평행하지 않을 때, $x_1 \neq x_2$이고 직선 AB의

  방정식은 $y - y_1 = \dfrac{y_2 - y_1}{x_2 - x_1}(x - x_1)$

2. x절편이 a, y절편이 b인 직선의 방정식은

$$\frac{x}{a} + \frac{y}{b} = 1\,(ab \neq 0)$$

│ 예문 │ 다음 두 점을 지나는 직선의 방정식을 구하여라.
  (1) $A(1,\ 2)$, $B(3,\ 6)$
  (2) x절편이 -4이고 y절편이 2

풀이 >>> (1) 직선 AB는 축에 평행하지 않으므로

$y - 2 = \dfrac{6 - 2}{3 - 1}(x - 1)$, 즉 $\boldsymbol{y = 2x}$ ⋯ 답

(2) x절편이 -4, y절편이 2인 직선의 방정식은

$\dfrac{x}{-4} + \dfrac{y}{2} = 1$, 즉 $\boldsymbol{x - 2y + 4 = 0}$ ⋯ 답

참고 (1) 서로 다른 두 점 $A(x_1,\ y_1)$, $B(x_2,\ y_2)$을
  지나는 직선은 오직 하나가 존재한다. 직선
  AB가 축에 평행하지 않을 때는 그 기울기는

  $\dfrac{y_2 - y_1}{x_2 - x_1}$

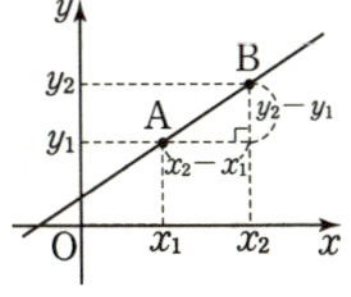

(2) x절편이 a, y절편이 b인 직선의 방정식은 두 점 $(a,\ 0)$,
  $(0,\ b)$를 지나는 직선이므로

$y - 0 = \dfrac{b - 0}{0 - a}(x - a)$, 즉 $\dfrac{x}{a} + \dfrac{y}{b} = 1$ (단, $ab \neq 0$)

7. 두 직선의 평행조건

1. $\left.\begin{array}{l} y=mx+b \\ y=m'x+b' \end{array}\right\}$ 이 평행 $\Leftrightarrow m=m',\ b\neq b'$

2. $\left.\begin{array}{l} ax+by+c=0 \\ a'x+b'y+c'=0 \end{array}\right\}$ 이 평행 $\Leftrightarrow \dfrac{a}{a'}=\dfrac{b}{b'}\neq\dfrac{c}{c'}$

참고 1에서 $b=b'$일 때 두 직선은 일치하므로 평행조건 중 특수한 경우

2에서 $\dfrac{a}{a'}=\dfrac{b}{b'}=\dfrac{c}{c'}$일 때 두 직선은 일치

2를 1꼴로 고쳐서 $\left\{\begin{array}{l} y=-\dfrac{a}{b}x-\dfrac{c}{b} \\ y=-\dfrac{a'}{b'}x-\dfrac{c'}{b'} \end{array}\right.$ 기울기가 서로 같을 때 평행조건을 찾을 수 있다.

┃예문┃ 두 직선 $4x-2y+1=0\cdots①,\ -2x+y+5=0\cdots②$의 위치 관계를 조사하여라.

풀이 ≫ ①에서 $y=2x+\dfrac{1}{2}$, ②에서 $y=2x-5$이므로 두 직선의 기울기가 같아서 서로 평행이다.

계수의 비를 구하여 $\dfrac{4}{-2}=\dfrac{-2}{1}\neq\dfrac{1}{5}$ 되어 **서로 평행**이다.

┃예문┃ 두 집합 $A=\{(x,\ y)\,|\,ax+8y=a-4\}$,
$B=\{(x,\ y)\,|\,x+(a+2)y=2\}$에 대하여 $A\cap B=\phi$일 때,
a의 값을 구하여라.

풀이 ≫ 두 직선이 평행한 조건을 구하므로 각 항의 계수의 비를 비교

$\dfrac{a}{1}=\dfrac{8}{a+2}\neq\dfrac{a-4}{2}$ 에서 $a(a+2)=8,\ 2a\neq a-4$

$(a+4)(a-2)=0$ 이고 $a\neq-4$이므로 $\therefore\ \boldsymbol{a=2}\cdots$답

8. 두 직선의 수직조건

1. $\begin{cases} y = mx + b \\ y = m'x + b' \end{cases}$ 이

① 수직 $\Leftrightarrow mm' = -1$　　② 한 점에서 만날 때 $\Leftrightarrow m \ne m'$

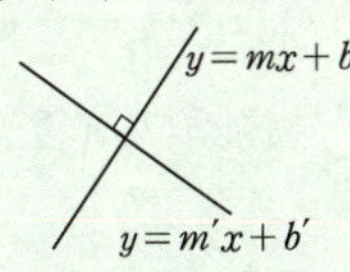

2. $\begin{cases} ax + by + c = 0 \\ a'x + b'y + c' = 0 \end{cases}$ 이 ① 수직 $\Leftrightarrow aa' + bb' = 0$

② 한 점에서 만날 때 $\Leftrightarrow \dfrac{a}{a'} \ne \dfrac{b}{b'}$

참고

직선 $\begin{cases} ax + by + c = 0 \\ a'x + b'y + c' = 0 \end{cases}$ 은 $\begin{cases} y = -\dfrac{a}{b}x - \dfrac{c}{b} \\ y = -\dfrac{a'}{b'}x - \dfrac{c'}{b'} \end{cases}$ 꼴로 두 기울기의 곱

이 -1이 되게 정리하면 $\left(-\dfrac{a}{b}\right)\left(-\dfrac{a'}{b'}\right) = -1$에서 $aa' + bb' = 0$ 꼴로

변형할 수 있다.

┃예문┃ 점 $(3, -2)$를 지나고, 직선 $y = -2x + 3$에 수직인 직선의 방정식을 구하여라.

풀이 ≫ 구하는 직선의 기울기를 m이라 하면 $(-2) \cdot m = -1$에서

$m = \dfrac{1}{2}$, 구하는 직선의 방정식은 $y - (-2) = \dfrac{1}{2}(x - 3)$

$\therefore \ y = \dfrac{1}{2}x - \dfrac{7}{2} \cdots$ **답**

┃예문┃ 두 직선 $x + y - 4 = 0$, $3x - 2y - 7 = 0$의 교점을 지나고 직선 $4x + 3y - 5 = 0$과 수직인 직선을 구하여라.

풀이 ≫ 두 직선의 교점은 $(3, 1)$이므로 구하는 직선은

$y - 1 = \dfrac{3}{4}(x - 3)$, 즉 $y = \dfrac{3}{4}x - \dfrac{5}{4} \cdots$ **답**

9. 두 직선의 교점을 지나는 직선

좌표평면에서 평행하지 않고 만나는 두 직선
$ax+by+c=0$
$a'x+b'y+c'=0$ 에 대하여
$ax+by+c+k(a'x+b'y+c')=0\,(k\neq0)$ 은 그 두 직선의 교점을 지나는 직선이다.

┃ 예문 ┃ 두 직선 $\begin{cases} x-y+1=0\cdots\cdots① \\ 2x-y-4=0\cdots\cdots② \end{cases}$ 의 교점을 지나고, 점 $(1,\ 0)$ 을 지나는 직선의 방정식을 구하여라.

풀이 ≫ ①, ②의 교점을 지나는 직선은, 상수 k 를 써서
$x-y+1+k(2x-y-4)=0$ 으로 ······ ③
놓을 수 있다. 이것이 점 $(1,\ 0)$ 을 지나므로, $x=1,\ y=0$ 을 대입하면
$1-0+1+k(2\cdot1-0-4)=0 \qquad \therefore\ k=1$
이것을 ③에 대입하면 $\boldsymbol{3x-2y-3=0}$ ⋯답

참고 ①, ②의 교점을 구하고, 이 점과 주어진 점 $(1,\ 0)$ 을 지나는 직선의 방정식을 구해도 된다.

┃ 예문 ┃ 직선 $(k+2)x-(3k+1)y-5k+5=0$ 이 k 의 값에 관계없이 지나는 정점의 좌표를 구하여라.

풀이 ≫ 'k 의 값에 관계없이' ↔ 'k 에 관한 항등식'과 같은 의미이다.
k 에 관해 정돈하면
$k(x-3y-5)+2x-y+5=0$ 에서
$\begin{cases} x-3y-5=0 \\ 2x-y+5=0 \end{cases}$ 을 연립하여 풀어서
구하는 정점은 $\boldsymbol{(-4,\ -3)}$ ⋯답

10. 점과 직선 사이의 거리

점 $(x_1,\ y_1)$에서 직선 $ax+by+c=0$까지
의 거리 d는

$$d=\frac{|\,ax_1+by_1+c\,|}{\sqrt{a^2+b^2}}\ \text{이다.}$$

특히, 원점과 직선 $ax+by+c=0$
사이의 거리 d는

$$d=\frac{|\,c\,|}{\sqrt{a^2+b^2}}$$

참고 점 A에서 직선 $ax+by+c=0$에 내린 수선의 발을 $H(x_0,\ y_0)$라 하고, 수선 AH의 ①기울기와 ②$\overline{AH}$의 길이 $\sqrt{(x_1-x_0)^2+(y_1-y_0)^2}$ ③ $H(x_0,\ y_0)$를 점 H가 직선 $ax+by+c=0$ 위의 점임을 이용하여 $ax_0+by_0+c=0$에 대입해서 공식을 유도힐 수 있다.

예문 좌표평면 위에서 원점과 직선 $x+y-2+k(x-y)=0$ 사이의 거리를 $f(k)$라고 할 때 $f(k)$의 최대값을 구하여라. (단, k는 상수)

풀이 직선의 방정식을 정리하면 $(1+k)x+(1-k)y-2=0$

$$f(k)=\frac{|-2|}{\sqrt{(1+k)^2+(1-k)^2}}=\frac{2}{\sqrt{2(k^2+1)}}\leq\sqrt{2}$$

따라서 $f(k)$의 최대값은 $k=0$일 때 $\sqrt{2}$ 이다. **답** $\sqrt{2}$

예문 직선 $y=\dfrac{4}{3}x$가 x축의 양의 방향과 이루는 각을 이등분하는 직선의 방정식을 구하여라.

풀이 구하는 직선의 방정식을 $y=mx\,(m>0)$라 하자. 직선 위의 점 $A(1,\ m)$에서 x축에 내린 수선의 발을 P, 직선 $y=\dfrac{4}{3}x$에 내린 수선의 발을 Q라 하면 $\overline{AP}=\overline{AQ}$에서 $m=\dfrac{1}{2}$ **답** $y=\dfrac{1}{2}x$

11. 원의 방정식

1. 평면 위의 한 점에서 일정한 거리에 있는 점의 집합(자취)을 원이라 하고

2. 점 $C(a,\ b)$를 중심으로 하는 반지름 r인 원의 방정식은
$$(x-a)^2+(y-b)^2=r^2$$
특히 원점을 중심으로 하고 반지름 r인 원의 방정식은
$$x^2+y^2=r^2$$

참고 $\{P\,|\,\overline{CP}=r,\ C$는 정점, r는 일정$\}$을 원이라 하고, 정점 C는 중심, r는 반지름이라고 한다.

┃ 예문 ┃ 점 $(4,\ 3)$을 중심으로 하고 반지름이 2인 원의 방정식을 구하여라.

풀이 ≫ $a=4,\ b=3,\ r=2$이므로
$$(x-4)^2+(y-3)^2=4 \cdots \text{답}$$

┃ 예문 ┃ 점 $(2,\ 3)$을 지나고 x축과 y축에 접하는 원은 2개 있다. 이 두 원의 중심간의 거리를 구하여라.

풀이 ≫ 점 $(2,\ 3)$이 원위에 있고, 원은 x축, y축에 접하므로
$(x-a)^2+(y-a)^2=a^2$이라 하면 $(2-a)^2+(3-a)^2=a^2$
$\therefore\ a^2-10a+13=0 \cdots\cdots ①$

①의 두 근을 $\alpha,\ \beta$라 하면 두 원의 중심은 $(\alpha,\ \alpha),\ (\beta,\ \beta)$이고
$\alpha+\beta=10,\ \alpha\cdot\beta=13$

$\therefore$ 중심간의 거리 $d=\sqrt{(\alpha-\beta)^2+(\alpha-\beta)^2}=\sqrt{2}\,|\alpha-\beta|$
$$=\sqrt{2}\times\sqrt{10^2-4\times13}=4\sqrt{6}\cdots\cdots\text{답}$$

※ $(\alpha-\beta)^2=(\alpha+\beta)^2-4\alpha\beta$

12. 원의 방정식 일반형

x, y에 관한 이차방정식의 일반형

$x^2+y^2+Ax+By+C=0$은

$$\left(x+\frac{A}{2}\right)^2+\left(y+\frac{B}{2}\right)^2$$

$$=\left(\frac{\sqrt{A^2+B^2-4C}}{2}\right)^2$$

으로 변형되므로 $A^2+B^2-4C>0$일 때

점 $\left(-\dfrac{A}{2},\ -\dfrac{B}{2}\right)$를 중심으로 하고 반지름이 $\dfrac{\sqrt{A^2+B^2-4C}}{2}$인

원을 나타낸다.

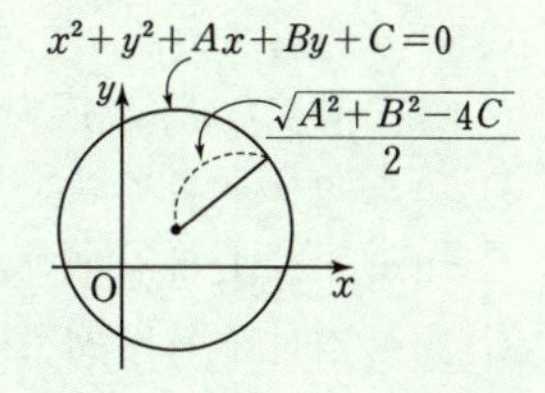

| 예문 | 방정식 $x^2+y^2+2x-4y-4=0$은 어떤 도형을 나타내는가?

풀이 》 방정식을 변형하면 $(x^2+2x+1)+(y^2-4y+4)=4+4+1$

즉, $(x+1)^2+(y-2)^2=3^2$

따라서, 이 방정식은 점 $(-1, 2)$를 중심으로 하고 반지름이 3인 **원**이다.

참고 $x^2+y^2+Ax+By+C$

$$=\left(x^2+Ax+\frac{A^2}{4}\right)+\left(y^2+By+\frac{B^2}{4}\right)-\frac{A^2}{4}-\frac{B^2}{4}+C=0$$

$$\therefore\ \left(x+\frac{A}{2}\right)^2+\left(y+\frac{B^2}{2}\right)=\frac{A^2+B^2-4C}{4}$$

주의 $\dfrac{A^2+B^2-4C}{4}$는 반지름 r이 아니고 r^2이다.

| 예문 | 세 점 $(-2, -6)$, $(1, 3)$, $(5, 1)$을 지나는 원의 방정식은?

풀이 》 $x^2+y^2+Ax+By+C=0$에 세 점을 대입하여

$$\begin{cases}40-2A-6B+C=0\\10+A+3B+C=0\\26+5A+B+C=0\end{cases}$$ 을 풀어서 $A=-2,\ B=4,\ C=-20$

따라서 구하는 원의 방정식은 $x^2+y^2-2x+4y-20=0$

$(\boldsymbol{x}-1)^2+(\boldsymbol{y}+2)^2=25\cdots$ 답

13. 원과 직선

> 직선 $y=mx+b$를 원 $x^2+y^2=r^2$에 대입하여 얻은 이차방정식
> $(1+m^2)x^2+2mbx+b^2-r^2=0$의 판별식을 D라 하면
> $D>0 \Leftrightarrow$ 직선과 원은 서로 다른 두 점에서 만난다.
> $D=0 \Leftrightarrow$ 직선과 원은 접한다.
> $D<0 \Leftrightarrow$ 직선과 원은 서로 공유점을 갖지 않는다.

| 예문 | 직선 $y=x+b$와 원 $x^2+y^2=1$과의 공유점의 개수는 y절편 b의 값에 따라서 어떻게 달라지는가?

풀이 》》 공유점의 좌표는 연립방정식

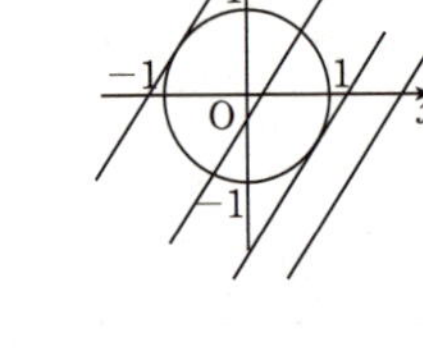

$$\begin{cases} y=x+b \cdots\cdots ① \\ x^2+y^2=1 \cdots\cdots ② \end{cases}$$ 의 실근이다.

①을 ②에 대입하여 정리하면

$$x^2+(x+b)^2-1=0$$
$$2x^2+2bx+b^2-1=0 \cdots\cdots ③$$

③의 판별식을 D라 하면

$$\frac{D}{4}=b^2-2(b^2-1)=-b^2+2 \text{ 그러므로}$$

(1) $-b^2+2>0$ 즉, $-\sqrt{2}<b<\sqrt{2}$ 일 때 공유점 두 개

(2) $-b^2+2=0$, $b=-\sqrt{2}$, $\sqrt{2}$ 일 때 공유점은 한 개

(3) $-b^2+2<0$, $b<-\sqrt{2}$, $b>\sqrt{2}$ 일 때 공유점은 없다.

다른 풀이 》》 원의 중심 $O(0,\ 0)$에서 직선 $x-y+b=0$까지의 거리 d가

(1) $d<r$이면 서로 다른 두점에서 만나고

(2) $d=r$이면 한 점에서 접하고

(3) $d>r$이면 만나지 않는다.

$$d=\frac{|b|}{\sqrt{1^2+1^2}}=\frac{|b|}{\sqrt{2}}=1,\ |b|=\sqrt{2},\ b=\pm\sqrt{2} \text{ 일 때 접한다.}$$

14. 원의 접선

1. 원 $x^2+y^2=r^2$ 위의 점 $(x_0,\ y_0)$에서 그 원에 그은 접선의 방정식은 $x_0x+y_0y=r^2$ ……①

   원 $(x-a)^2+(y-b)^2=r^2$ 위의 점 $(x_0,\ y_0)$에서 그 원에 그은 접선의 방정식은 $(x_0-a)(x-a)+(y_0-b)(y-b)=r^2$ ……②

2. 원 $x^2+y^2=r^2$에 접하고 그 기울기가 m인 접선의 방정식은 $y=mx\pm r\sqrt{1+m^2}$ ……③

참고 접선의 방정식 ②는 원 $x^2+y^2=r^2$을 x축으로 a, y축으로 b만큼 평행이동한 것이므로 접선도 따라서 평행이동하여 접선이 ②로 결정된다.

접선의 방정식 ③은 원의 중심 $O(0,\ 0)$에서 기울기 m인 접선까지의 거리가 반지름 r과 같음을 정리해서 얻은 결과이다.

예문 원 $x^2+y^2=4$ 위의 점 $(\sqrt{3},\ 1)$에서의 접선의 방정식을 구하여라.

풀이 접선 1의 공식을 써서 $x_0=\sqrt{3}$, $y_0=1$이므로
접선의 방정식은 $\sqrt{3}\,x+y=4$ … 답

예문 원 밖의 점 $(2,\ 1)$에서 원 $x^2+y^2=1$에 그은 접선의 방정식을 구하여라.

풀이 구하는 접선의 방정식을 $y-1=m(x-2)$라고 하면 원의 중심 $O(0,\ 0)$과 접선 $mx-y-2m+1=0$ 사이의 거리는 1이다. 따라서
$$\frac{|-2m+1|}{\sqrt{m^2+1}}=1,\ (-2m+1)^2=m^2+1 \text{에서}$$
$m=\dfrac{4}{3}$, $m=0$ 구하는 접선은 $y=1,\ 4x-3y=5$ … 답

15. 두 원의 교점을 지나는 원·직선

만나는 두 원 $x^2+y^2+Ax+By+C=0$

$$x^2+y^2+A'x+B'y+C'=0$$

의 교점을 지나는 원의 방정식은 임의의 실수 $k(k\neq-1,\ k\neq0)$에 대하여

$(x^2+y^2+Ax+By+C)+k(x^2+y^2+A'x+B'y+C')=0$으로 나타내어진다.

만약, $k=-1$이면 두 원의 교점을 지나는 직선의 방정식이다.

▌예문▐ 두 원 $x^2+y^2-2=0$, $x^2+y^2-2x-y+1=0$의 교점과 점$(1,\ 2)$를 지나는 원의 방정식을 구하여라.

풀이 》》 임의의 실수 $k(\neq-1,\ 0)$에 대하여 방정식

$x^2+y^2-2+k(x^2+y^2-2x-y+1)=0$으로 놓고

점 $(1,\ 2)$를 지나므로 대입하여

$1+4-2+k(1+4-2-2+1)=0$에서 $k=-\dfrac{3}{2}$

$\therefore\ x^2+y^2-2-\dfrac{3}{2}(x^2+y^2-2x-y+1)=0$을 정리해서 구하는 원의 방정

식은 $\boldsymbol{x^2+y^2-6x-3y+7=0}$ ⋯답

▌예문▐ 두 원 $x^2+y^2=1$, $x^2+y^2-4x+4y+a=0$의 공통현을 포함하는 직선이 점 $(2,\ 1)$을 지날 때, a의 값을 구하여라.

풀이 》》 두 원의 공통현의 방정식은

$(x^2+y^2-1)-(x^2+y^2-4x+4y+a)=0$

$\therefore\ 4x-4y-a-1=0$ 이것이 점 $(2,\ 1)$을 지나므로 $8-4-a-1=0$

$\therefore\ \boldsymbol{a=3}$ ⋯답

참고 위에서 구한 현의 길이를 구하려면 원 $x^2+y^2=1$의 중심 $O(0,\ 0)$에서 $4x-4y-4=0$까지 거리 d를 구하고 반지름 r을 이용해 $l=\sqrt{r^2-d^2}$을 구하면 현의 길이는 $2l$이 된다.

16. 도형의 자취

1. 점이 어떤 조건을 만족시키면서 움직일 때, 그 점이 그리는 도형을 주어진 조건을 만족시키는 점의 자취라고 한다.

2. 자취의 방정식을 구하는 요령
  (1) 좌표축을 계산하기 쉽게 정한다.
    ① 선분의 중점을 원점으로 정한다.
    ② 수선은 y축으로 정한다.
    ③ 좌표의 문자를 가급적 줄여쓴다.
  (2) 조건을 만족하는 점 P의 좌표는 $(x,\ y)$라 놓고 주어진 조건을 x와 y의 관계식으로 나타낸다.

❚ 예문 ❚ 다음 조건을 만족시키는 점 P의 자취를 구하여라.
  (1) 두 정점 A, B가 A$(-2,\ 0)$, B$(1,\ 0)$으로 주어졌을 때 $\overline{PA} : \overline{PB} = 2 : 1$을 만족시키는 점 P
  (2) 두 점 A$(3,\ -1)$, B$(2,\ 3)$에서 같은 거리에 있는 점 P

풀이 ≫ (1) A$(-2,\ 0)$, B$(1,\ 0)$, P$(x,\ y)$라 놓으면 $\overline{PA} : \overline{PB} = 2 : 1$이므로
$\overline{PA} = 2\overline{PB}$, $\overline{PA}^2 = 4\overline{PB}^2$에서
$(x+2)^2 + y^2 = 4\{(x-1)^2 + y^2\}$을 정리하면
$(x-2)^2 + y^2 = 2^2$ 즉 $\overline{AB}$를 $2 : 1$로 내분하는 점과 외분하는 점을 지름의 양끝으로 하는 원이다.

(2) $\overline{PA} = \overline{PB}$에서
$$\sqrt{(x-3)^2 + (y+1)^2} = \sqrt{(x-2)^2 + (y-3)^2}$$
양변을 제곱하여 정리하면 $2x - 8y + 3 = 0 \cdots$ 답

17. 도형의 이동

1. 점의 평행이동
점 (x, y)를 x축 방향으로 m만큼, y축 방향으로 n만큼 평행이동한 점은 $(x+m, y+n)$ 즉, $T : (x, y) \longrightarrow (x+m, y+n)$

2. 도형의 평행이동
좌표평면 위의 도형 $f(x, y)=0$이 나타내는 도형을 x축 방향으로 m, y축 방향으로 n만큼 평행이동한 도형은
$$f(x-m, y-n)=0$$

3. 좌표축의 평행이동
좌표축을 평행이동하여 원점을 $O'(a, b)$로 옮길 때,
구좌표 (x, y)가 신좌표(X, Y)로 되면, 처음 좌표축에 대한
도형의 방정식 $f(x, y)=0$은 새로운 좌표축에 대하여
$$f(X+a, Y+b)=0$$이 된다.

│ 예문 │ 평행이동 $T : (x, y) \longrightarrow (x+1, y-3)$에 의하여 점 $(4, 2)$가 옮겨지는 점의 좌표를 구하여라.

풀이 ≫ $T : (4, 2) \longrightarrow (4+1, 2-3) = (5, -1)$ … 답

│ 예문 │ 좌표축을 평행이동하여 원점을 $(-3, 2)$로 이동하였을 때, 다음을 구하여라.

(1) 구좌표 $(1, 0)$

(2) 구좌표축에 대한 방정식 $(x+3)^2 + (y-2)^2 = 9$의 신좌표축에 대한 방정식

풀이 ≫ 구좌표를 (x, y), 신좌표를 (X, Y)라 하면
$$\begin{cases} x = X-3 \\ y = Y+2 \end{cases} \Leftrightarrow \begin{cases} X = x+3 \\ Y = y-2 \end{cases}$$

(1) $(x, y) = (1, 0)$이므로 $(X, Y) = (1+3, 0-2) = (4, -2)$ … 답

(2) $(x+3)^2 + (y-2)^2 = 9 \rightarrow (X-3+3)^2 + (Y+2-2)^2 = 9$

즉 $X^2 + Y^2 = 9$ … 답

18. 대칭이동

방정식이 $f(x, y)=0$인 도형을
(1) x축에 대하여 대칭이동한 도형의 방정식은
$$f(x, -y)=0$$
(2) y축에 대하여 대칭이동한 도형의 방정식은
$$f(-x, y)=0$$
(3) 원점에 대하여 대칭이동한 도형의 방정식은
$$f(-x, -y)=0$$
(4) 직선 $y=x$에 대하여 대칭이동한 도형의 방정식은
$$f(y, x)=0$$
(5) 직선 $y=-x$에 대하여 대칭이동한 도형의 방정식은
$$f(-y, -x)=0$$
(6) 점 (a, b)에 대하여 대칭이동한 도형의 방정식은
$$f(2a-x, 2b-y)=0$$

▌예문▐ 포물선 $y^2=4x$를 다음 직선 또는 점에 대하여 대칭이동한 포물선의 방정식을 구하여라.

(1) $y=-x$ (2) 점 $(2, -3)$

풀이 ⟫ (1) $(-x)^2=4(-y)$, 즉 $x^2=-4y$ … 답

(2) $(-6-y)^2=4(4-x)$, 즉 $(y+6)^2=-4(x-4)$ … 답

▌예문▐ 직선 $ax+y+b=0$이 변환 $f:(x, y) \to (-y+1, -x-2)$에 의하여 $x+y-2=0$으로 변환될 때 a, b는?

풀이 ⟫ $\begin{cases} x'=-y+1 \\ y'=-x-2 \end{cases}$ 에서 $x=-y'-2$, $y=-x'+1$을 $ax+y+b=0$에

대입하면 $a(-y'-2)+(-x'+1)+b=0$

$x'+ay'+2a-b-1=0$

즉 $x+ay+2a-b-1=0$과 $x+y-2=0$이 일치하려면

$a=1,\ b=3$ … 답

19. 부등식의 영역

1. $y>f(x)$의 영역은

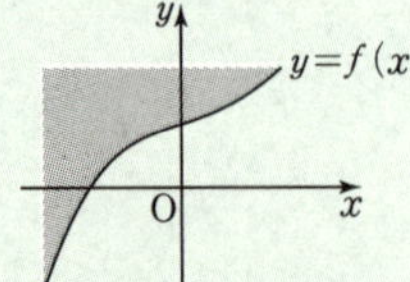

곡선 $y=f(x)$의 위쪽 부분

2. $y<f(x)$의 영역은

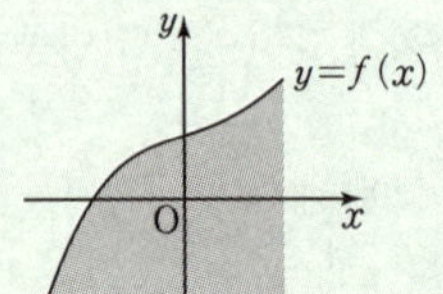

곡선 $y=f(x)$의 아래쪽 부분

3. $x>f(y)$의 영역은

곡선 $x=f(y)$의 오른쪽 부분

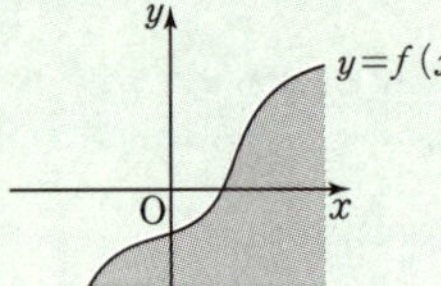

4. $x<f(y)$의 영역은

곡선 $x=f(y)$의 왼쪽 부분

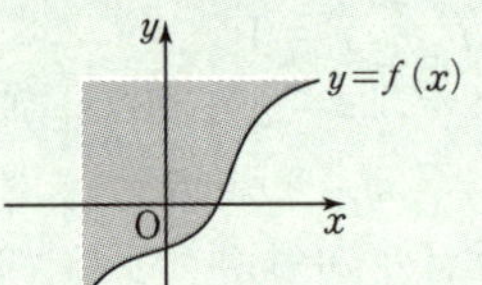

(단, 위 네 영역은 모두 경계선은 제외)

5. (1) 부등식 $x^2+y^2<r^2$의 영역 : 원 $x^2+y^2=r^2$의 내부

　(2) 부등식 $x^2+y^2>r^2$의 영역 : 원 $x^2+y^2=r^2$의 외부

(1) 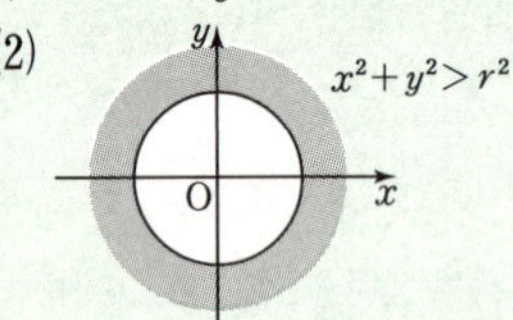

(2)

6. (1) 부등식 $AB>0$이 나타내는

　영역은 $\begin{cases} A>0 \\ B>0 \end{cases}$ 또는 $\begin{cases} A<0 \\ B<0 \end{cases}$

　(2) 부등식 $AB<0$이 나타내는

　영역은 $\begin{cases} A>0 \\ B<0 \end{cases}$ 또는 $\begin{cases} A<0 \\ B>0 \end{cases}$

| 예문 | 다음 연립부등식이 나타내는 영역의 넓이를 구하여라.

$$\begin{cases} x^2+y^2<4 \\ x-y-2>0 \end{cases}$$

풀이 >>> 원 $x^2+y^2=4$의 내부이고
직선 $y=x-2$의 아래 부분이다.

그러므로 $\dfrac{1}{4}\times 2^2\pi-\dfrac{1}{2}\times 2\times 2=\pi-2\cdots$ 답

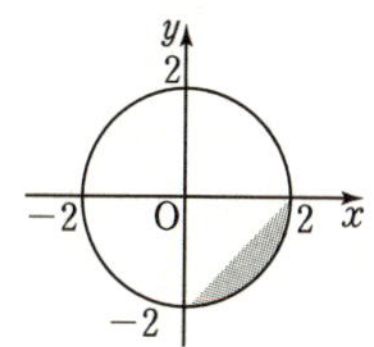

| 예문 | $(x+y)(x-y)\neq 0$인 두 실수 $x,\ y$에 대하여

$\dfrac{\sqrt{x-y}}{\sqrt{x+y}}=-\sqrt{\dfrac{x-y}{x+y}}$가 성립할 때, 점 $(x,\ y)$가 존재하는 영역을 좌표평

면 위에 바르게 나타낸 것은? (단, 경계는 제외)

① 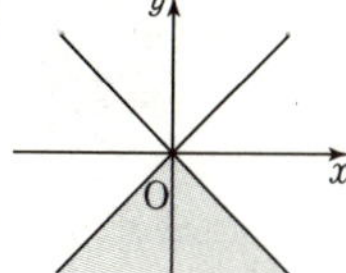   ② 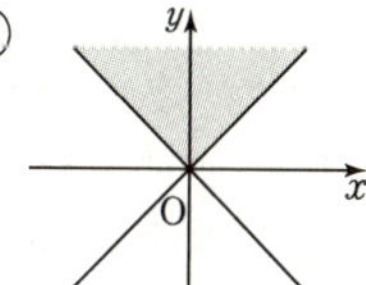   ③ 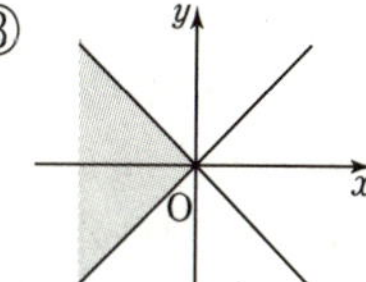

④ 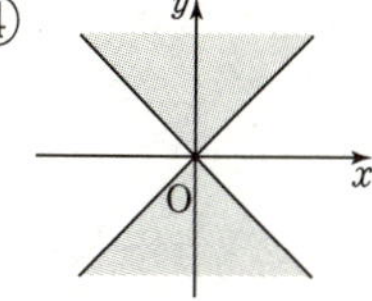   ⑤ 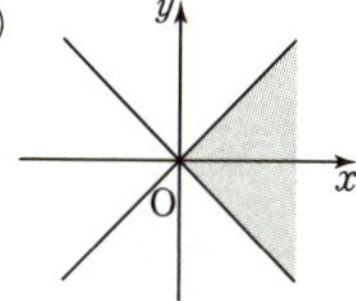

풀이 >>> 두 실수 $a>0,\ b<0$일 때 $\dfrac{\sqrt{a}}{\sqrt{b}}=-\sqrt{\dfrac{a}{b}}$에서

$\dfrac{\sqrt{x-y}}{\sqrt{x+y}}=-\sqrt{\dfrac{x-y}{x+y}}$인 것은 $\begin{cases} x-y>0 \\ x+y<0 \end{cases}$를 나타낸다.

즉, $y<x$이고 $y<-x$, 따라서 적당한 그래프는 ①$\cdots$ 답

20. 부등식의 영역에서의 최대 · 최소

x, y에 대한 부등식으로 주어진 영역 D에서의 식 $f(x, y)$의 최대값, 최소값은

(1) 조건을 만족하는 영역 D를 좌표평면 위에 나타낸다.
(2) $f(x, y)=k$로 놓고 주어진 영역 D에서 이동하여 본다.
(3) 영역을 벗어나지 않은 범위에서 k 값의 최대, 최소일 때의 x, y의 좌표를 찾는다.

┃ 예문 ┃ 다음 두 부등식을 동시에 만족시키는 x, y 값에 대하여 $y-x$의 최대값과 최소값을 구하여라.

$$y \geq x^2-1, \quad y \leq -x+1$$

풀이 ≫ 두 부등식을 동시에 만족시키는 점 (x, y)의 영역은 오른쪽 그림의 빗금친 부분이다. $y-x=k$로 놓으면 $y=x+k$ ……① 영역내에서 ①을 평행이동(기울기 1을 유지)하면 ②부터 ③까지 이동한다.

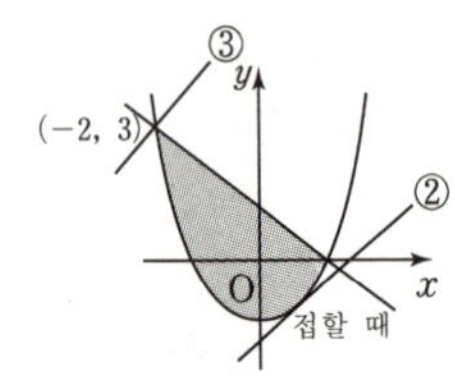

따라서 이 직선이 점 $(-2, 3)$을 지날 때, k는 최대이고, 곡선 $y=x^2-1$과 접할 때, k는 최소가 된다.

(1) 점 $(-2, 3)$을 지날 때, $3=-2+k$, $\therefore k=5$
(2) 곡선 $y=x^2-1$과 접할 때

$x^2-1=x+k$ 곧, $x^2-x-k-1=0$에서 $D=1+4(k+1)=0$

따라서 $k=-\dfrac{5}{4}$이고, 이 때 접점은 $\left(\dfrac{1}{2}, -\dfrac{3}{4}\right)$으로 영역을 벗어나지 않는다. $\therefore$ 최대값 : **5**, 최소값 : $-\dfrac{5}{4}$ … 답

┃ 예문 ┃ $x^2+y^2 \leq r^2$이 $x^2+(y-1)^2 \leq 1$의 필요조건일 때 r의 범위는?

풀이 ≫ $A=\{(x, y) \mid x^2+y^2 \leq r^2\}$,
$B=\{(x, y) \mid x^2+(y-1)^2 \leq 1\}$

로 놓을 때 $B \subset A$가 되는 범위를 구한다. 오른쪽 그림에서 $|r| \geq 2$ … 답

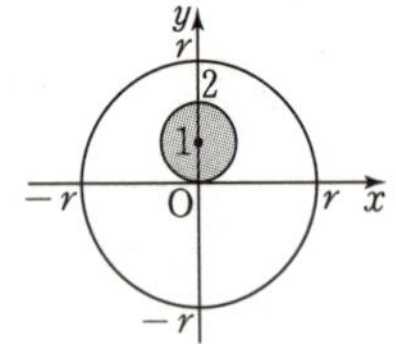

1. 함 수

함수의 뜻

(1) X에서 Y로의 함수

 공집합이 아닌 두 집합 X와 Y에서 X의 모든 원소 각각에 대하여 Y의 원소가 하나씩 대응할 때, 이 대응 관계를 X에서 Y로의 함수라 하고 $f : X \to Y$로 나타낸다.

(2) 정의역, 공역, 함수값, 치역

 X에서 Y로의 함수 $f : X \to Y$에서 $x \in X$에 $y \in Y$가 대응할 때 $y = f(x)$로 나타내고 집합 X를 함수 f의 정의역, 집합 Y를 함수 f의 공역이라고 하며, $f(x)$를 f의 x에서의 함수값 또는 f에 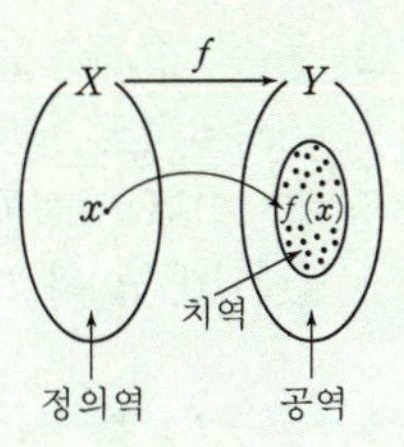 의한 x의 상, 함수값 전체의 집합을 f의 치역이라고 한다.

| 예문 | 다음 중에서 함수의 그래프인 것은?

(Ⅰ) 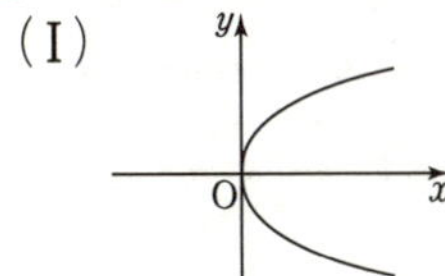　　(Ⅱ) 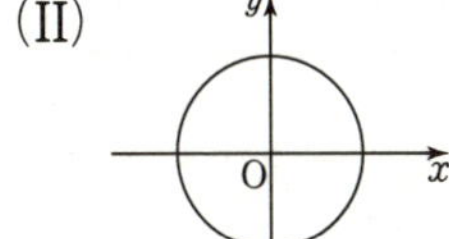　　(Ⅲ) 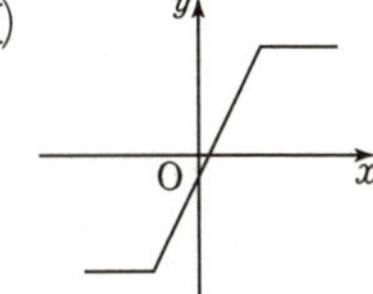

(Ⅳ) 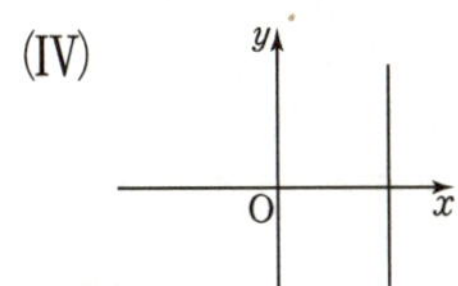　　(Ⅴ) 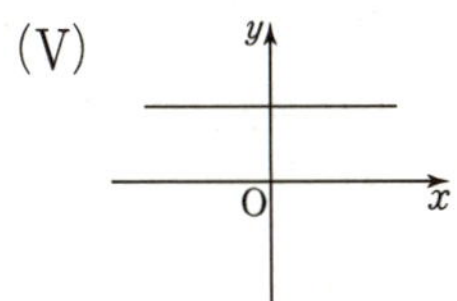

풀이 》》》 함수의 정의에 의하여 정의역 X의 모든 원소가 모두 꼭 1 발씩 Y의 표적에 명중시킨 것을 고르면 **(Ⅲ)**과 **(Ⅴ)** … 답

| 예문 | 두 집합 $X = \{-1,\ 1,\ 2\}$, $Y = \{0,\ 1,\ 2,\ 3,\ 4\}$에 관하여 다음 중 X에서 Y로의 함수인 것은?

① $f(x) = x$　　② $g(x) = x + 1$　　③ $h(x) = x^2 + 3$　　④ $i(x) = x^3 - 1$

풀이 》》》 $g(x) = x + 1$ 뿐이다. $g(-1) = 0$, $g(1) = 2$, $g(2) = 3$　　답 ②

2. 일대일 대응

1. 두 함수 $f=g$

두 함수 f, g의 정의역이 서로 같고, 정의역의 각 원소 x에 대하여 $f(x)=g(x)$이면 이 두 함수는 서로 같다고 하고, $f=g$로 나타낸다.

2. 함수 $f:X \rightarrow Y$에서 x_1, $x_2 \in X$인 $x_1 \neq x_2$에 대하여
$f(x_1) \neq f(x_2)$이면 함수 f를 X에서 Y로의 일대일이라 하고 f가 일대일이고 $f(X)=Y$를 만족하는 함수 f를 일대일대응이라고 한다.

3. 함수 $f:X \rightarrow Y$에서 $X=Y$이고 임의의 원소 x에 대하여
(1) $f(x)=x$인 함수 f를 X에서의 항등함수라 하고 I_X로 나타낸다.

(2) 함수 $f:X \rightarrow Y$에서 $f(x)=C$(C는 상수)일 때 f를 상수함수라고 한다.

| 예문 | 다음 함수 중 서로 같은 함수로 짝지어진 것을 고르면?

(1) 임의의 실수 x에 대하여 $f(x)=\sqrt{x^2}$, $g(x)=|x|$

(2) 임의의 실수 x에 대하여 $f(x)=x+1$, $g(x)=\dfrac{x^2-1}{x-1}$

(3) $A=\{-1,\ 0,\ 1\}$이고 $f:A \rightarrow R$, $g:A \rightarrow R$일 때 (R은 실수전체)
$f(x)=x$, $g(x)=x^3$

풀이 ≫ (1) $f(x)=\sqrt{x^2}=\begin{cases} x \geq 0 \text{일 때} : x \\ x < 0 \text{일 때} : -x \end{cases}$ $g(x)=|x|=\begin{cases} x\ (x \geq 0) \\ -x\ (x < 0) \end{cases}$

이므로 $f=g$

(2) $f(x)=x+1$의 정의역은 모든 실수이고 $g(x)=\dfrac{x^2-1}{x-1}$의 정의역은

$x \neq 1$인 실수이므로 정의역이 서로 같지 않으므로 $f \neq g$

(3) $f(x)=x$와 $g(x)=x^3$은 정의역이 $A=\{-1,\ 0,\ 1\}$로 같고
$f(-1)=-1=g(-1)$, $f(0)=0=g(0)$, $f(1)=1=g(1)$되어 $f=g$

답 (1), (3)

3. 합성함수

두 함수 $f : X \to Y$, $g : Y \to Z$가 주어졌을 때, X의 임의의 원소 x에 Z의 원소 $g(f(x))$를 대응시키는 새로운 함수를 f와 g의 합성함수라고 하고
$g \circ f$로 나타낸다. 그리고
$g \circ f(x) = g(f(x))$ 또는 $(g \circ f)(x) = g(f(x))$
로 정의한다.

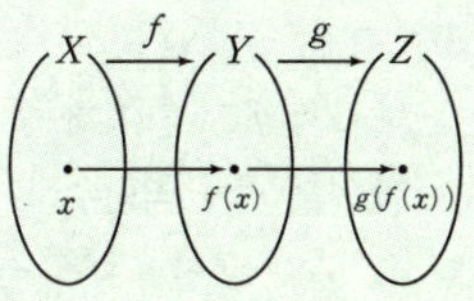

참고 $f \circ g \neq g \circ f$, $(h \circ g) \circ f = h \circ (g \circ f)$
$g \circ f$는 'f와 g의 합성'이라고 읽는다.

| 예문 | 두함수 $f(x) = 2x+1$, $g(x) = 3x^2 - 1$에서 $g(f(0))$의 값은?

풀이 >>> $f(0) = 1$이므로 $g(f(0)) = g(1) = 3 - 1 = 2 \cdots$ 답

| 예문 | 함수 f, g, I에 대하여 $f(x) = x+1$, $g(x) = 2x$, $I_X = x$이고 $f \circ g$, $g \circ f$가 정의될 때,
 (1) $f \circ g \neq g \circ f$임을 보여라.
 (2) $f \circ I = I \circ f$임을 보여라.
 (3) $(f \circ I) \circ g = f \circ (I \circ g)$임을 보여라.

풀이 >>> (1) $f(g(x)) = f(2x) = 2x+1$,
  $g(f(x)) = g(x+1) = 2(x+1) = 2x+2$이므로 $f \circ g \neq g \circ f$
 (2) $(f \circ I)(x) = f(x)$이고, $I \circ f(x) = I(f(x)) = f(x)$되어 $f \circ I = I \circ f$
 (3) $((f \circ I) \circ g)(x) = (f \circ I)(2x) = f(2x) = 2x+1$
  $(f \circ (I \circ g))(x) = f \circ (g(x)) = f(2x) = 2x+1$되어 $(f \circ I) \circ g = f \circ (I \circ g)$

참고 $I : x \to x \Leftrightarrow I(x) = x$, I를 항등함수라 한다.

4. 역함수

1. 함수 $f : X \longrightarrow Y$가 일대일 대응일 때, Y의 각 원소에 $f(x)=y$를 만족하는 X의 원소 x를 대응시키는 Y에서 X로의 함수를 f의 **역함수**라 하고 $x=f^{-1}(y)$로 타나낸다.

   즉, f의 역함수 f^{-1}는 $f^{-1} : Y \longrightarrow X$, $x=f^{-1}(y)$

2. **역함수를 구하는 순서와 방법**

   (1) $y=f(x)$의 정의역과 치역을 표시하고 $x=g(y)$로 정리한다.

   (2) x와 y를 서로 바꾸고

   (3) 원 함수 $y=f(x)$의 치역을 역함수 $y=f^{-1}(x)$의 정의역으로 표시한다.

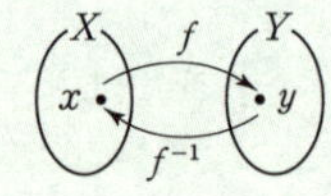

참고 (3)에서 정의역, 치역이 모든 실수일 때는 표시를 생략한다.

$f^{-1}(x)$는 f inverse(인버스) x, $f(x)$의 **역함수**로 읽는다.

| 예문 | 다음 함수의 역함수를 구하여라. 또, 그 정의역과 치역을 구하여라.

(1) $f(x)=2x-1$ (2) $f(x)=-x^2(x \leq 0)$ (3) $f(x)=x^3$

풀이 ≫ (1) $y=2x-1$로 놓으면 정의역과 치역은 모든 실수이므로 생략

하고 $2x=y+1$, $x=\dfrac{y+1}{2}$ ∴ $f^{-1}(x)=\dfrac{x+1}{2}$ … 답

(2) $y=-x^2(x \leq 0)$에서 정의역은 음의 실수 전체이고 치역은 $y \leq 0$

x에 대하여 정리하면 $x=\sqrt{-y}$, $x=-\sqrt{-y}$에서

$x \leq 0$이므로 $x=-\sqrt{-y}$를 취하고 x, y를 바꾸어

$f^{-1}(x)=-\sqrt{-x}\,(x \leq 0)$ … 답

(3) $y=x^3$은 일대일대응이고 정의역, 치역이 모든 실수이므로

$x=\sqrt[3]{y} \Rightarrow f^{-1}(x)=\sqrt[3]{x}$ … 답

5. 역함수의 성질

1. (1) $f \circ f^{-1} = f^{-1} \circ f = I$ (항등함수)

　(2) $(f^{-1})^{-1} = f$

　(3) $(f \circ g)^{-1} = g^{-1} \circ f^{-1}$

2. 역함수의 그래프

　(1) 함수 $y = f(x)$의 그래프와 그 역함수 $y = f^{-1}(x)$의 그래프는 직선 $y = x$에 대하여 대칭이다.

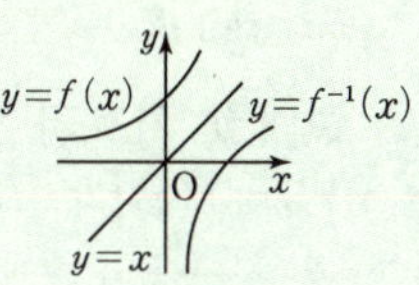

참고 $y = f(x)$와 그 역함수 $y = f^{-1}(x)$의 교점은 $y = f(x)$와 직선 $y = x$와의 교점과 일치한다.

예문 삼차함수 $f(x) = ax^3 + b$의 역함수 f^{-1}가 $f^{-1}(5) = 2$를 만족시킬 때, $8a + b$의 값을 구하여라.

풀이 역함수의 정의에 의해서 $f^{-1}(5) = 2 \Rightarrow f(2) = 5$

그러므로 $f(2) = 8a + b = 5$ 　　　　　　　　　**답** 5

예문 1보다 큰 실수의 집합 A에서 A로의 함수 f, g가 다음과 같이 주어질 때,

$$f(x) = \frac{x+1}{x-1}, \ g(x) = \sqrt{2x-1}$$

(1) $g^{-1}(3)$의 값을 구하여라. 　　　(2) $(f \circ (g \circ f)^{-1} \circ f)(2)$의 값을 구하여라.

풀이 (1) $g^{-1}(3) = x$로 놓으면 $g(x) = 3 = \sqrt{2x-1}$에서 $x = 5$

　　$\therefore \ g^{-1}(3) = 5 \cdots$ **답**

(2) $(f \circ (g \circ f)^{-1} \circ f)(2) = (f \circ (f^{-1} \circ g^{-1}) \circ f)(2) = ((I \circ g^{-1}) \circ f)(2)$

　　　　$= (g^{-1} \circ f)(2) = g^{-1}(3) = 5 \cdots$ **답**

6. 일차함수

1. 일차함수 $y=ax+b$의 그래프
(1) 기울기가 a이고 y절편이 b인 직선이다.
(2) 직선이 x축의 양의 방향과 이루는 각을 θ라고 하면 기울기
$a=\tan\theta$

2. 절댓값 기호가 있는 식의 그래프 간단히 그리기
(1) $y=|f(x)|$의 그래프 : $y=f(x)$의 $y\geqq0$인 부분을 그리고 $y<0$인 부분을 x축에 대하여 대칭이동한다.
(2) $y=f(|x|)$의 그래프 : $y=f(x)$의 $x\geqq0$인 부분과 이것을 y축에 대칭이동한 그래프
(3) $|y|=f(x)$의 그래프 : $y\geqq0$인 부분과 이것을 x축에 대칭이동한 그래프
(4) $|y|=f(|x|)$의 그래프 : $y=f(x)$의 $x\geqq0,\ y\geqq0$인 부분과 이것을 x축, y축, 원점에 대칭이동한 그래프 즉, 마름모 모양이 된다.

┃ 예문 ┃ $y=f(x)$의 그래프가 오른쪽과 같을 때 다음 그래프를 그려라.
(1) $y=|f(x)|$　　(2) $|y|=f(|x|)$

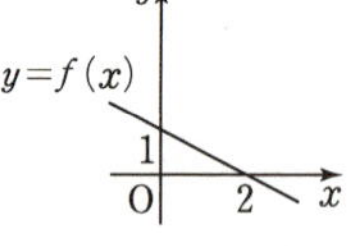

풀이 ≫ (1) $y=f(x)$의 $f(x)\geqq0$인 부분과 $f(x)<0$인 부분을 x축에 대칭이동한다.
(2) $x\geqq0,\ y\geqq0$인 부분과 이것을 x축, y축, 원점에 대칭이동한 그래프를 그린다.

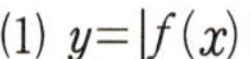

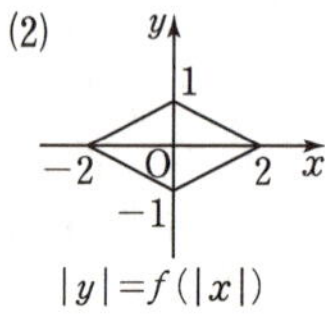

┃ 예문 ┃ $X=\{x\,|\,0\leqq x\leqq1\}$, $y=\{-2\leqq x\leqq2\}$일 때 X에서 Y로의 함수 $f(x)=ax+b$가 일대일대응이기 위한 상수 $a,\ b$의 값은? (단, $a>0$)

풀이 ≫ $a>0$이므로 $f(0)=b=-2$, $f(1)=a+b=2$가 되어야 한다.
∴ $a=4,\ b=-2\cdots$ 답

7. 이차함수의 그래프

1. $y=ax^2$ **의 그래프** $(a \neq 0)$

(1) 꼭지점은 원점 $(0,\ 0)$

(2) 대칭축 : $x=0\,(y$ 축$)$

(3) $a>0$ 이면 아래로 볼록

　$a<0$ 이면 위로 볼록

(4) $|a|$ 가 클수록 y 축에 가깝다(폭이 좁다).

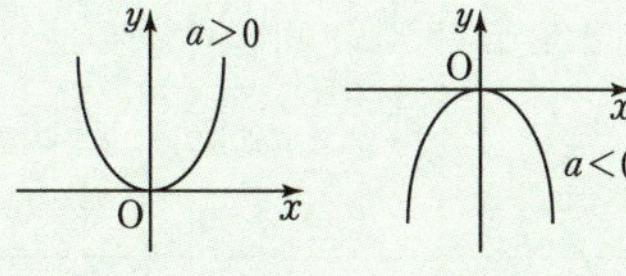

2. $y=a(x-m)^2+n$ **의 그래프**

$y=ax^2$ 의 그래프를 x 축으로 m, y 축으로 n 만큼 평행이동한 그래프

① 꼭지점 $(m,\ n)$

② 대칭축 $x=m$

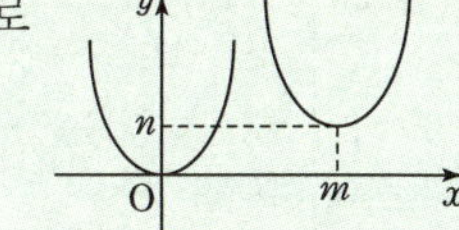

3. $y=ax^2+bx+c$ **의 그래프**

$$y=ax^2+bx+c=a\left(x+\frac{b}{2a}\right)^2-\frac{b^2-4ac}{4a}$$

① 꼭지점 $\left(-\dfrac{b}{2a},\ -\dfrac{b^2-4ac}{4a}\right)$, ② 대칭축 $x=-\dfrac{b}{2a}$

┃ 예문 ┃ $-2 \leq x \leq 3$ 인 범위에서 함수 $y=x^2-2x-2$ 의 최대값과 최소값을 구하여라.

풀이 ≫　주어진 함수를 $y=a(x-p)^2+q$ 의 꼴로 변형하자. $y=x^2-2x-2=(x-1)^2-3$ 이므로 이 함수의 그래프는 오른쪽 그래프이고 $-2 \leq x \leq 3$ 범위에 꼭지점이 있으므로 구하는 값은 $x=-2$ 일 때 최대값 6, $x=1$ 일 때 최소값 -3

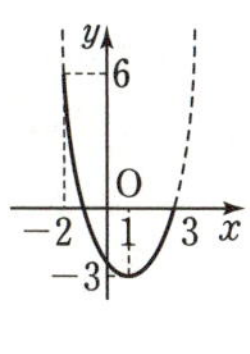

답 **최대값 : 6, 최소값 : -3**

참고 꼭지점이 주어진 범위를 벗어나면 폐구간의 양 끝점에서 최대값, 최소값을 구한다.

8. 이차함수의 그래프와 이차방정식의 실근

이차방정식 $ax^2+bx+c=0$의 근의 판별식을 D, 실근은 α, β $(\alpha \leq \beta)$라 하면 다음과 같다.

판별식	$ax^2+bx+c=0$의 실근	$y=ax^2+bx+c$의 그래프 $(a>0)$ $(a<0)$		$y=ax^2+bx+c$와 x축
$D>0$	서로 다른 두 실근을 갖는다.	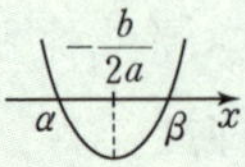	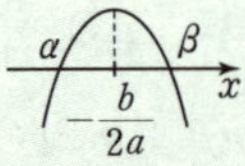	공유점이 두 개 (서로 다른 두 점에서 만난다)
$D=0$	서로 같은 두 실근, 중근을 갖는다.	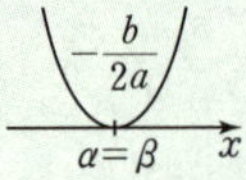	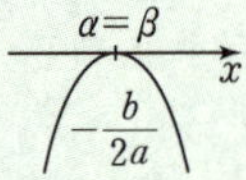	공유점이 한 개 (접한다)
$D<0$	실근을 갖지 않는다.	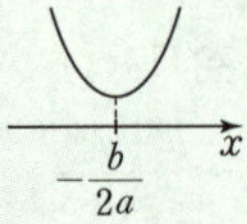	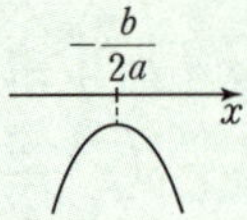	공유점이 없다 (만나지 않는다)

| 예문 | 이차함수 $y=mx^2+3(m-4)x-9$의 그래프는 m의 값에 관계없이 x축과 두 점에서 만남을 밝혀라.

풀이 》》 방정식 $mx^2+3(m-4)x-9=0$의 판별식 D는

$D=9(m-4)^2-4 \cdot m \cdot (-9)$

$\quad=9(m-2)^2+108>0$

이 판별식의 값은 m의 값에 관계없이 항상 양수이다. 따라서 주어진 이차함수의 그래프는 m의 값에 관계없이 x축과 항상 두 점에서 만난다.

참고 이차함수 $y=mx^2+3(m-4)x-9$에서 m은 $m \neq 0$인 실수를 나타낸다.

9. 이차함수의 그래프와 이차부등식의 해

이차방정식 $ax^2+bx+c=0$의 판별식은 D, 실근 α, $\beta\,(\alpha\leq\beta)$라 하면 $a>0$일 때 다음과 같다.

판별식	$ax^2+bx+c=0$의 실근	$y=ax^2+bx+c$의 그래프	$ax^2+bx+c>0$의 해	$ax^2+bx+c<0$의 해
$D>0$	$x=\alpha,\ \beta$		$x<\alpha,\ x>\beta$	$\alpha<x<\beta$
$D=0$	$x=\alpha$ 또는 β 중근		$x\neq\alpha$인 모든 실수	해는 없다
$D<0$	없다		모든 실수	해는 없다

참고 모든 실수 x에 대하여 $ax^2+bx+c\geq0$일 조건은 $a>0$, $D\leq0$
모든 실수 x에 대하여 $ax^2+bx+c\leq0$일 조건은 $a<0$, $D\leq0$이다.

예문 모든 실수 x에 대하여 $x^2-x+k\geq0$이 성립하도록 상수 k의 값의 범위를 정하여라.

풀이 $x^2-x+k=0$의 판별식 $D=(-1)^2-4k\leq0$, $k\geq\dfrac{1}{4}\cdots$ **답**

예문 부등식 $(m+1)x^2-2(m+1)x+2>0$이 x의 모든 실수값에 대하여 항상 성립하도록 실수 m의 값의 범위를 정하여라.

풀이 (1) $m=-1$일 때 $2>0$ $\therefore$ 성립한다.

(2) $m\neq-1$일 때 $m+1>0\cdots\cdots$ ①

$$\frac{D}{4}=(m+1)^2-2(m+1)<0\cdots\cdots ②$$

①, ②의 공통범위를 구하면 $-1<m<1$ $\therefore$ (1), (2)에서 구하는 m의 범위는 $-1\leq m<1$ **답**

10. 이차방정식의 근의 분리

이차방정식 $ax^2+bx+c=0\,(a>0)$의 두 근을 α, $\beta\,(\alpha\leq\beta)$라 하고, 판별식 $D=b^2-4ac$라 하면, 두 근 α, β와 상수 p와의 관계는 다음 4가지 경우로 구분된다.

1. 두 근이 모두 p 보다 클 때

$$\begin{cases} D\geq 0 \\ f(p)>0 \\ \text{대칭축}: \dfrac{\alpha+\beta}{2}>p \end{cases}$$

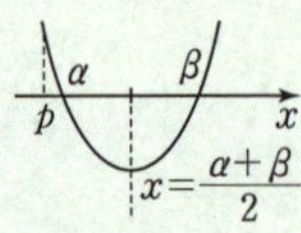

2. 두 근이 모두 p 보다 작을 때

$$\begin{cases} D\geq 0 \\ f(p)>0 \\ \text{대칭축}: \dfrac{\alpha+\beta}{2}<p \end{cases}$$

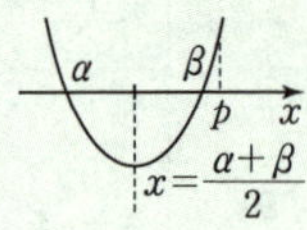

3. 두 근 사이에 p가 있을 때

$$f(p)<0$$

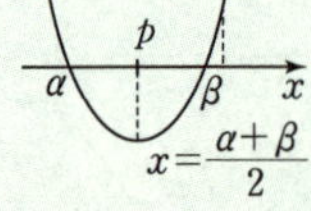

4. 두 근이 모두 p, q 사이에 있을 때
$$(p<q)$$

$$\begin{cases} D\geq 0 \\ f(p)>0 \\ f(q)>0 \\ \text{대칭축}: p<\dfrac{\alpha+\beta}{2}<q \end{cases}$$

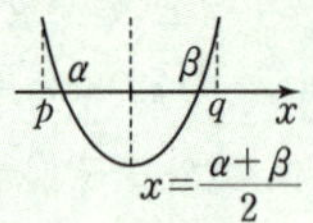

│ 예문 │ 이차 방정식 $x^2-2ax+3a=0$의 두 근이 다음 조건을 만족하도록 a의 값의 범위를 정하여라.

(1) 한 근은 2 보다 작고, 다른 한 근은 2 보다 크다.

(2) 한 근은 -2 보다 작고, 다른 한 근은 -2와 2 사이에 있다.

풀이 >>> $f(x)=x^2-2ax+3a$라고 하면

(1) $f(2)=4-a<0 \quad \therefore\ a>4 \cdots$ 답

(2) $f(2)=4-a>0,\ f(-2)=4+7a<0 \quad \therefore\ a<-\dfrac{4}{7}\cdots$ 답

11. 간단한 삼차함수의 그래프

1. $y = ax^3$의 그래프
(1) 원점에 대하여 대칭
(2) $a > 0$일 때 : 증가함수
$a < 0$일 때 : 감소함수
(3) $|a|$가 클수록 y축에 가까워진다.

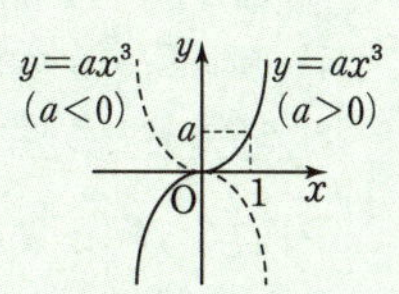

2. $y = a(x-m)^3 + n$의 그래프
삼차함수 $y = ax^3$의 그래프를 x축 방향으로 m, y축 방향으로 n만큼 평행이동한 곡선이다.

참고 x가 증가할 때 y도 증가하면 함수 $y = f(x)$를 증가함수
x가 증가할 때 y가 감소하면 함수 $y = f(x)$를 감소함수라 한다.

┃ 예문 ┃ 삼차함수 $y = x^3 + 3x^2 + 3x - 2$의 그래프는 어떤 점에 관하여 대칭인가?

풀이 》》 $y = x^3 + 3x^2 + 3x - 2 = (x+1)^3 - 3$은 $y = x^3$의 그래프를 x축 방향으로 -1, y축 방향으로 -3만큼 평행이동한 그래프이다.

∴ **점 $(-1, -3)$에 관한 대칭** … 답

┃ 예문 ┃ 삼차함수 $y = x^3 - 3x^2 + 2x + 1$을 x축으로 a만큼, y축으로 b만큼 평행이동한 곡선 l이 원점에 대칭일 때 l의 방정식을 구하시오.

풀이 》》 주어진 삼차함수를 조건에 맞게 평행이동하면
$y - b = (x-a)^3 - 3(x-a)^2 + 2(x-a) + 1$
∴ $y = x^3 - 3(a+1)x^2 + (3a^2 + 6a + 2)x - a^3 - 3a^2 - 2a + 1 + b$
원점에 대칭이려면 짝수차 항 계수가 0이어야 한다.
∴ $a + 1 = 0$, $-a^3 - 3a^2 - 2a + 1 + b = 0$
∴ $a = -1$, $b = -1$
∴ **$l : y = x^3 - x$** … 답

12. 우함수 · 기함수

1. 우함수 $f(-x)=f(x)$
　(1) 그래프는 y축에 관하여 대칭
　(2) 짝수차항, 상수항만으로 이루어짐

2. 기함수 $f(-x)=-f(x)$
　(1) 그래프는 원점에 관하여 대칭
　(2) 홀수차항만으로 이루어짐

┃ 예문 ┃ 다음 함수 중 우함수, 기함수를 구별하여라.
　(1) $f(x)=x^4+2x^2+1$　(2) $f(x)=2x^3-4x$　(3) $f(x)=x^2-x+1$

풀이 ≫ (1) $f(-x)=(-x)^4+2(-x)^2+1=x^4+2x^2+1=f(x)$ 이므로
우함수…답
(2) $f(-x)=2(-x)^3-4(-x)=-2x^3+4x=-f(x)$ 이므로 **기함수**…답
(3) $f(-x)=(-x)^2-(-x)+1=x^2+x+1$은 $f(x)$도 아니고 $-f(x)$도
아니므로 **우함수도, 기함수도 아니다.** …답

┃ 예문 ┃ 함수 $f(x)$가 우함수, 함수 $g(x)$가 기함수일 때, 다음 각 함수
는 우함수인가, 기함수인가?

(1) $f(g(g(x)))$　　　(2) $\{f(x)\}^3$　　　(3) $g\left(\dfrac{f(x)}{g(x)}\right)$

풀이 ≫ $f(-x)=f(x),\ g(-x)=-g(x)$ 이므로
(1) $F(x)=f(g(g(x)))$ 이라 하면
$\quad F(-x)=f(g(g(-x)))=f(g(-g(x)))$
$\qquad\qquad =f(-g(g(x)))=f(g(g(x)))=F(x)$　　∴ **우함수**…답
(2) $F(x)=\{f(x)\}^3$ 이라 하면
$\quad F(-x)=\{f(-x)\}^3=\{f(x)\}^3=F(x)$　　∴ **우함수**…답
(3) $F(x)=g\left(\dfrac{f(x)}{g(x)}\right)$ 이라 하면

$$F(-x)=g\left(\frac{f(-x)}{g(-x)}\right)=g\left(\frac{f(x)}{-g(x)}\right)=-g\left(\frac{f(x)}{g(x)}\right)=-F(x)$$

∴ **기함수**…답

1. 유리함수의 정의

함수 $y=f(x)$가 x에 관한 유리식일 때 이 함수를 **유리함수**라 하고, 분모가 상수가 아닌 유리함수를 **분수함수**라 한다.

2. $y=\dfrac{k}{x}(k\neq 0)$의 그래프

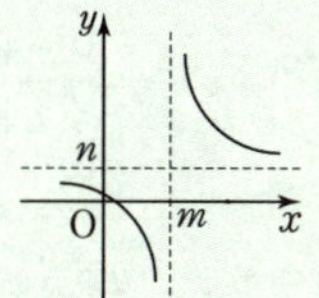

(1) 원점에 관하여 대칭인 **직각쌍곡선**이다.

(2) 점근선 x축($y=0$), y축 $(x=0)$이다.

(3) $k>0$이면 제1, 3사분면의 그래프이다.

　　$k<0$이면 제2, 4사분면의 그래프이다.

(4) 정의역, 치역은 각각 $x\neq 0$, $y\neq 0$인 실수

(5) 원점 O에 관하여 점대칭이다.

(6) $y=x$, $y=-x$에 관하여 대칭이다.

3. $y=\dfrac{k}{x-m}+n\,(k\neq 0)$의 그래프

(1) $y=\dfrac{k}{x}$의 그래프를 x축 방향으로 m, y축 방향으로 n만큼 평행이동한 것이다.

(2) 점$(m,\ n)$에 관하여 대칭인 직각 쌍곡선이다.

(3) 점근선은 $x=m$, $y=n$이다.

(4) 정의역은 $x\neq m$, 치역은 $y\neq n$인 실수

4. $y=\dfrac{cx+d}{ax+b}$의 그래프

분자의 차수를 분모의 차수보다 낮추어 (실제 나누어서)

$y=\dfrac{k}{x-m}+n$ 꼴로 변형시켜 **3**의 성질을 적용

참고 분자가 상수항 k꼴로 정돈되었을 때 두 분수함수의 k가 같으면 평행이동하여 겹칠 수 있다.

| 예문 | 함수 $f(x)=\dfrac{ax+b}{cx+1}$ 의 역함수가 $f^{-1}(x)=\dfrac{-x+3}{2x-1}$ 일 때, 상수 $a,\ b,\ c$의 값을 구하여라.

풀이 >>> $(f^{-1})^{-1}=f$ 이므로 $y=\dfrac{-x+3}{2x-1}$ 의 역함수를 구하여

$f(x)=\dfrac{ax+b}{cx+1}$ 와 일치시켜 비교하자.

$$y=\dfrac{-x+3}{2x-1} \Rightarrow 2xy-y=-x+3 \Rightarrow x(2y+1)=y+3$$

$$\therefore\ x=\dfrac{y+3}{2y+1},\ x 와 y 를 서로 바꾸어 f(x)=\dfrac{x+3}{2x+1}=\dfrac{ax+b}{cx+1}$$

$$\therefore\ a=1,\ b=3,\ c=2 \cdots 답$$

| 예문 | 함수 $y=\dfrac{ax+b}{2x+c}$ 가 점 $(1,\ 2)$를 지나고 $x=2,\ y=1$을 접근선으로 할 때, 상수 $a,\ b,\ c$의 값을 구하여라.

풀이 >>> $y=\dfrac{ax+b}{2x+c} \Rightarrow y=\dfrac{a}{2}+\dfrac{k}{x+\dfrac{c}{2}}$ 로 놓으면 점근선은

$$x=-\dfrac{c}{2},\ y=\dfrac{a}{2} \quad \therefore\ -\dfrac{c}{2}=2 에서 c=-4,\ \dfrac{a}{2}=1 에서 a=2$$

$$(준식)=y=\dfrac{ax+b}{2x+c}=\dfrac{2x+b}{2x-4} 에 점 (1,\ 2)를 대입하여$$

$$2=\dfrac{2+b}{2-4},\ b=-6 \quad 답\ a=2,\ b=-6,\ c=-4$$

| 예문 | 함수 $f(x)=\dfrac{2x+3}{x-2}$ 에 대하여 $(f\circ g)(x)=x$ 를 만족하는 함수 $g(x)$를 구하여라.

풀이 >>> $f(g(x))=\dfrac{2g(x)+3}{g(x)-2}=x$ 에서 $2g(x)+3=xg(x)-2x$

정돈하여 $g(x)(x-2)=2x+3 \quad \therefore\ g(x)=\dfrac{2x+3}{x-2} \cdots 답$

1. $a>0$ 일 때 $a<0$ 일 때

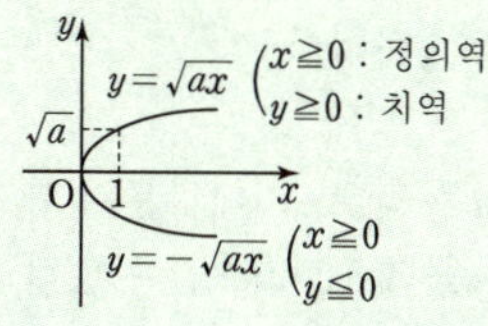

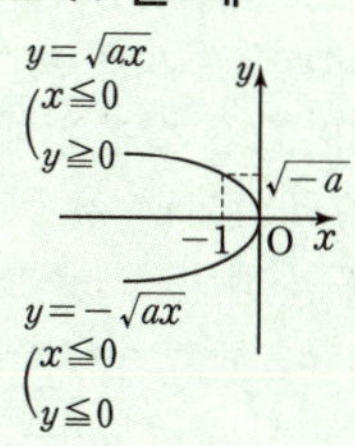

2. 무리함수 $y=\sqrt{a(x-p)}+q$의 그래프

$y=\sqrt{a(x-p)}+q$의 그래프는 $y=\sqrt{ax}$의 그래프를 x축 방향으로 p, y축 방향으로 q만큼 평행이동한 것이다.

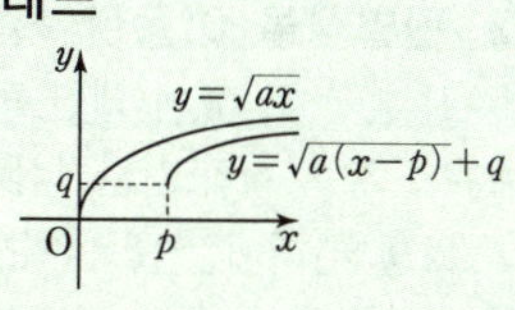

참고 $y=\sqrt{a(x-p)}+q$의 정의역은 $a>0$일 때 $x\geq p$, 치역은 $y\geq q$

▌**예문** ▌ 두 함수 $y=\sqrt{x-2}$, $y=x+k$(k는 상수)의 그래프가 서로 다른 두 점에서 만날 k의 값의 범위를 구하여라.

풀이 》 $y=\sqrt{x-2}$와 $y=x+k$의 그래프를 그려서 이용한다.

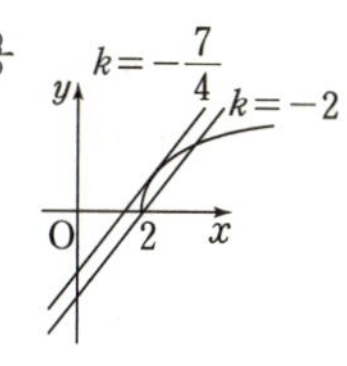

$y=\sqrt{x-2}\cdots\cdots$①, $y=x+k\cdots\cdots$②

①과 ②가 접하려면 $x+k=\sqrt{x-2}$에서

$x^2+(2k-1)x+k^2+2=0$

$D=0$에서 $k=-\dfrac{7}{4}$, 직선 ②가 점 $(2,\ 0)$을 지날 때, $k=-2$

$\therefore$ ①, ②가 두 점에서 만나려면 $-2\leq k<-\dfrac{7}{4}\cdots$답

15. 함수의 최대 · 최소

1. 이차함수의 최대 · 최소

$y=ax^2+bx+c=a(x-m)^2+n$으로 변형하여

(1) 정의역이 모든 실수일 때

① $a>0$일 때, $x=m$에서 최소값 n을 갖고, 최대값은 없다.

② $a<0$일 때, $x=m$에서 최대값 n을 갖고, 최소값은 없다.

(2) 정의역 $p\leq x\leq q$가 주어질 때

① $f(p)$, $f(q)$, $f(m)$ 중 최대값, 최소값을 결정한다.

② m이 $[p,\ q]$ 안에 있는지 벗어나는지 구별한다.

2. 판별식을 이용한 최대 · 최소

(1) 실수 x, y에 대한 방정식 $f(x,\ y)=0$을 y에 대한 내림차순으로 정리하고 판별식 $D\geq 0$임을 이용한다.

(2) y의 최대값 또는 최소값을 구할 때에는 방정식 $f(x,\ y)=0$을 x에 대한 내림차순으로 정리하고 판별식 $D\geq 0$임을 이용한다.

┃ 예문 ┃ 함수 $y=|x^2-1|\ (-1\leq x\leq 2)$의 최대값과 최소값을 구하여라.

풀이 ▶▶▶ $f(x)=|x^2-1|$ 에서 $f(-1)=0$, $f(0)=1$, $f(2)=3$의 비교에서

답 최대값은 3, 최소값은 0

┃ 예문 ┃ x, y가 실수이고 $x^2+y^2=1$일 때 $2x+y$의 최대값 및 최소값을 구하여라.

풀이 ▶▶▶ $x^2+y^2=1$일 때 $2x+y=k$라 놓으면 $y=-2x+k$

$x^2+(-2x+k)^2=1$

$\therefore 5x^2-4kx+k^2-1=0$

x는 실수이므로 $\dfrac{D}{4}=(2k)^2-5(k^2-1)\geq 0$ $\therefore -\sqrt{5}\leq k\leq \sqrt{5}$

답 최대값 : $\sqrt{5}$, 최소값 $-\sqrt{5}$

1. $y=\dfrac{f(x)}{g(x)}$ 꼴의 최대·최소

$y \cdot g(x) - f(x) = 0$이 x에 대한 이차방정식이면 판별식 $D \geqq 0$을 이용하여 최대값, 최소값을 구한다.

2. 합·또는 곱이 일정한 경우

산술평균·기하평균의 관계

(1) $a>0$, $b>0$일 때, $\dfrac{a+b}{2} \geqq \sqrt{ab}$ (단, 등호는 $a=b$일 때 성립)

- 합이 일정 : $a+b=k$(일정)이면
  $$\Rightarrow ab는 a=b일 때, 최대값을 갖는다.$$
- 곱이 일정 : $ab=k$(일정)이면
  $$\Rightarrow a+b는 a=b일 때, 최소값을 갖는다.$$

(2) $\dfrac{a+b+c}{3} \geqq \sqrt[3]{abc}$ (단, 등호는 $a=b=c$일 때 성립)

│ 예문 │ $x+y=1$일 때, $\dfrac{1}{x}+\dfrac{1}{y}$의 최소값을 구하여라. (단, $x>0$, $y>0$)

풀이 》 $\dfrac{1}{x}+\dfrac{1}{y} = \left(\dfrac{1}{x}+\dfrac{1}{y}\right) \cdot 1 = \left(\dfrac{1}{x}+\dfrac{1}{y}\right)(x+y)$

$= 1 + \dfrac{y}{x} + \dfrac{x}{y} + 1 \geqq 2 + 2\sqrt{\dfrac{y}{x} \cdot \dfrac{x}{y}} = 4$ 따라서 **최소값 4** ⋯ 답

│ 예문 │ 함수 $y=\dfrac{2x}{x^2+1}$의 최대값을 구하여라.

풀이 》 함수 $y=\dfrac{2x}{x^2+1}$에서 $y(x^2+1)=2x$, $yx^2-2x+y=0$

(1) $y \neq 0$일 때 x의 이차방정식, x는 실수이므로 $\dfrac{D}{4} = 1^2 - y^2 \geqq 0$

$\therefore -1 \leqq y < 0$, $0 < y \leqq 1$

(2) $y=0$일 때 $x=0$: 실수, 따라서 (1), (2)에서 $-1 \leqq y \leqq 1$

$\therefore$ 최대값 1 답 1

1. 지수 · 로그함수 거듭제곱근의 계산

1. a의 n제곱근 중 실수인 것의 개수

$x^n = a \Rightarrow$ (1) n이 짝수일 때

① $a > 0$이면 실수는 2개 존재한다.

$x = \sqrt[n]{a}, \ -\sqrt[n]{a}$

② $a < 0$이면 실수는 없다.

③ $a = 0$이면 $\sqrt[n]{0} = 0$

(2) n이 홀수일 때 : 실수는 1개 존재한다 $x = \sqrt[n]{a}$

2. 거듭제곱근의 계산 방법

$m, \ n, \ p$가 양의 정수이고 $a > 0, \ b > 0$일 때

(1) $\sqrt[n]{a} \cdot \sqrt[n]{b} = \sqrt[n]{ab}$

(2) $\dfrac{\sqrt[n]{a}}{\sqrt[n]{b}} = \sqrt[n]{\dfrac{a}{b}}$

(3) $(\sqrt[n]{a})^m = \sqrt[n]{a^m}$

(4) $\sqrt[m]{\sqrt[n]{a}} = \sqrt[mn]{a} = \sqrt[n]{\sqrt[m]{a}}$

(5) $\sqrt[np]{a^{mp}} = \sqrt[n]{a^m}$

(6) $(\sqrt[n]{a})^n = a$

┃ 예문 ┃ 다음 식을 간단히 하여라.

(1) $\sqrt{\dfrac{\sqrt[5]{a}}{\sqrt[4]{a}}} \times \sqrt{\dfrac{\sqrt[10]{a}}{\sqrt[5]{a}}}$

(2) $\sqrt{\dfrac{\sqrt[6]{a}}{\sqrt[3]{a}}} \times \sqrt[3]{\dfrac{\sqrt{a}}{\sqrt[6]{a}}} \times \sqrt[6]{\dfrac{\sqrt[3]{a}}{\sqrt{a}}}$

풀이 》》 (1) (준식) $= \dfrac{\sqrt{\sqrt[5]{a}}}{\sqrt{\sqrt[4]{a}}} \times \dfrac{\sqrt{\sqrt[10]{a}}}{\sqrt{\sqrt[5]{a}}} = \dfrac{\sqrt[10]{a}}{\sqrt[20]{a}} \times \dfrac{\sqrt[20]{a}}{\sqrt[10]{a}} = 1$

(2) (준식) $= \dfrac{\sqrt{\sqrt[6]{a}}}{\sqrt{\sqrt[3]{a}}} \times \dfrac{\sqrt[3]{\sqrt{a}}}{\sqrt[3]{\sqrt[6]{a}}} \times \dfrac{\sqrt[6]{\sqrt[3]{a}}}{\sqrt[6]{\sqrt{a}}}$

$= \dfrac{\sqrt[12]{a}}{\sqrt[6]{a}} \times \dfrac{\sqrt[6]{a}}{\sqrt[18]{a}} \times \dfrac{\sqrt[18]{a}}{\sqrt[12]{a}} = 1$

답 (1) **1** (2) **1**

참고 $a > 0$인 것은 당연하다.

2. 지수법칙

1. 지수법칙

$a>0,\ b>0,\ m,\ n$이 유리수일 때

(1) $a^0=1$ (2) $a^m\times a^n=a^{m+n}$

(3) $a^m\div a^n=a^{m-n}$ (4) $(a^m)^n=a^{mn}=(a^n)^m$

(5) $(a\cdot b)^n=a^n\cdot b^n$ (6) $\left(\dfrac{a}{b}\right)^n=\dfrac{a^n}{b^n}$

(7) $a^{-n}=\dfrac{1}{a^n}$

2. 분수의 지수

$a>0,\ b>0,\ m$은 정수, $n\geqq 2$인 정수일 때

(1) $a^{\frac{1}{n}}=\sqrt[n]{a}$

(2) $a^{\frac{m}{n}}=\sqrt[n]{a^m}=(\sqrt[n]{a})^m$

(3) $\left(\dfrac{a}{b}\right)^n=\left(\dfrac{b}{a}\right)^{-n}$

| 예문 | $x^{\frac{1}{2}}+x^{-\frac{1}{2}}=3$일 때, 다음 식의 값을 구하여라.

(1) $x+x^{-1}$ (2) x^2+x^{-2} (3) $x^{\frac{3}{2}}+x^{-\frac{3}{2}}$

풀이 $\ggg$ $a+\dfrac{1}{a}=3 \Rightarrow \left(a+\dfrac{1}{a}\right)^2=a^2+\dfrac{1}{a^2}+2=9 \Rightarrow a^2+\dfrac{1}{a^2}=9-2=7$

(1) $x^{\frac{1}{2}}+x^{-\frac{1}{2}}=3$의 양변을 제곱하면

   $x+x^{-1}+2=9$ $\therefore\ x+x^{-1}=\mathbf{7}$

(2) $x+x^{-1}=7$의 양변을 제곱하면

   $x^2+x^{-2}+2=49$ $\therefore\ x^2+x^{-2}=\mathbf{47}$

(3) $x^{\frac{1}{2}}+x^{-\frac{1}{2}}=3$의 양변을 세제곱하면

   $\left(x^{\frac{1}{2}}\right)^3+\left(x^{-\frac{1}{2}}\right)^3+3\cdot x^{\frac{1}{2}}\cdot x^{-\frac{1}{2}}\left(x^{\frac{1}{2}}+x^{-\frac{1}{2}}\right)=27$

   $x^{\frac{3}{2}}+x^{-\frac{3}{2}}+3\cdot 3=27$ $\therefore\ x^{\frac{3}{2}}+x^{-\frac{3}{2}}=\mathbf{18}$

답 (1) **7**   (2) **47**   (3) **18**

3. 지수방정식 · 부등식

1. 지수방정식

(1) 밑을 같게 하고 지수에 관한 방정식으로 변형한다. 즉,

$a^p = a^q \Rightarrow p = q$ (단, a, b, c는 모두 양수이고 1이 아니다.)

(2) 양변에 로그를 취한다.

$a^p = b^q \Rightarrow \log_c a^p = \log_c b^q \Rightarrow p\log_c a = q\log_c a$

(3) a^x을 X로 치환한다. 이 때 $X > 0$임

2. 지수부등식

밑을 같게 하고 $a^p > a^q$ 꼴로 고친 후, 지수 부등식을 푼다.

$a^p > a^q$

$$\Rightarrow \begin{cases} 0<a<1 \text{일 때 } p<q \text{ (지수의 크기순서는 처음의 크기} \\ \qquad\qquad\qquad\qquad\qquad \text{관계와 반대가 된다.)} \\ a>1 \text{일 때 } p>q \text{ (지수의 크기 비교는 처음 대소 관계와} \\ \qquad\qquad\qquad\qquad\qquad\qquad \text{일치한다.)} \end{cases}$$

┃ 예문 ┃ 다음 세 수의 크기를 비교하여라.　　　　　$\sqrt{2}, \sqrt[3]{3}, \sqrt[6]{6}$

풀이 》》　지수 2, 3, 6의 최소공배수는 6이므로 세 양수를 6제곱하여 크기 비교한다.

$(\sqrt{2})^6 = (2^{\frac{1}{2}})^6 = 2^3 = 8,\quad (\sqrt[3]{3})^6 = (3^{\frac{1}{3}})^6 = 3^2 = 9,\quad (\sqrt[6]{6})^6 = (6^{\frac{1}{6}})^6 = 6$

$\therefore \sqrt[3]{3} > \sqrt{2} > \sqrt[6]{6} \cdots$ 답

┃ 예문 ┃ $4^x - 2^x - 2 = 0$을 풀어라.

풀이 》》　$2^x = X > 0$로 놓으면 주어진 방정식은 $X^2 - X - 2 = 0$

$X = 2$ 또는 $X = -1$ 그런데 $X > 0$이므로 $X = 2^x = 2$, $\therefore x = 1 \cdots$ 답

┃ 예문 ┃ $\left(\dfrac{1}{2}\right)^x < 8$을 풀어라.

풀이 》》　$8 = \left(\dfrac{1}{2}\right)^{-3}$이므로 $\left(\dfrac{1}{2}\right)^x < \left(\dfrac{1}{2}\right)^{-3}$

밑이 1보다 작으므로 $x > -3 \cdots$ 답

4. 지수함수 $y=a^x\,(a>0,\ a\neq1)$의 그래프

1. 정의역 …… 실수 전체

치역 …… 양의 실수 전체

2. $a>1$일 때 x가 증가하면

y도 **증가**

즉, $x_1<x_2 \Leftrightarrow a^{x_1}<a^{x_2}$

$0<a<1$일 때 x가 증가하면 y는 **감소**

즉, $x_1<x_2 \Leftrightarrow a^{x_1}>a^{x_2}$

3. y 축과의 교점은 $(0,\ 1)$

4. x 축이 점근선이다.

5. 성질 : $f(x)=a^x$ 이면

(1) $f(x+y)=f(x)f(y)$ (2) $f(x-y)=f(x)\div f(y)$

(3) $f(nx)=\{f(x)\}^n$

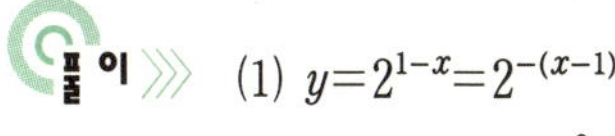

| 예문 | 다음 함수의 주어진 범위 내에서 최대값, 최소값을 구하여라.

(1) $y=2^{1-x}\,(0\leq x\leq1)$ (2) $y=3^x\cdot2^{-x}\,(0\leq x\leq1)$

(3) $y=4^x-2^{x+1}\,(0\leq x\leq2)$

풀이 ≫ (1) $y=2^{1-x}=2^{-(x-1)}$

오른쪽 그래프에서 $\begin{cases} x=0\,\text{에서 }\textbf{최대값 2} \\ x=1\,\text{에서 }\textbf{최소값 1} \end{cases}$

(2) $y=3^x\cdot2^{-x}=3^x\cdot\left(\dfrac{1}{2}\right)^x=\left(\dfrac{3}{2}\right)^x$

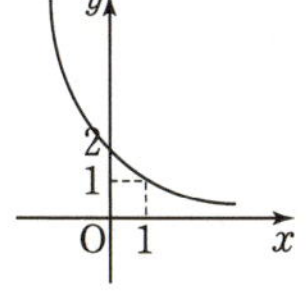

오른쪽 그래프에서 $\begin{cases} x=1\,\text{에서 }\textbf{최대값 }\dfrac{3}{2} \\ x=0\,\text{에서 }\textbf{최소값 1} \end{cases}$

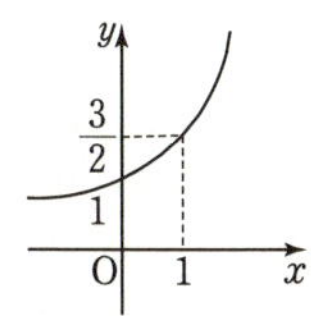

(3) $y=4^x-2^{x+1}=(2^x)^2-2\cdot2^x$

$2^x=t>0$ 라 하면 $f(t)=t^2-2t\,(1\leq t\leq4)$

$\therefore \begin{cases} t=4,\ \text{즉 }x=2\,\text{일 때 }\textbf{최대값 : 8} \\ t=1,\ \text{즉 }x=0\,\text{일 때 }\textbf{최소값 : }-1 \end{cases}$

5. 로그의 정의 · 성질

1. 로그의 정의
두 수 x, y 사이에 $a^y=x(a>0,\ a\neq1,\ x>0)$인 관계가 있을 때, $y=\log_a x$로 나타내고, y는 a를 밑으로 하는 x의 **로그**라 하면 x를 y의 **진수**라 한다.

즉, $a^y=x \leftrightarrow y=\log_a x$ (단, $a>0,\ a\neq1,\ x>0$)

2. 로그의 조건
$\log_a x$ …… 밑 a는 1이 아닌 양수, 진수 $x>0$

3. 로그의 성질
$a>0,\ a\neq1$일 때

(1) $\log_a 1=0$ (2) $\log_a a=1$

$M>0,\ N>0$이고, p가 임의의 실수일 때,

(3) $\log_a MN=\log_a M+\log_a N$ (4) $\log_a \dfrac{M}{N}=\log_a M-\log_a N$

(5) $\log_a M^p=p\log_a M$

(6) $c>0$이고, $c\neq1$일 때 $\log_a b=\dfrac{\log_c b}{\log_c a}$ (밑의 변환 공식)

│ 예문 │ 공식 (6) 밑의 변환 공식을 증명하여라.

증명 $\log_a b=x$라 하면, $a^x=b$
양변에 c를 밑으로 하는 로그를 취하면
$\log_c a^x=\log_c b$ $\therefore x\log_c a=\log_c b$
그런데 $a\neq1$이므로 $\log_c a\neq0$

따라서, $x=\dfrac{\log_c b}{\log_c a}$, 곧 $\log_a b=\dfrac{\log_c b}{\log_c a}$ …**증명 끝**

│ 예문 │ $\log_2 \dfrac{3}{14}-\dfrac{1}{2}\log_2 \dfrac{9}{49}$ 를 간단히 하여라.

풀이 $\log_2 \dfrac{3}{14}-\dfrac{1}{2}\log_2 \dfrac{9}{49}=\log_2 \dfrac{3}{14}-\log_2 \left(\dfrac{9}{49}\right)^{\frac{1}{2}}=\log_2 \dfrac{3}{14}-\log_2 \dfrac{3}{7}$

$=\log_2 \left(\dfrac{3}{14}\div\dfrac{3}{7}\right)=\log_2 \dfrac{1}{2}=-1\cdots$ **답**

6. 상용로그

1. 정의 : 10을 밑으로 하는 로그를 **상용로그**라고 하고, 이 때 밑 10을 보통 생략하고 나타낸다. $\log_{10} N$을 $\log N$으로 나타낸다.

2. 지표와 가수

  (1) 정수 부분이 n 자리인 양수의 상용로그의 지표는 $n-1$이다.

  (2) 소수점 아래 n째 자리에서 처음으로 0이 아닌 숫자가 나오는 양수의 상용로그의 지표는 $\overline{n}$이다.

  (3) 숫자의 배열이 같고, 소수점의 위치만 다른 양수의 상용로그의 가수는 같다.

$$\log A = n + \alpha : \text{지표는 } n \text{은 정수, 가수 } \alpha \text{는 } 0 \leq \alpha < 1$$
$$\log 2 = 0.3010 \text{이면 } \log 200 = \log 100 + \log 2 = 2.3010$$
$$\log 0.002 = \log 2 - \log 1000 = \overline{3}.3010$$

▌ **예문** ▌ (1) 2^{10}은 몇 자리 정수인가 ? (단, $\log 2 = 0.3010$)

(2) $\left(\dfrac{1}{2}\right)^{20}$은 소수 몇 째 자리에서 처음으로 0이 아닌 숫자가 나타나는가 ?

풀이 》》 (1) $\log 2^{10} = 10 \log 2 = 10 \times 0.3010 = 3.010$ 에서 지표가 3이므로 2^{10}은 **네 자리 정수** … 답

(2) $\log \left(\dfrac{1}{2}\right)^{20} = \log 2^{-20} = -20 \log 2 = (-20) \times 0.3010 = -6.020$
$$= -7 + (1 - 0.020) = \overline{7}.980$$

따라서, 지표가 $\overline{7}$이므로, $\left(\dfrac{1}{2}\right)^{20}$은 **소수 7째 자리에서** 처음으로 0이 아닌 수가 나타난다. … 답

7. 로그함수 · 그래프

1. $y=a^x \leftrightarrow x=\log_a y\,(a>0,\ a\neq1)$이므로, x와 y를 바꾸어 놓으면, 함수 $y=\log_a x\,(a>0,\ a\neq1)$는 지수함수 $y=a^x$의 역함수이다. 이 함수를 a를 밑으로 하는 **로그함수**라고 한다.

2. 로그함수 $y=\log_a x\,(a>0,\ a\neq1)$의 성질
   (1) 정의역은 양의 실수 전체집합이고 치역은 실수 전체의 집합이다.
   (2) $a>1$일 때, $x_1<x_2 \leftrightarrow \log_a x_1<\log_a x_2$
   $0<a<1$일 때,
   $x_1<x_2 \leftrightarrow \log_a x_1>\log_a x_2$
   (3) 그래프는 점$(1,\ 0)$, $(a,\ 1)$을 지나고, y축을 점근선으로 한다.
   (4) $y=\log_a x$와 $y=a^x$의 그래프는 직선 $y=x$에 대하여 대칭이다.

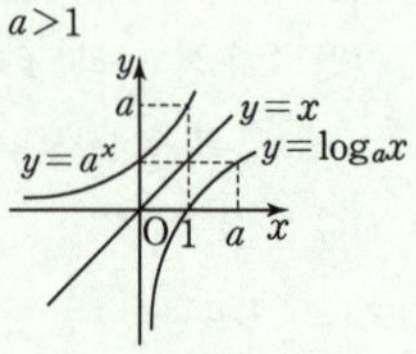

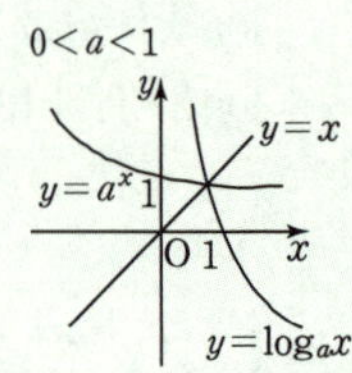

❙ 예문 ❙ $1<x<8$일 때, $\log_2 x$의 값의 범위를 구하여라.

▶ **풀이** ≫ 밑 2는 1 보다 큰 양수이므로 x의 값이 커지면 y의 값도 커진다.
$1<x<8$을 밑을 2로하는 로그를 취하면
$\log_2 1<\log_2 x<\log_2 8 \quad \therefore\ 0<\log_2 x<3 \cdots$ 답

❙ 예문 ❙ 함수 $y=\log_{\frac{1}{2}}(x^2-2x+3)$의 최대값을 구하여라.

▶ **풀이** ≫ 밑이 1보다 작으므로 진수가 최소값을 취할 때 y의 값은 최대가 된다. 진수 : $x^2-2x+3=(x-1)^2+2$에서 $x=1$일 때 최소
$y=\log_{\frac{1}{2}}\{(x-1)^2+2\}$에서 최대값은 $\log_{\frac{1}{2}}2=-1 \cdots$ 답

8. 로그방정식과 로그부등식

1. 로그방정식
(1) **진수>0**이 되는 범위를 우선 구한다.
(2) $\log_a M = \log_a N \Rightarrow M = N$(단, $a>0$, $a \neq 1$)
(3) $\log_a x = X$ 등으로 치환한다.
(4) 양변에 적당한 밑을 취하여 로그로 고친다.

2. 로그부등식
(1) **진수>0**이 되는 범위를 구한다.
(2) 밑을 같게 하고, 진수의 대소를 비교한다.

$$\log_a M > \log_a N \Rightarrow \begin{cases} \text{①} \ 0<a<1 \text{일 때 } M<N \\ \text{②} \ a>1 \text{일 때 } M>N \end{cases}$$

| 예문 | 전파가 어떤 벽을 투과할 때 전파의 세기가 A에서 B로 바뀌면, 그 벽의 전파감쇄비 F는 $F = 10\log\dfrac{B}{A}$(데시벨)로 정의한다.

전파감쇄비가 -7인 데시벨인 벽을 투과한 전파의 세기는 투과하기 전 세기의 몇 배인가? (단, $10^{\frac{3}{10}} = 2$로 계산한다.)

풀이 ≫ $-7 = 10\log\dfrac{B}{A}$ 에서 $\log\dfrac{B}{A} = -\dfrac{7}{10}$,

$$\dfrac{B}{A} = 10^{-\frac{7}{10}} = 10^{\frac{3}{10}} \times \dfrac{1}{10} = \dfrac{2}{10} = \dfrac{1}{5} \cdots \text{답}$$

($10^{\frac{3}{10}} = 2$로 주어진 조건을 $10^{-\frac{7}{10}}$에 적용)

| 예문 | 부등식 $\log_2(2x-1) < 1$을 만족시키는 x의 범위를 구하여라.

풀이 ≫ 진수 $2x-1>0$인 범위는 $x > \dfrac{1}{2}$ ······ ①

$\log_2(2x-1) < 1 = \log_2 2$ 즉 $\log_2(2x-1) < \log_2 2$ 에서

$$2x-1 < 2 \quad x < \dfrac{3}{2} \cdots\cdots ②$$

①, ②에 의해 $\dfrac{1}{2} < x < \dfrac{3}{2} \cdots \text{답}$

1. 삼각함수

1. 일반각

(1) 각의 양·음

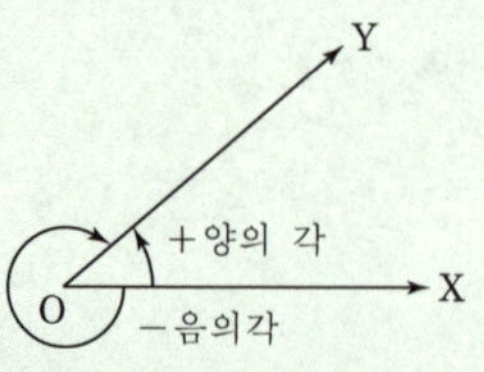

(2) $\overrightarrow{OX}$, $\overrightarrow{OY}$ 로 결정되는 일반각

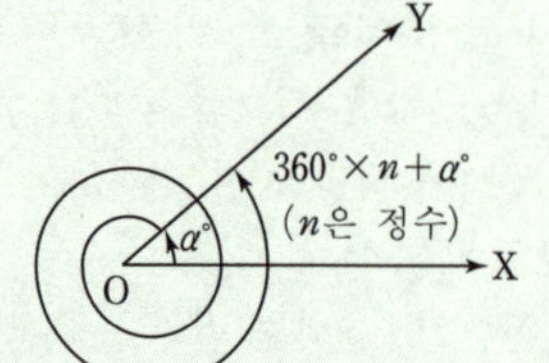

$\overrightarrow{OX}$: 시초선, $\overrightarrow{OY}$: 동경

2. 호도법

1라디안은 반지름의 길이와 같은 호에 대한 중심각의 크기

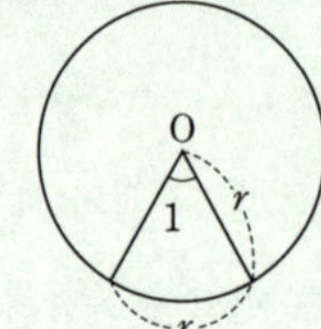

$$1회전각 : 360°=2\pi 라디안$$

$$1라디안=\frac{180°}{\pi}, \quad 1°=\frac{\pi}{180}라디안$$

3. 호도법과 부채꼴의 호의 길이·넓이

(1) 호의 길이 : $l=r\theta$

(2) 부채꼴의 넓이 : $S=\dfrac{1}{2}r^2\theta=\dfrac{1}{2}rl$

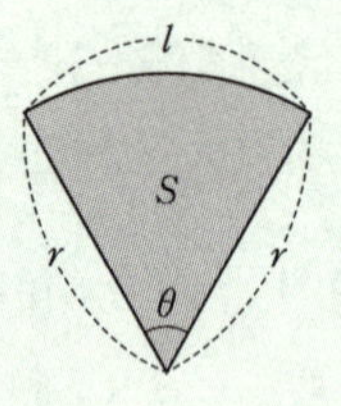

| 예문 | θ가 제2사분면의 각일 때, $\dfrac{\theta}{3}$ 은 제 몇 사분면의 각인가?

풀이 ≫ 제2사분면의 각을 θ라 하면

$90°<\theta<180°$ 즉, $90°+360°n<\theta<180°+360°n$(단, n은 정수)

$$\frac{90°+360°n}{3}<\frac{\theta}{3}<\frac{180°+360°n}{3}$$

$n=0,\ 1,\ 2$를 대입하면

① $n=0$일 때 $30°<\dfrac{\theta}{3}<60°$ ∴ 제1사분면의 각

② $n=1$일 때, $150°<\dfrac{\theta}{3}<180°$ ∴ 제2사분면의 각

③ $n=2$일 때, $270°<\dfrac{\theta}{3}<300°$ ∴ 제4사분면의 각

∴ 제1, 2, 4사분면의 각 … 답

| 예문 | 오른쪽 그림과 같은 부채꼴에서 $\overline{AB}=a$, $\overparen{MM'}=l$, $\overline{OA}=r$일 때, 도형 ⬠ AA′B′B 의 넓이 $S=al$일 때 $\overline{AM}-\overline{MB}$의 값을 구하여라.

(θ는 라디안)

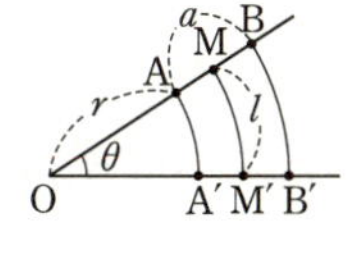

풀이 ≫ $\overline{AM}=x$라 하면 $l=(r+x)\,\theta\cdots$①

또 S는 (가장 큰 부채꼴)$-$(가장 작은 부채꼴)이므로

$$S=\frac{1}{2}(r+a)^2\,\theta-\frac{1}{2}r^2\,\theta=al\cdots②$$

②를 정리하면 $ra\theta+\dfrac{1}{2}a^2\,\theta-al$

이 식에 ①을 대입하면

$$r\theta+\frac{a}{2}\theta=(r+x)\,\theta \qquad \therefore\ x=\frac{a}{2}$$

즉 M과 M′는 $\overline{AB}$와 $\overline{A'B'}$의 중점이 된다.

따라서 $\overline{AM}-\overline{MB}=0\cdots$ 답

2. 삼각함수의 정의 · 성질

1. 삼각함수의 정의

좌표평면 위에서 x축의 양의 부분을 시초선으로 하고, 일반각 $\theta(\mathrm{rad})$가 나타내는 동경과 원점을 중심으로 하며 반지름의 길이가 r인 원과의 교점을 $\mathrm{P}(x, y)$라 하면

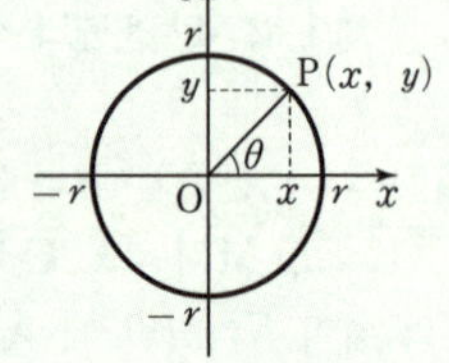

$$\sin\theta=\frac{y}{r}, \quad \cos\theta=\frac{x}{r}, \quad \tan\theta=\frac{y}{x}$$

$$\mathrm{cosec}\,\theta=\frac{r}{y}, \quad \sec\theta=\frac{r}{x}, \quad \cot\theta=\frac{x}{y}$$

2. 삼각함수의 부호

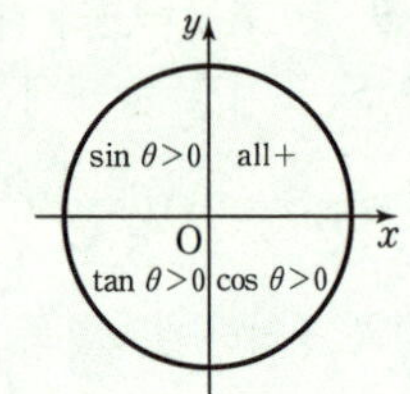

삼각함수 ＼ 사분면	1	2	3	4
sin, cosec	+	+	−	−
cos, sec	+	−	−	+
tan, cot	+	−	+	−

3. 특수각의 삼각비의 값

°	0°	30°	45°	60°	90°	180°	270°
rad	0	$\dfrac{\pi}{6}$	$\dfrac{\pi}{4}$	$\dfrac{\pi}{3}$	$\dfrac{\pi}{2}$	π	$\dfrac{3}{2}\pi$
$\sin\theta$	0	$\dfrac{1}{2}$	$\dfrac{1}{\sqrt{2}}$	$\dfrac{\sqrt{3}}{2}$	1	0	−1
$\cos\theta$	1	$\dfrac{\sqrt{3}}{2}$	$\dfrac{1}{\sqrt{2}}$	$\dfrac{1}{2}$	0	−1	0
$\tan\theta$	0	$\dfrac{1}{\sqrt{3}}$	1	$\sqrt{3}$	·	0	·

4. 삼각함수의 상호관계

(1) 역수관계 $\mathrm{cosec}\,\theta=\dfrac{1}{\sin\theta}, \quad \sec=\dfrac{1}{\cos\theta}, \quad \cot\theta=\dfrac{1}{\tan\theta}$

(2) $\tan\theta=\dfrac{\sin\theta}{\cos\theta}, \quad \cot\theta=\dfrac{\cos\theta}{\sin\theta}$

(3) $\sin^2\theta+\cos^2\theta=1, \quad \tan^2\theta+1=\sec^2\theta, \quad 1+\cot^2\theta=\mathrm{cosec}^2\theta$

3. 삼각함수의 각의 변환 공식

1. $\sin(-\theta)=-\sin\theta,\ \cos(-\theta)=\cos\theta,\ \tan(-\theta)=-\tan\theta$

2. $\sin(180°-\theta)=\sin\theta,\ \cos(180°-\theta)=-\cos\theta,$
$\tan(180°-\theta)=-\tan\theta$

3. $\sin(90°-\theta)=\cos\theta,\ \cos(90°-\theta)=\sin\theta,\ \tan(90°-\theta)=\cot\theta$

4. $\sin\left(\dfrac{\pi}{2}+\theta\right)=\cos\theta,\ \cos\left(\dfrac{\pi}{2}+\theta\right)=-\sin\theta,$
$\tan\left(\dfrac{\pi}{2}+\theta\right)=-\cot\theta$

5. $\sin(\pi+\theta)=-\sin\theta,\ \cos(\pi+\theta)=-\cos\theta,\ \tan(\pi+\theta)=\tan\theta$

6. $\sin\left(\dfrac{3}{2}\pi\pm\theta\right)=-\cos\theta,\ \cos\left(\dfrac{3}{2}\pi\pm\theta\right)=\pm\sin\theta$
$\tan\left(\dfrac{3}{2}\pi\pm\theta\right)=\mp\cot\theta$ (단, 복부호동순)

참고 $90\times n+\theta$ 에서

① n이 짝수이면 $\sin,\ \cos,\ \tan$는 그대로,
n이 홀수이면 $\sin\theta \leftrightarrow \cos\theta$
$\tan\theta \leftrightarrow \cot\theta$로 서로 바뀌고

② 부호 $+,\ -$는 몇사분면각이냐에 따라서 결정된다.
θ를 작은 양의 각으로 생각하면 쉽다.
⑩ $\pi-\theta$는 II사분면, $\pi+\theta$는 III사분면각…

| 예문 | 다음 식을 간단히 하여라.

(1) $\dfrac{\cos(\pi+\theta)}{1+\cos\left(\dfrac{\pi}{2}+\theta\right)}+\dfrac{\cos(\pi-\theta)}{1+\cos\left(\dfrac{\pi}{2}-\theta\right)}$

(2) $\sin 225°+\cos 300°-\cos\dfrac{5}{3}\pi+\tan\dfrac{5}{4}\pi$

풀이 ▷▷▷ (1) (준식) $=\dfrac{-\cos\theta}{1-\sin\theta}+\dfrac{-\cos\theta}{1+\sin\theta}$

$$=\dfrac{-\cos\theta(1+\sin\theta)-\cos\theta(1-\sin\theta)}{1-\sin^2\theta}$$

$$=\dfrac{-2\cos\theta}{\cos^2\theta}=-\dfrac{2}{\cos\theta}\cdots\boxed{답}$$

(2) (준식) $=\sin(180°+45°)+\cos(360°-60°)-\cos\left(2\pi-\dfrac{\pi}{3}\right)+\tan\left(\pi+\dfrac{\pi}{4}\right)$

$$=-\sin45°+\cos60°-\cos\dfrac{\pi}{3}+\tan\dfrac{\pi}{4}=-\dfrac{\sqrt{2}}{2}+\dfrac{1}{2}-\dfrac{1}{2}+1$$

$$=1-\dfrac{\sqrt{2}}{2}\cdots\boxed{답}$$

┃ 예문 ┃ 이차방정식 $2x^2-\sqrt{3}\,x+a=0$ 의 두 근을 $\sin\theta$, $\cos\theta$ 라 할 때,

(1) a의 값을 구하여라.

(2) $\dfrac{\operatorname{cosec}(\pi-\theta)}{\sec\theta+\tan(\pi-\theta)}+\dfrac{\sec\left(\dfrac{\pi}{2}-\theta\right)}{\sec\theta+\tan(\pi+\theta)}$ 의 값을 구하여라.

풀이 ▷▷▷ (1) $\sin\theta+\cos\theta=\dfrac{\sqrt{3}}{2}$, $\sin\theta\cos\theta=\dfrac{a}{2}$

$(\sin\theta+\cos\theta)^2=1+2\sin\theta\cos\theta=\dfrac{3}{4}$ 에서

$\sin\theta\cos\theta=-\dfrac{1}{8}$ $\quad\therefore\ a=-\dfrac{1}{4}\cdots\boxed{답}$

(2) $\operatorname{cosec}(\pi-\theta)=\operatorname{cosec}\theta$, $\tan(\pi-\theta)=-\tan\theta$

$\sec\left(\dfrac{\pi}{2}-\theta\right)=\operatorname{cosec}\theta$, $\tan(\pi+\theta)=\tan\theta$

$\therefore$ 준식을 통분하면 $\dfrac{\operatorname{cosec}\theta(\sec\theta+\tan\theta+\sec\theta-\tan\theta)}{\sec^2\theta-\tan^2\theta}$

$$=2\operatorname{cosec}\theta\cdot\sec\theta=\dfrac{2}{\sin\theta\cdot\cos\theta}=-16\cdots\boxed{답}$$

4. 삼각함수의 그래프

1. $y = \sin x$ 의 그래프

(1) 정의역 : 실수 전체의 집합

치역 : $\{y \mid -1 \leqq y \leqq 1\}$

(2) 주기 : 2π

(3) 대칭성 : 원점에 대하여 대칭

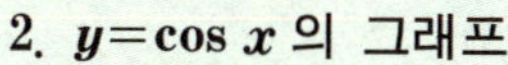

2. $y = \cos x$ 의 그래프

(1) 정의역 : 실수 전체의 집합

치역 : $\{y \mid -1 \leqq y \leqq 1\}$

(2) 주기 : 2π

(3) 대칭성 : y축에 대하여 대칭

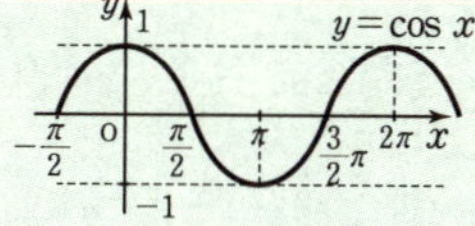

참고 $\cos\left(x - \dfrac{\pi}{2}\right) = \cos\left\{-\left(\dfrac{\pi}{2} - x\right)\right\} = \cos\left(\dfrac{\pi}{2} - x\right) = \sin x$ 이므로

$y = \cos x$ 의 그래프를 x축 방향으로 $\dfrac{\pi}{2}$ 만큼 평행이동하면

$y = \sin x$ 의 그래프가 된다.

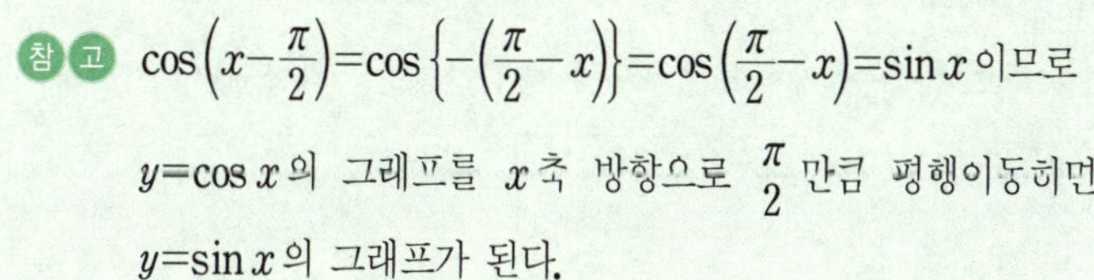

3. $y = \tan x$ 의 그래프

(1) 정의역 : $x \neq \dfrac{\pi}{2} + n\pi \,(n$은 정수$)$인

실수 전체의 집합

치역 : 실수 전체의 집합

(2) 주기 : π

(3) 대칭성 : 원점에 대하여 대칭

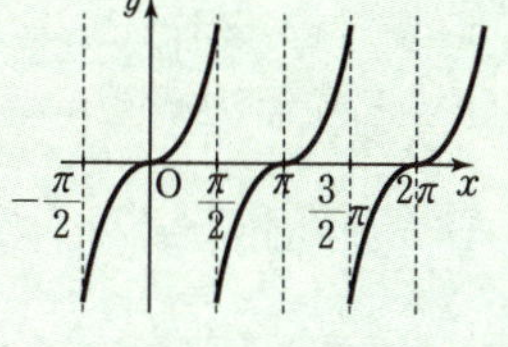

참고 $f(x + p) = f(x)$ 되는 최소 양수 p를 함수 $f(x)$의 주기라 한다.

(1) $\sin(x + 2\pi) = \sin(x + 4\pi) = \cdots\cdots = \sin(x + 2n\pi) = \sin x$ 되므로

$\sin x$ 의 주기는 2π 이고

(2) $\tan(x + \pi) = \tan(x + 2\pi) = \cdots\cdots = \tan(x + n\pi) = \tan x$ 되므로

$\tan x$ 의 주기는 π 이다.

5. 삼각함수의 주기, 최대 · 최소

1. (1) $y=a\sin(bx+c)+d$, $y=a\cos(bx+c)+d$

$y=a\sin b\left(x+\dfrac{c}{b}\right)+d$는 $y=a\sin bx$의 그래프를

x축으로 $-\dfrac{c}{b}$, y축으로 d만큼 평행이동한 그래프이다.

(2) $y=a\cos(bx+c)+d$도 $y=a\cos bx$의 그래프를

x축으로 $-\dfrac{c}{b}$, y축으로 d만큼 평행이동한 그래프이다.

① 최대값 : $|a|+d$ ② 최소값 : $-|a|+d$ ③ 주기 : $\dfrac{2\pi}{|b|}$

2. $y=a\tan(bx+c)+d$의 그래프는 $y=a\tan bx$의 그래프를

x축으로 $-\dfrac{c}{b}$, y축으로 d만큼 평행이동한 그래프이다.

(1) 치역이 $(-\infty,\ \infty)$이므로 최대값, 최소값은 없고

(2) 주기는 $\dfrac{\pi}{|b|}$

┃ 예문 ┃ 다음 중에서 모든 실수 x에 대하여 $f(x)=f(x+\sqrt{2})$를 만족시키는 것은?

① $f(x)=\cos(\pi x)$ ② $f(x)=\cos\left(\dfrac{\sqrt{2}}{2}\pi x\right)$ ③ $f(x)=\tan(2x)$

④ $f(x)=\sin\left(\dfrac{\sqrt{2}}{2}\pi x\right)$ ⑤ $f(x)=\sin(\sqrt{2}\,\pi x)$

풀이 》》 $f(x)=f(x+\sqrt{2})$는 주기가 $\sqrt{2}$인 것을 뜻한다.

$\cos(\pi x)$의 주기 : $\dfrac{2\pi}{\pi}=2$, $\cos\left(\dfrac{\sqrt{2}}{2}\pi x\right)$의 주기는 $\dfrac{2\pi}{\dfrac{\sqrt{2}}{2}\pi}=2\sqrt{2}$

$\tan(2x)$의 주기 : $\dfrac{\pi}{2}$, $\sin(\sqrt{2}\,\pi x)$의 주기 : $\dfrac{2\pi}{\sqrt{2}\,\pi}=\sqrt{2}$ 이므로

답 ⑤

참고 삼각함수의 특수각의 $30°\left(\dfrac{\pi}{6}\right)$, $45°\left(\dfrac{\pi}{4}\right)$, $60°\left(\dfrac{\pi}{3}\right)$ 값이 기억나지 않

을 때는 정삼각형과 정사각형을 그려서 확인하자.

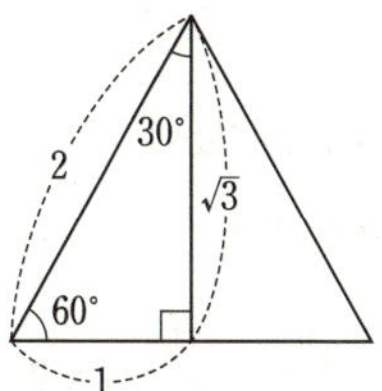

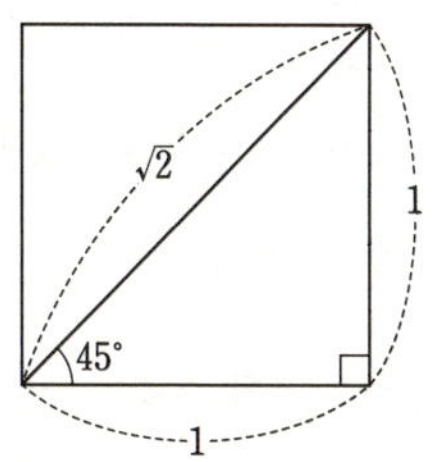

| 예문 | $0\leqq x\leqq\pi$ 에서 다음 두 개의 함수에 있어서 다음 물음에 답하여라.

$$f(x)=\sin(\cos x),\ g(x)=\cos(\sin x)$$

(1) $f(x)$의 최대값, 최소값을 구하여라.

(2) $g(x)$의 최대값, 최소값을 구하여라.

풀이 ≫ $0\leqq x\leqq\pi$ 에서 $0\leqq\sin x\leqq1$, $-1\leqq\cos x\leqq1$ 이고

$\pi=3.141592\cdots$ 에서 $\dfrac{\pi}{4}<1<\dfrac{\pi}{2}$ 이다.

(1)

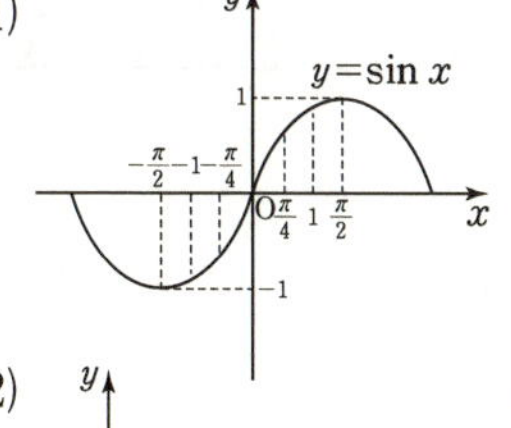

$\sin$ 함수는 $-1\leqq\cos x\leqq1$ 인 구간에서 증가함수이므로

최대값은 $f(0)=\sin 1$

최소값은 $f(\pi)=\sin(-1)$
$$=-\sin 1$$

(2)

$\cos$ 함수는 $0\leqq\sin x\leqq1$ 인 구간에서 감소함수이므로

최대값은 $g(0)=1$

최소값은 $g\left(\dfrac{\pi}{2}\right)=\cos 1$

| 예문 | $y=a\sin(bx+c)$의 그래프가 오른편과 같을 때, a, b, c의 값을 구하여라.

(단, $a>0$, $b>0$)

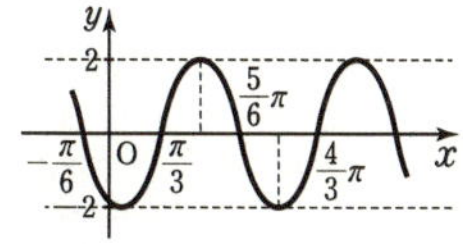

풀이 ≫ 그래프의 진폭이 2이므로 양수 $a=2$, 주기는 $\dfrac{4\pi}{3}-\dfrac{\pi}{3}=\pi$,

$$\therefore \ \frac{2\pi}{|b|}=\frac{2\pi}{b}=\pi \qquad \therefore \ b=2$$

$y=a\sin(bx+c)=2\sin(2x+c)$는 $y=2\sin 2x$의 그래프를 x축 방향으로 $-\dfrac{c}{2}$만큼 평행이동한 것이고, 그래프에서 $\dfrac{\pi}{3}$만큼 이동한 것이다.

$$\therefore \ -\frac{c}{2}=\frac{\pi}{3} \text{에서} \ c=-\frac{2}{3}\pi \qquad\qquad \boxed{답} \ \boldsymbol{a=2, \ b=2, \ c=-\dfrac{2}{3}\pi}$$

┃예문┃ 함수 $y=|\cos x|-\cos x$의 그래프의 개형을 그려라.

풀이 ≫ $y=|\cos x|$의 그래프 $\qquad\qquad\qquad$ $y=-\cos x$의 그래프

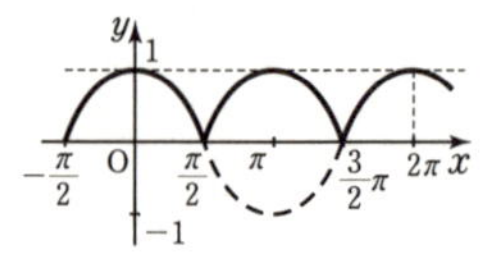 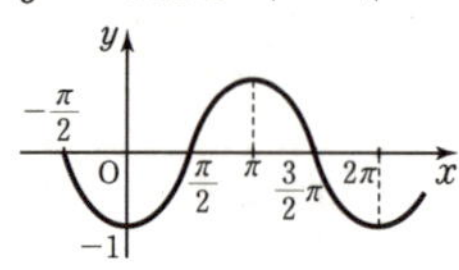

따라서 $y=|\cos x|-\cos x$의 그래프는 $\qquad$ $\boxed{답}$

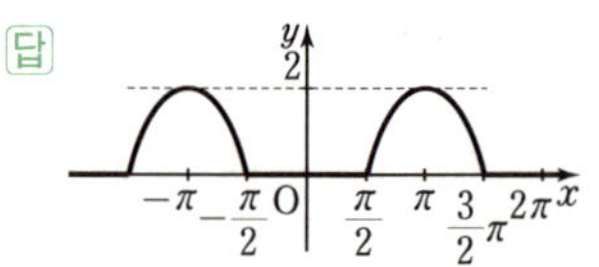

┃예문┃ 함수 $f(x)=a\sin\dfrac{x}{2}+b\,(a, \ b$는 상수, $a>0)$의 최대값이 5이고, $f\left(\dfrac{\pi}{3}\right)=\dfrac{7}{2}$일 때 a, b의 값을 구하여라.

풀이 ≫ $\sin\dfrac{x}{2}$의 최대값이 1이므로 $f(x)$의 최대값은 $a+b=5\cdots\cdots①$

$$f\left(\frac{\pi}{3}\right)=a\sin\frac{\pi}{6}+b=\frac{1}{2}a+b=\frac{7}{2}\cdots\cdots②$$

①, ②에 의해서 $\boldsymbol{a=3, \ b=2}\cdots\boxed{답}$

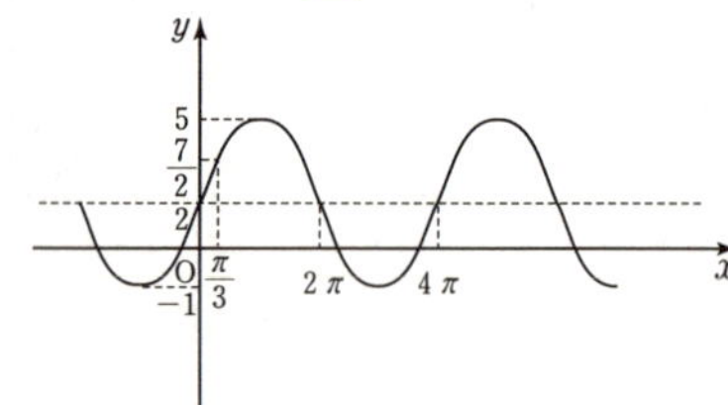

6. 삼각방정식과 부등식

1. 삼각방정식의 풀이법
(1) 그래프를 이용하자.

　① 주어진 방정식을 정리하여 $\sin x = a$ 의 꼴로 고친다.

　② $f(x) = \sin x$ 의 그래프를 그리고, 직선 $y = a$ 의 그래프를 그려서 두 그래프의 교점의 x 좌표를 구한다.

(2) 단위원에서 동경을 그리고 해를 구한다.

2. 삼각부등식의 풀이법
그래프를 이용한다.

3. $\sin x = a$, $\cos x = b$, $\tan x = c$ 의 해는 $0° \leqq x < 360°$ 의 범위에서 특별한 경우를 제외하고 2개의 값을 갖는다.

| 예문 | 다음 방정식을 풀어라. (단, $0° \leqq x < 360°$)

　(1) $2\cos^2 x \mid 3\sin x = 0$　　　　　　(2) $\tan x + \cot x = 2$

풀이 ≫　(1) $\cos^2 x = 1 - \sin^2 x$ 이므로

(준식) $= 2(1 - \sin^2 x) + 3\sin x = 0$ 에서

$2\sin^2 x - 3\sin x - 2 = 0$

　$(2\sin x + 1)(\sin x - 2) = 0$

$\therefore \sin x = -\dfrac{1}{2}$

$답 \begin{cases} \alpha = 210° \\ \beta = 330° \end{cases}$

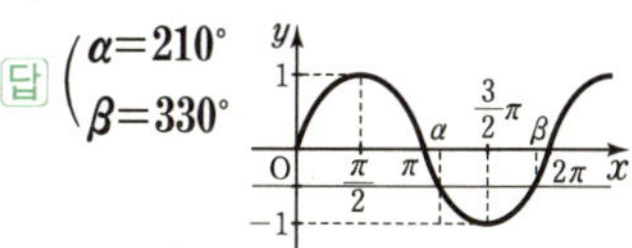

(2) $\tan x + \dfrac{1}{\tan x} = 2$

$\tan^2 x - 2\tan x + 1 = 0$

$\tan x = 1$

$답$　$45°,\ 225°$

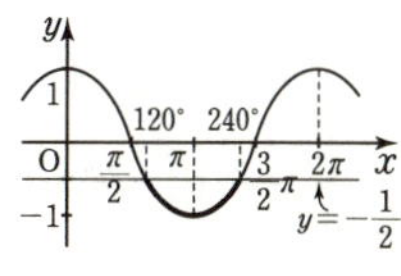

| 예문 | $\cos x \leqq -\dfrac{1}{2}$ 을 풀어라. $(0° \leqq x < 360°)$

풀이 ≫　오른편 그래프에서 만족하는 x 의 값의 범위는 **$120° \leqq x \leqq 240°$** … $답$

7. 사인법칙

삼각형 ABC의 세 각 A, B, C와 세 변의 길이 a, b, c 및 외접원의 반지름의 길이 R 사이에는 다음과 같은 관계가 성립한다.

$$\frac{a}{\sin A}=\frac{b}{\sin B}=\frac{c}{\sin C}=2R$$

(1) $\sin A=\dfrac{a}{2R}$, $\sin B=\dfrac{b}{2R}$, $\sin C=\dfrac{c}{2R}$

(2) $a=2R\sin A$, $b=2R\sin B$, $c=2R\sin C$

(3) $a : b : c=\sin A : \sin B : \sin C$

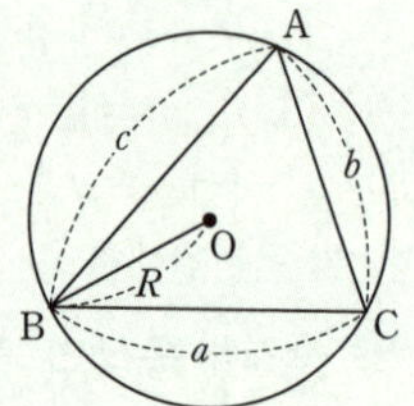

▌ 예문 ▌ $\triangle ABC$에서 $A=30°$, $B=60°$, $a=4$일 때 b, c를 구하여라.

풀이 》》 $A+B+C=180°$이므로 $C=90°$

사인법칙을 이용하면

$$\frac{4}{\sin 30°}=\frac{b}{\sin 60°}=\frac{c}{\sin 90°}$$

따라서 $b=\dfrac{4\times\sin 60°}{\sin 30°}=4\sqrt{3}$

$$c=\dfrac{4\times\sin 90°}{\sin 30°}=8$$

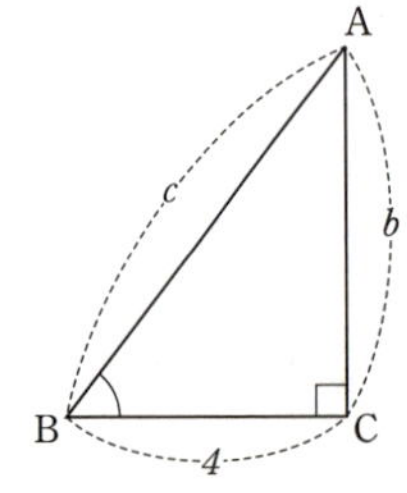

답 $b=4\sqrt{3}$, $c=8$

▌ 예문 ▌ $\triangle ABC$에서 $\sin^2 A=\sin^2 B+\sin^2 C$이면 $\triangle ABC$는 $\angle A=90°$인 직각삼각형임을 증명하여라.

풀이 》》 $\triangle ABC$의 외접원의 반지름을 R라 하면 사인법칙에서

$$\sin A=\frac{a}{2R}, \sin B=\frac{b}{2R}, \sin C=\frac{c}{2R}$$

그런데 $\sin^2 A=\sin^2 B+\sin^2 C$이므로

$$\left(\frac{a}{2R}\right)^2=\left(\frac{b}{2R}\right)^2+\left(\frac{c}{2R}\right)^2$$

따라서 $a^2=b^2+c^2$ ∴ $\triangle ABC$는 $\angle A=90°$인 직각삼각형이다.

참고 사인법칙을 사용하려면 마주보는 1쌍의 각의 크기와 변의 길이가 주어져야 한다.

1. 제 1 코사인법칙

$$a = b \cos C + c \cos B$$
$$b = c \cos A + a \cos C$$
$$c = a \cos B + b \cos A$$

2. 제 2 코사인법칙

$$a^2 = b^2 + c^2 - 2bc \cos A \qquad \cos A = \frac{b^2 + c^2 - a^2}{2bc}$$

$$b^2 = c^2 + a^2 - 2ca \cos B \qquad \cos B = \frac{c^2 + a^2 - b^2}{2ca}$$

$$c^2 = a^2 + b^2 - 2ab \cos C \qquad \cos C = \frac{a^2 + b^2 - c^2}{2ab}$$

참고 제 1 코사인법칙의 각 식의 양변에 차례로 a, b, c를 곱하면

$$a^2 = ab \cos C + ac \cos B \ \cdots\cdots ①$$
$$b^2 = bc \cos A + ba \cos C \ \cdots\cdots ②$$
$$c^2 = ca \cos B + cb \cos A \ \cdots\cdots ③ \text{이므로}$$

② + ③ - ① 을 계산하면

$$b^2 + c^2 - a^2 = 2bc \cos A$$

따라서 $a^2 = b^2 + c^2 - 2bc \cos A$

같은 방법으로 $b^2 = c^2 + a^2 - 2ca \cos B$

$$c^2 = a^2 + b^2 - 2ab \cos C$$

예문 $\triangle ABC$에서 $b = 5$, $c = 7$, $A = 60°$일 때 a의 값을 구하여라.

풀이 제 2 코사인법칙에 의하여

$$a^2 = 5^2 + 7^2 - 2 \times 5 \times 7 \times \cos 60° = 39$$

따라서 $a = \sqrt{39}$ … 답

참고 제 2 코사인법칙은 ① 세 변의 길이가 주어지거나
② 두 변과 낀 각의 크기가 주어질 때 사용한다.

9. 삼각함수의 응용

1. 삼각형의 넓이공식

(1) $\triangle ABC$의 넓이를 S라고 하면

$$S=\frac{1}{2}ab\sin C=\frac{1}{2}bc\sin A=\frac{1}{2}ca\sin B$$

(2) 세 변의 길이를 알 때

$\triangle ABC$의 세 변의 길이를 a, b, c라 하고

$k=\dfrac{a+b+c}{2}$ 로 놓으면 넓이

$$S=\sqrt{k(k-a)(k-b)(k-c)}$$

(3) 외접원의 반지름 R을 알 때

$$S=\frac{abc}{4R}, \quad S=2R^2\sin A\sin B\sin C$$

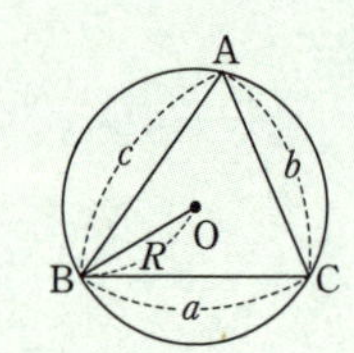

(4) 내접원의 반지름 r을 알 때

$$k=\frac{a+b+c}{2} \text{ 일 때 } S=k\cdot r$$

2. 사각형의 넓이

두 대각선의 길이가 a, b이고 두 대각선이

이루는 각이 θ일 때 넓이는 $S=\dfrac{1}{2}ab\sin\theta$

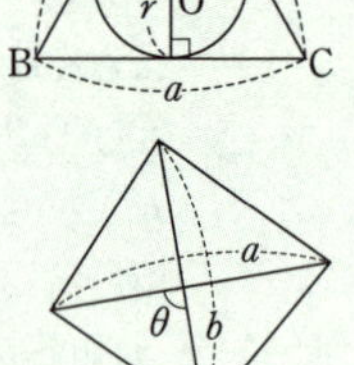

참고 두 대각선이 이루는 두 각의 $\sin$값은

같다. ($\because \sin\theta=\sin(\pi-\theta)$)

예문 | $\triangle ABC$의 넓이가 S일 때, $S=\dfrac{a^2\sin B\sin C}{2\sin(B+C)}$ 을 증명하여라.

풀이 ≫ 사인법칙에 의하여

$$c=\frac{a\sin C}{\sin A}=\frac{a\sin C}{\sin\{180°-(B+C)\}}=\frac{a\sin C}{\sin(B+C)}$$

$$\therefore\ S=\frac{1}{2}ac\sin B=\frac{1}{2}a\cdot\frac{a\sin C}{\sin(B+C)}\cdot\sin B=\frac{a^2\sin B\sin C}{2\sin(B+C)} \quad \text{증명 끝}$$

1. 행 렬

1. 행렬의 상등

두 행렬 A, B가 같은 꼴의 행렬이고 대응하는 성분이 각각 같을 때 A, B는 **같다** 또는 **상등**이라 하고 $A=B$로 나타낸다.

2. 행렬의 연산 · 합 · 차 · 실수배

두 행렬 A, B가 같은 꼴일 때 $A=\begin{pmatrix} a & b \\ c & d \end{pmatrix}$, $B=\begin{pmatrix} p & q \\ r & s \end{pmatrix}$에 대하여 합 · 차 · 실수배를 다음과 같이 정의한다.

(1) $A+B=\begin{pmatrix} a+p & b+q \\ c+r & d+s \end{pmatrix}$ (2) $A-B=\begin{pmatrix} a-p & b-q \\ c-r & d-s \end{pmatrix}$

(3) $kA=\begin{pmatrix} ka & kb \\ kc & kd \end{pmatrix}$ (k는 실수)

3. 행렬의 연산에 대한 성질

A, B가 같은 꼴의 행렬이고 k, l이 실수일 때 (O는 영행렬)

(1) $A+B=B+A$ (교환법칙)

(2) $(A+B)+C=A+(B+C)$ (결합법칙)

(3) $(k+l)A=kA+lA$ (4) $k(A+B)=kA+kB$

(5) $k(lA)=(kl)A$

(6) $A+O=O+A=A$ $A+(-A)=(-A)+A=O$

(7) $OA=O$

| 예문 | (i, j) 성분 a_{ij}가 다음과 같은 식으로 나타내어지는 2×3 행렬 A를 각각 구하여라.

(1) $a_{ij}=i+j-1$ (2) $a_{ij}=i\times j+1$

풀이 ≫ (1) $A=\begin{pmatrix} 1+1-1 & 1+2-1 & 1+3-1 \\ 2+1-1 & 2+2-1 & 2+3-1 \end{pmatrix}=\begin{pmatrix} 1 & 2 & 3 \\ 2 & 3 & 4 \end{pmatrix}$ ⋯ 답

(2) $A=\begin{pmatrix} 1\times1+1 & 1\times2+1 & 1\times3+1 \\ 2\times1+1 & 2\times2+1 & 2\times3+1 \end{pmatrix}=\begin{pmatrix} 2 & 3 & 4 \\ 3 & 5 & 7 \end{pmatrix}$ ⋯ 답

2. 행렬의 곱

1. (1) $(a \quad b)\begin{pmatrix} c \\ d \end{pmatrix} = (ac + bd)$　　(2) $\begin{pmatrix} a & b \\ c & d \end{pmatrix}\begin{pmatrix} e \\ f \end{pmatrix} = \begin{pmatrix} ae + bf \\ ce + df \end{pmatrix}$

2. 2×2 행렬과 2×2 행렬의 곱

$A = \begin{pmatrix} a & b \\ c & d \end{pmatrix}$, $B = \begin{pmatrix} e & f \\ g & h \end{pmatrix}$의 곱

$$AB = \begin{pmatrix} a & b \\ c & d \end{pmatrix}\begin{pmatrix} e & f \\ g & h \end{pmatrix} = \begin{pmatrix} ae + bg & af + bh \\ ce + dg & cf + dh \end{pmatrix}$$

$a \ b$ $\begin{array}{c} e \\ g \end{array}$: $ae + bg$가 (1, 1) 성분이 되고

$a \ b$ $\begin{array}{c} f \\ h \end{array}$: $af + bh$가 (1, 2) 성분이 된다. 같은 방법으로

A행렬에서 하나의 행과 B행렬에서 하나의 열이 만나서 한 성분을 이룬다.

3. 합과 곱이 정의되는 세 행렬 A, B, C에 대하여

(1) $(kA)B = A(kB) = k(AB)$　　(k는 실수)

(2) $AB \neq BA$(행렬의 곱셈에서 교환법칙은 성립하지 않음)

(3) $(AB)C = A(BC)$　　(결합법칙)

(4) $A(B + C) = AB + AC$　　(분배법칙)

(5) $(A + B)C = AC + BC$　　(분배법칙)

(6) $AE = EA = A$,　$E = \begin{pmatrix} 1 & 0 \\ 0 & 1 \end{pmatrix}$, $\begin{pmatrix} 1 & 0 & 0 \\ 0 & 1 & 0 \\ 0 & 0 & 1 \end{pmatrix}$ E을 단위행렬이라고

한다.

| 예문 | 행렬 $A=\begin{pmatrix} a & b \\ c & d \end{pmatrix}$ 에 대하여 다음 등식이 성립함을 증명하여라.

$$A^2-(a+d)\,A+(ad-bc)\,E=0$$

풀이 $\ggg$ $A^2=\begin{pmatrix} a & b \\ c & d \end{pmatrix}\begin{pmatrix} a & b \\ c & d \end{pmatrix}=\begin{pmatrix} a^2+bc & ab+bd \\ ca+dc & cb+d^2 \end{pmatrix}\cdots\cdots ①$

$(a+d)\,A=(a+d)\begin{pmatrix} a & b \\ c & d \end{pmatrix}=\begin{pmatrix} a^2+ad & ab+bd \\ ac+dc & ad+d^2 \end{pmatrix}\cdots\cdots ②$

$(ad-bc)\,E=(ad-bc)\begin{pmatrix} 1 & 0 \\ 0 & 1 \end{pmatrix}=\begin{pmatrix} ad-bc & 0 \\ 0 & ad-bc \end{pmatrix}\cdots\cdots ③$

$①-②+③$ 하면 $A^2-(a+d)\,A+(ad-bc)\,E=\begin{pmatrix} 0 & 0 \\ 0 & 0 \end{pmatrix}=O$ $\quad$ $\therefore$ **성립함**

| 예문 | 행렬 $A=\begin{pmatrix} 0 & 1 \\ 1 & 0 \end{pmatrix}$ 에 대하여 $\dfrac{1}{2002}\sum\limits_{n=1}^{2002}A^n=\begin{pmatrix} a & b \\ c & d \end{pmatrix}$ 일 때 $a+b+c+d$의 값을 구하시오. (2002 수능)

풀이 $\ggg$ $A^2=A\cdot A=\begin{pmatrix} 0 & 1 \\ 1 & 0 \end{pmatrix}\begin{pmatrix} 0 & 1 \\ 1 & 0 \end{pmatrix}=\begin{pmatrix} 1 & 0 \\ 0 & 1 \end{pmatrix}=E$

$\therefore A=A^3=A^5=\cdots=A^{2n-1}=A$

$A^2=A^4=A^6=\cdots=A^{2n}=E\ (n\text{은 자연수})$

$\therefore \sum\limits_{n=1}^{2002}A^n=(A+A^2)+(A^3+A^4)+\cdots+(A^{2001}+A^{2002})$

$\qquad\qquad =1001(A+E)=1001\begin{pmatrix} 1 & 1 \\ 1 & 1 \end{pmatrix}$

$\dfrac{1}{2002}\sum\limits_{n=1}^{2002}A^n=\dfrac{1}{2}\begin{pmatrix} 1 & 1 \\ 1 & 1 \end{pmatrix}=\begin{pmatrix} a & b \\ c & d \end{pmatrix}$

$\therefore \boldsymbol{a+b+c+d=2}\cdots$ 답

3. 역행렬

1. $A=\begin{pmatrix} a & b \\ c & d \end{pmatrix}$의 역행렬 A^{-1}의 존재 조건

$D=ad-bc\neq0$일 때 A의 역행렬이 존재한다.

2. $A^{-1}=\dfrac{1}{ad-bc}\begin{pmatrix} d & -b \\ -c & a \end{pmatrix}$, $AA^{-1}=A^{-1}A=E$

3. 역행렬의 기본 성질

행렬 A, B의 역행렬을 각각 A^{-1}, B^{-1}라 할 때

(1) $(A^{-1})^{-1}=A$ (2) $(AB)^{-1}=B^{-1}A^{-1}$

| 예문 | k가 0이 아닌 실수일 때, 행렬 A에 대하여

$(kA)^{-1}=\dfrac{1}{k}A^{-1}$임을 밝혀라.

풀이 ≫ $AA^{-1}=E$임을 적용하자.

$$(kA)\left(\dfrac{1}{k}A^{-1}\right)=k\cdot\dfrac{1}{k}(AA^{-1})=1\cdot E=E$$

$$\therefore (kA)^{-1}=\dfrac{1}{k}A^{-1}$$

| 예문 | A, B가 이차 정사각행렬일 때, $AB=O$이고, $B\neq O$이면, A는 역행렬을 가지지 않음을 증명하여라.

풀이 ≫ A가 역행렬 A^{-1}를 가진다고 하면

$AB=O$에서 $A^{-1}(AB)=A^{-1}O=O$

한편, $A^{-1}(AB)=(A^{-1}A)B=EB=B$

이것은 $B=O$이므로 $B\neq O$이라는 가정에 모순이다.

$\therefore$ **A는 역행렬을 가지지 않는다.**

4. 역행렬과 연립일차방정식

1. 연립방정식과 행렬

$x,\ y$에 관한 연립일차방정식을 행렬을 써서 나타내면

$$\begin{cases} ax+by=p \\ cx+dy=q \end{cases} \Leftrightarrow \begin{pmatrix} a & b \\ c & d \end{pmatrix}\begin{pmatrix} x \\ y \end{pmatrix}=\begin{pmatrix} p \\ q \end{pmatrix}$$

2. 역행렬에 의한 연립일차방정식의 해법

$x,\ y$에 관한 연립일차방정식 $\begin{pmatrix} a & b \\ c & d \end{pmatrix}\begin{pmatrix} x \\ y \end{pmatrix}=\begin{pmatrix} p \\ q \end{pmatrix}$ 의 해는

(1) $ad-bc\neq0$일 때 : $\begin{pmatrix} x \\ y \end{pmatrix}=\begin{pmatrix} a & b \\ c & d \end{pmatrix}^{-1}\begin{pmatrix} p \\ q \end{pmatrix}$

(2) $ad-bc=0$일 때 : 부정 또는 불능

참고

(1) $\begin{cases} ax+by=p \\ cx+dy=q \end{cases}$ 에서 $\dfrac{a}{c}=\dfrac{b}{d}$ 즉 $ad-bc=0$일 때 부정인가

불능인가는 $\dfrac{a}{c}=\dfrac{b}{d}=\dfrac{p}{q}$ 일 때 부정, $\dfrac{a}{c}=\dfrac{b}{d}\neq\dfrac{p}{q}$ 일 때 불능

(2) $\begin{cases} ax+by=0 \\ cx+dy=0 \end{cases}$ 일 때 $\begin{array}{l} ad-bc\neq0 \text{일 때 } x=y=0(\text{오직 한 쌍의 근}) \\ ad-bc=0 \text{일 때 } x=y=0 \text{ 이외의 근을 갖는다.} \end{array}$

예문 다음 연립방정식 $\begin{cases} x-2y=-1 \\ 2x+3y=7 \end{cases}$ 을 행렬을 이용하여 나타내면 ?

① $\begin{pmatrix} 3 & -2 \\ 2 & 1 \end{pmatrix}\begin{pmatrix} x \\ y \end{pmatrix}=\begin{pmatrix} -1 \\ 7 \end{pmatrix}$
② $\begin{pmatrix} 1 & 2 \\ -2 & 3 \end{pmatrix}\begin{pmatrix} x \\ y \end{pmatrix}=\begin{pmatrix} -1 \\ 7 \end{pmatrix}$

③ $\begin{pmatrix} x \\ y \end{pmatrix}=\begin{pmatrix} 1 & -2 \\ 2 & 3 \end{pmatrix}\begin{pmatrix} -1 \\ 7 \end{pmatrix}$
④ $\begin{pmatrix} x \\ y \end{pmatrix}=\begin{pmatrix} -1 \\ 7 \end{pmatrix}\begin{pmatrix} 1 & -2 \\ 2 & 3 \end{pmatrix}^{-1}$

⑤ $\begin{pmatrix} x \\ y \end{pmatrix}=\begin{pmatrix} 1 & -2 \\ 2 & 3 \end{pmatrix}^{-1}\begin{pmatrix} -1 \\ 7 \end{pmatrix}$

풀이 준식을 행렬로 표현하면 $\begin{pmatrix} 1 & -2 \\ 2 & 3 \end{pmatrix}\begin{pmatrix} x \\ y \end{pmatrix}=\begin{pmatrix} -1 \\ 7 \end{pmatrix}$ ……(A)

(A)의 양변의 왼편에 역행렬을 곱하면 $\begin{pmatrix} x \\ y \end{pmatrix}=\begin{pmatrix} 1 & -2 \\ 2 & 3 \end{pmatrix}^{-1}\begin{pmatrix} -1 \\ 7 \end{pmatrix}$ $\therefore$ **답 ⑤**

1. 수 열

1. 수열의 뜻
(1) 어떤 규칙에 따라 차례로 나열된 수의 열을 **수열**이라고 한다.
(2) 이 때, 나열된 각 수를 그 수열의 **항**이라고 한다.

2. 유한수열, 무한수열
유한 n개의 항으로 이루어진 수열을 **유한수열**이라 하고,
무한히 많은 항으로 이루어진 수열을 **무한수열**이라고 한다.

3. 수열의 일반항
n째항이 수열의 각 항을 일반적으로 나타내고 있으므로, n째항
a_n을 수열의 **일반항**이라고 한다.

참고 $\{a_n\}$은 일반항을 a_n으로 하는 수열을 뜻하며, $n=1,\ 2,\ 3,\ \cdots$을 대입하여 $a_1,\ a_2,\ a_3,\ \cdots\cdots$은 첫째항, 둘째항, $\cdots\cdots$을 나타낸다.

│ 예문 │ 다음 수열의 일반항을 구하여라.

(1) $1,\ -1,\ 1,\ -1,\ \cdots\cdots$ (2) $\dfrac{1}{2},\ \dfrac{2}{3},\ \dfrac{3}{4},\ \dfrac{4}{5},\ \cdots\cdots$

(3) $1,\ -\dfrac{1}{2},\ \dfrac{1}{3},\ -\dfrac{1}{4},\ \cdots\cdots$ (4) $11,\ 101,\ 1001,\ \cdots\cdots$

(5) $1^2-2,\ 2^2-2,\ 3^2-2,\ \cdots\cdots$ (6) $9,\ 99,\ 999,\ \cdots\cdots$

풀이 ≫ (1) $a_n=(-1)^{n-1}$ (2) $a_n=\dfrac{n}{n+1}$

(3) $a_n=(-1)^{n-1}\cdot\dfrac{1}{n}$

(4) $11=10+1,\ 101=10^2+1,\ 1001=10^3+1$에서 $a_n=10^n+1$

(5) $a_n=n^2-2$

(6) $9=10-1,\ 99=10^2-1,\ 999=10^3-1,\ \cdots\cdots$ $\therefore\ a_n=10^n-1$

참고 $1,\ -1,\ 1,\ -1,\ \cdots$과 같이 양, 음의 부호가 번갈아 나타날 때는 $(-1)^n$ 또는 $(-1)^{n-1}$ 중 적당한 것을 곱하여 부호를 결정한다.

2. 등차수열

1. 뜻과 일반항

(1) 어떤 수에 차례로 일정한 수를 더하여 이루어진 수열을 **등차수열**이라 하고, 그 일정한 수를 **공차**라고 한다.

(2) **등차수열의 일반항**

첫째항 a, 공차 d인 등차수열의 일반항 a_n은

$$a_n = a + (n-1)d \quad (n = 1, 2, 3, \cdots\cdots)$$

2. 등차중항

a, b, c가 이 순서대로 등차수열을 이룰 때, b를 a, c의 **등차중항**이라고 한다.

참고 $a_{n+1} - a_n = d$(일정), 차가 일정한 수열을 등차수열이라고 한다.

$$a_1 = a, \ a_2 = a + d, \ a_3 = a_2 + d = (a + d) + d = a + 2d, \cdots,$$
$$a_n = a + (n-1)d$$

│ 예문 │ 첫째항이 17, 공차가 $-\dfrac{3}{2}$인 등차수열에서 처음으로 음수가 되는 항은 몇 째 항인가?

풀이 》》 제 n 항은 $a_n = 17 + (n-1)\left(-\dfrac{3}{2}\right) < 0$ 에서

$$-\dfrac{3}{2}n < -\dfrac{37}{2} \qquad \therefore \ n > \dfrac{37}{3}$$ 따라서, 제 13 항부터 음수가 된다.

답 제 13항

│ 예문 │ -9와 16 사이에 세 수 x, y, z를 넣어서 만든 수열 $-9, x, y, z, 16$이 등차수열이 되도록 x, y, z을 정하여라.

풀이 》》 첫째항이 -9, $a_5 = a + 4d = -9 + 4d = 16$으로 놓으면 $d = \dfrac{25}{4}$

따라서 $a_2 = x = -9 + \dfrac{25}{4} = -\dfrac{11}{4}$, $a_3 = y = -9 + 2 \times \dfrac{25}{4} = \dfrac{7}{2}$

$a_4 = z = -9 + 3 \times \dfrac{25}{4} = \dfrac{39}{4}$ **답** $x = -\dfrac{11}{4}$, $y = \dfrac{7}{2}$, $z = \dfrac{39}{4}$

3. 등차수열의 합

첫째항 a, 공차 d, 항수 n, 끝항 l인 등차수열의 합 S_n은

$$S_n = \frac{1}{2}n(a+l) \quad \text{또는} \quad S_n = \frac{1}{2}n\{2a+(n-1)d\}$$

참고 첫째항이 1, 공차가 2인 등차수열의 처음 10개 항의 합은

$$S = 1+3+5+7+\cdots\cdots+17+19$$

우변의 합을 역순으로 나타내면

$$S = 19+17+\cdots\cdots+3+1$$

이들을 변변 더하여 2로 나누면

$$S = \frac{1}{2}\times 10\times 20 = 100$$

일반적으로 $S_n = a+(a+d)+(a+2d)+\cdots\cdots+(l-d)+l$

$$S_n = l+(l-d)+(l-2d)+\cdots\cdots+(a+d)+a$$

변변 더하면 $2S_n = n(a+l)$ $\quad\therefore\ S_n = \frac{1}{2}n(a+l)$

l 자리에 $l = a+(n-1)d$를 대입하면 $S_n = \frac{1}{2}n\{2a+(n-1)d\}$

| 예문 | 첫째항이 13, 공차가 -2인 등차수열의 첫째항부터 제 n 항까지의 합을 S_n이라 할 때, S_n의 최대값은?

풀이 ≫ n항까지의 항 $S_n = \dfrac{n\{2\times 13+(n-1)(-2)\}}{2}$

$$= -n^2+14n = -(n-7)^2+49$$

$\therefore$ 최대값은 **49** … 답

참고 수열 $\{a_n\}$의 첫째항부터 제 n 항까지의 합을 S_n이라 하면

(1) $\begin{cases} a_1 = S_1 \\ a_n = S_n - S_{n-1}\ (n\geq 2) \end{cases}$

(2) $1+2+3+\cdots+n = \dfrac{n(1+n)}{2} = \dfrac{n(n+1)}{2}$

첫째항이 1, 공차가 1, 항수가 n인 경우이다.

4. 등비수열

1. 첫째항부터 차례로 일정한 수를 곱하여 그 다음 항이 얻어지는 수열을 **등비수열**이라 하고, 그 일정한 수를 **공비**라고 한다.

$$a_{n+1}=a_n \cdot r, \quad \frac{a_{n+1}}{a_n}=r\,(\text{일정})$$

2. 등비수열의 일반항 $a_n=a \cdot r^{n-1}$ (첫째항 a, 공비 r, 항수 n)

3. **등비중항** : 0이 아닌 세 수 a, b, c가 이 순서로 등비수열을 이룰 때, b를 a, c의 **등비중항**이라고 한다.

| 예문 | 삼차방정식 $x^3-3x^2-6x+k=0$의 세 근이 등비수열을 이룰 때 k의 값을 구하여라.

풀이 》》 세 근을 a, ar, ar^2으로 놓으면 근과 계수와의 관계에서

$a+ar+ar^2=3 \cdots\cdots$ ① $a^2r+a^2r^3+a^2r^2=-6 \cdots\cdots$ ②, $a^3r^3=-k \cdots\cdots$ ③

②÷①에서 $\dfrac{ar(a+ar+ar^2)}{a+ar+ar^2}=-\dfrac{6}{3}$, $ar=-2$, ③에서 $(-2)^3=-k$

답 $k=8$

| 예문 | 세 수 4, x, y가 이 순서로 등비수열을 이루고, 세 수 x, y, 24가 이 순서로 등차수열을 이룰 때, x, y를 구하여라.

풀이 》》 4, x, y : 등비수열을 이루므로 $x^2=4y \cdots\cdots$ ①

x, y, 24 : 등차수열을 이루므로 $2y=x+24 \cdots\cdots$ ②

①, ②에서 $x^2=2(x+24)$ $x^2-2x-48=0$

$$\therefore \begin{pmatrix} x=8 \\ y=16 \end{pmatrix} \begin{pmatrix} x=-6 \\ y=9 \end{pmatrix} \cdots 답$$

| 예문 | b가 a, c의 등비중항일 때, $\dfrac{1}{\log_a x}+\dfrac{1}{\log_c x}$를 b를 밑으로 하는 로그를 써서 간단히 나타내어라.

풀이 》》 $b=\sqrt{ac}$, $\dfrac{1}{\log_a x}+\dfrac{1}{\log_c x}=\log_x a+\log_x c=\log_x ac$

$$=\log_x b^2=2\log_x b=\dfrac{2}{\log_b x} \cdots 답$$

5. 등비수열의 합

첫째항이 a, 공비가 r인 등비수열의 첫째항부터 n째항까지의 합 S_n은 $r \neq 1$일 때 $S_n = \dfrac{a(1-r^n)}{1-r} = \dfrac{a(r^n-1)}{r-1}$

$\qquad$ $r=1$일 때 $S_n = na$

참고 등비수열의 합을 구하는 방법

$S_n = a + ar + ar^2 + \cdots\cdots + ar^{n-1} \cdots\cdots ①$

이 식의 양변에 r을 곱하면

$rS_n = ar + ar^2 + \cdots\cdots + ar^{n-1} + ar^n \cdots\cdots ②$

①－②에서 $(1-r)S_n = a(1-r^n)$

$r \neq 1$이면 $S_n = \dfrac{a(1-r^n)}{1-r}$, $r=1$이면 ①에서 $S_n = na$

| 예문 | 수열 $2+\dfrac{1}{2}$, $4+\dfrac{1}{4}$, $6+\dfrac{1}{8}$, $8+\dfrac{1}{16}$, $\cdots$의 제10항 까지의 합을 구하여라.

풀이 >>> 구하는 합 $= (2+4+6+8+\cdots\cdots) + \left(\dfrac{1}{2}+\dfrac{1}{4}+\dfrac{1}{8}+\cdots\cdots\right)$

$$= \frac{10}{2}\{2 \cdot 2 + (10-1)\,2\} + \frac{\dfrac{1}{2}\left\{1-\left(\dfrac{1}{2}\right)^{10}\right\}}{1-\dfrac{1}{2}}$$

$$= 111 - \frac{1}{2^{10}} \cdots \boxed{답}$$

| 예문 | 어느 해 초에 빌린 돈 A원을 그 해의 연말부터 시작하여 매년 말에 같은 액수씩 n년 간에 다 갚으려고 한다. 연말에 얼마씩 갚으면 적당한가? (단, 연이율 r, 1년마다 복리로 계산한다.)

풀이 >>> 갚는 금액을 a원 이라 하면

$$a + a(1+r) + a(1+r)^2 + \cdots\cdots + a(1+r)^{n-1} = \frac{a\{(1+r)^n - 1\}}{r} = A(1+r)^n$$

$$\therefore\ a = \frac{Ar(1+r)^n}{(1+r)^n - 1} \cdots \boxed{답}$$

6. 여러 가지 수열 · 기호 $\sum$

1. 합의 기호 $\sum$

$$a_1 + a_2 + a_3 + \cdots + a_n = \sum_{k=1}^{n} a_k$$

2. $\sum$의 기본 성질

(1) $\displaystyle\sum_{k=1}^{n} (a_k + b_k) = \sum_{k=1}^{n} a_k + \sum_{k=1}^{n} b_k$

(2) $\displaystyle\sum_{k=1}^{n} (ca_k - db_k) = c \sum_{k=1}^{n} a_k - d \sum_{k=1}^{n} b_k \, (c, \; d\text{는 상수})$

(3) $\displaystyle\sum_{k=1}^{n} c = cn \, (c\text{는 상수})$

3. 자연수의 거듭제곱의 합

(1) $\displaystyle\sum_{k=1}^{n} k = 1 + 2 + 3 + \cdots + n = \frac{n(n+1)}{2}$

(2) $\displaystyle\sum_{k=1}^{n} k^2 = 1^2 + 2^2 + 3^2 + \cdots + n^2 = \frac{n(n+1)(2n+1)}{6}$

(3) $\displaystyle\sum_{k=1}^{n} k^3 = 1^3 + 2^3 + 3^3 + \cdots + n^3 = \left\{ \frac{n(n+1)}{2} \right\}^2$

│ 예문 │ $\displaystyle\sum_{k=1}^{n} a_k = n^2$ 일 때, $\displaystyle\sum_{k=1}^{2n} a_{2k}$ 의 값을 구하여라.

풀이 ⟫ $\displaystyle\sum_{k=1}^{n} a_k = S_n$

$\therefore \; a_n = S_n - S_{n-1} = n^2 - (n-1)^2 = 2n-1 \, (n \geq 2)$

$a_1 = 1^2 = 2 \cdot 1 - 1 = 1$

$\therefore \; a_n = 2n - 1 \; (n \geq 1)$

$\therefore \; a_{2k} = 2(2k) - 1 = 4k - 1$

$$\sum_{k=1}^{2n} a_{2k} = \sum_{k=1}^{2n} (4k - 1) = 4 \times \frac{2n(2n+1)}{2} - 2n \times 1$$

$$= 2n(4n+1) \cdots \boxed{답}$$

| 예문 | 수열 1, $1+2$, $1+2+3$, $1+2+3+4$, $\cdots$의 제 n항 a_n을 구하고, 첫째항에서 제 n항까지의 합 S_n을 $\sum$를 써서 나타내고, 그 합 S_n을 구하여라.

풀이 >>>

$$a_n=1+2+3+\cdots+n=\frac{n(n+1)}{2}$$

$$S_n=\sum_{k=1}^{n} a_k=\sum_{k=1}^{n} \frac{k(k+1)}{2}=\frac{1}{2}\left(\sum_{k=1}^{n} k^2+\sum_{k=1}^{n} k\right)$$

$$=\frac{1}{2}\left(\frac{n(n+1)(2n+1)}{6}+\frac{n(n+1)}{2}\right)$$

$$=\frac{n(n+1)(2n+1+3)}{12}$$

$$=\frac{n(n+1)(n+2)}{6} \cdots \boxed{답}$$

| 예문 | $\displaystyle\sum_{i=1}^{20}\sum_{j=1}^{i} (2i-j)$의 값을 구하시오.

풀이 >>>

$$\sum_{j=1}^{i} (2i-j)=2\sum_{j=1}^{i} i-\sum_{j=1}^{i} j=2i^2-\frac{i(i+1)}{2}$$

$$=\frac{3}{2}i^2-\frac{i}{2}$$

$$준식=\sum_{i=1}^{20}\left(\frac{3}{2}i^2-\frac{i}{2}\right)=\frac{3}{2}\sum_{i=1}^{20} i^2-\frac{1}{2}\sum_{i=1}^{20} i$$

$$=\frac{3}{2}\times\frac{20\times21\times41}{6}-\frac{1}{2}\times\frac{20\times21}{2}$$

$$=5\times21\times41-5\times21$$

$$=5\times21\times40=4200\cdots \boxed{답}$$

7. 분수식의 수열의 합, $S - rS$ 꼴의 풀이

1. 분수식의 분모의 곱의 분해

(1) $\displaystyle\sum_{k=1}^{n} \frac{1}{k(k+d)} = \sum_{k=1}^{n} \frac{1}{d}\left(\frac{1}{k} - \frac{1}{k+d}\right)$을 이용

특히 $\dfrac{1}{k(k+1)} = \dfrac{1}{k} - \dfrac{1}{k+1}$로 변형하면 간단히 소거된다.

(2) $\displaystyle\sum_{k=1}^{n} \frac{1}{k(k+1)(k+2)}$ 은 $\dfrac{1}{k(k+1)(k+2)} = \dfrac{1}{2}\Big\{\dfrac{1}{k(k+1)} - \dfrac{1}{(k+1)(k+2)}\Big\}$로 변형하여 간단히 할 수 있다.

2. $S - rS$

(1) $S_n = 1 + 2x + 3x^2 + \cdots + nx^{n-1}$은 $S_n - x\,S_n$을 정리하여 등비수열의 합을 이용한다.

| 예문 | 다음 수열의 합을 구하여라.

(1) $\dfrac{1}{1\cdot 3} + \dfrac{1}{2\cdot 4} + \dfrac{1}{3\cdot 5} + \cdots + \dfrac{1}{n(n+2)}$

(2) $x \neq 1$일 때 $S = 1 + 3x + 5x^2 + \cdots\cdots + (2n-1)x^{n-1}$

풀이 》》 (1) $\dfrac{1}{n(n+2)} = \dfrac{1}{2}\left(\dfrac{1}{n} - \dfrac{1}{n+2}\right)$로 변형할 수 있으므로

$$(준식) = \frac{1}{2}\Big\{\Big(\frac{1}{1} - \frac{1}{3}\Big) + \Big(\frac{1}{2} - \frac{1}{4}\Big) + \Big(\frac{1}{3} - \frac{1}{5}\Big) + \Big(\frac{1}{4} - \frac{1}{6}\Big) + \cdots +$$
$$\Big(\frac{1}{n-1} - \frac{1}{n+1}\Big) + \Big(\frac{1}{n} - \frac{1}{n+2}\Big)\Big\} = \frac{1}{2}\Big(1 + \frac{1}{2} - \frac{1}{n+1} - \frac{1}{n+2}\Big)$$

$\cdots$ 답

(2) $S = 1 + 3x + 5x^2 + \cdots\cdots + (2n-1)x^{n-1} \cdots\cdots$ ①

①의 양변에 x를 곱하여

$xS = x + 3x^2 + 5x^3 + \cdots\cdots + (2n-3)x^{n-1} + (2n-1)x^n \cdots\cdots$ ②

①$-$② 해서 $(1-x)S = 1 + 2x + 2x^2 + \cdots\cdots + 2x^{n-1} - (2n-1)x^n$

$$= 2 + 2x + 2x^2 + \cdots\cdots + 2x^{n-1} - (2n-1)x^n - 1$$

$x \neq 1$이므로 $S = \dfrac{2(1-x^n)}{(1-x)^2} - \dfrac{(2n-1)x^n + 1}{1-x}$ $\cdots$ 답

8. 계차수열

1. $b_n = a_{n+1} - a_n (n=1, 2, 3, \cdots)$을 항으로 하는 수열 $\{b_n\}$을 수열 $\{a_n\}$의 **계차수열**이라고 한다.

2. 수열 $\{a_n\}$의 계차수열을 $\{b_n\}$이라 하면 수열 $\{a_n\}$의 제 n 항 a_n 은 $a_n = a_1 + \sum\limits_{k=1}^{n-1} b_k (n \geq 2)$

참고 계차수열 $\{b_n\}$은 보통 등차수열, 등비수열을 이루나, 제 2 계차수열 $b_n = b_1 + \sum\limits_{k=1}^{n-1} c_k$ 인 수열 $\{b_n\}$의 계차수열 $\{c_n\}$이 나오는 경우도 있다.

| 예문 | 오른쪽 표와 같은 규칙으로 수를 써 나갈 때 위에서 5번째 줄, 왼쪽에서 10번째 줄인 곳에 있는 수는?

1	3	6	10	15	⋯
2	5	9	14	⋯	
4	8	13	⋯		
7	12	⋯			
11	⋯				

풀이 ≫

1행 : 1　3　6　10　15 ⋯⋯
　　　　2　3　4　5

2행 : 2　5　9　14　20 ⋯⋯
　　　　3　4　5　6

따라서, 위로부터 5째 줄에 있는 수들은

11　17　24　32 ⋯⋯
　6　7　8

$\therefore a_n = 11 + \sum\limits_{k=1}^{n-1}(k+5)$

$\therefore a_{10} = 11 + \sum\limits_{k=1}^{9}(k+5) = 11 + \dfrac{9 \cdot 10}{2} + 45$

$= 101 \cdots$ 답

| 예문 | 수열 1, 3, 7, 15, 31, ⋯ 에서 제 30 항은?

풀이 ≫

$\{a_n\} : 1 \quad 3 \quad 7 \quad 15 \quad 31 \cdots\cdots$

$\{b_n\} : \quad 2 \quad 4 \quad 8 \quad 16 \cdots\cdots$

에서 수열 $a_n = a_1 + \sum\limits_{k=1}^{n-1} 2^k$ 　 $a_{30} = 1 + \dfrac{2(2^{29}-1)}{2-1} = 2^{30} - 1 \cdots$ 답

9. 수열의 귀납적 정의 · 점화식

1. 귀납적 정의 : 첫째항 a_1 과 'a_k 와 a_{k+1} 사이의 관계'를 알고 있을 때 첫째항 a_1 과 'a_k 와 a_{k+1} 과의 관계'에서 차례로 모든 항이 정해진다.

$$a_1 \to a_2 \to a_3 \to \cdots\cdots \to a_n \to a_{n+1} \to \cdots$$

2. 점화식의 기본형

  (1) $a_{n+1}=a_n+f(n)$ 꼴 : $n=1,\ 2,\ 3,\ \cdots$ 대입하고 변변 더하여 a_n 과 a_1 을 써서 일반항 a_n 을 구한다.

  (2) $a_{n+1}=a_n \cdot f(n)$ 꼴 : $n=1,\ 2,\ 3,\ \cdots$ 대입하고 변변 곱하여 a_n 과 a_1 을 써서 일반항 a_n 을 정한다.

  (3) $a_{n+1}=pa_n+q$ ($p,\ q$ 는 상수) : $a_{n+1}+\alpha=p(a_n+\alpha)$ 꼴로 고쳐서 일반항 $a_{n+1}+\alpha=(a_1+\alpha)\cdot p^{n-1}$ 등비수열로 고쳐 푼다.

  (4) $a_{n+2}=pa_{n+1}+qa_n$ 꼴 : $a_{n+2}-pa_{n+1}-qa_n=0$ 으로 변형하여 세 항의 계수의 합이 0 이 될 때 계차꼴로 고쳐서 푼다.

┃ 예문 ┃ 다음과 같이 정의된 수열 $\{a_n\}$ 의 일반항을 구하여라.

  (1) $a_1=1,\ a_2=3,\ a_{n+1}=\dfrac{a_n+a_{n+2}}{2}\ (n\geqq 1)$

  (2) $a_1=2,\ a_n=\left(1-\dfrac{1}{n^2}\right)a_{n-1}\ (n\geqq 2)$

풀이 ≫ (1) $a_{n+1}=\dfrac{a_n+a_{n+2}}{2}$ 에서 $2a_{n+1}=a_n+a_{n+2}$

$a_{n+2}-a_{n+1}=a_{n+1}-a_n=\cdots=a_2-a_1=2$ (공차) 즉, 수열 $\{a_n\}$ 은 첫째항이 1, 공차가 2 인 등차수열이므로 $a_n=1+(n-1)\cdot 2=\boldsymbol{2n-1}\cdots$ 답

(2) $a_n=\left(1-\dfrac{1}{n^2}\right)a_{n-1}$ 에서 $n^2 a_n=(n^2-1)a_{n-1}$ 에서

$n^2 a_n=(n-1)(n+1)a_{n-1},\ n$ 에 $2,\ 3,\ \cdots,\ n$ 을 대입하여 변끼리 곱하면 $2na_n=(n+1)a_1,\ a_1=2$ 이므로

    $a_n=\dfrac{n+1}{n}\ \cdots$ 답

10. 수학적귀납법

1. 자연수 n을 품는 명제가 모든 자연수 n에 대하여 성립함을 증명할 때는 다음의 [I], [II]를 보여야 한다.

[I] $n=1$일 때 성립한다.

[II] $n=k$일 때 성립한다고 가정하면, $n=k+1$일 때에도 성립한다.

2. $n=1$이 아니고 m 이상의 모든 자연수에 대하여 성립함을 증명할 때에는 [I]의 $n=1$ 대신 $n=m$일 때 성립함을 보이면 된다.

┃ 예문 ┃ 모든 자연수 n에 대하여, 다음 등식이 성립함을 수학적귀납법으로 증명하여라.

$$1 \cdot \frac{1}{2} + \frac{1}{2} \cdot \frac{1}{3} + \frac{1}{3} \cdot \frac{1}{4} + \cdots\cdots + \frac{1}{n} \cdot \frac{1}{n+1} = \frac{n}{n+1} \cdots\cdots ①$$

풀이 ≫ [I] $n=1$일 때 (좌변)$=1 \cdot \dfrac{1}{2} = \dfrac{1}{2}$, (우변)$=\dfrac{1}{1+1} = \dfrac{1}{2}$ 되어 ①이 성립한다.

[II] $n=k$일 때 ①이 성립한다고 가정하면

$$1 \cdot \frac{1}{2} + \frac{1}{2} \cdot \frac{1}{3} + \frac{1}{3} \cdot \frac{1}{4} + \cdots\cdots + \frac{1}{k} \cdot \frac{1}{k+1} = \frac{k}{k+1} \cdots\cdots ②$$

②의 양변에 $\dfrac{1}{k+1} \cdot \dfrac{1}{k+2}$ 을 더하면

$$1 \cdot \frac{1}{2} + \frac{1}{2} \cdot \frac{1}{3} + \frac{1}{3} \cdot \frac{1}{4} + \cdots\cdots + \frac{1}{k} \cdot \frac{1}{k+1} + \frac{1}{k+1} \cdot \frac{1}{k+2}$$

$$= \frac{k}{k+1} + \frac{1}{k+1} \cdot \frac{1}{k+2} = \frac{k+1}{k+2} = \frac{k+1}{(k+1)+1}$$

따라서, $n=k+1$일 때도 ①이 성립하여 [I], [II]에 의하여 등식 ①은 모든 자연수 n에 대하여 성립한다.

┃ 예문 ┃ 다음은 $h>0$일 때, $n≧2$인 모든 자연수 n에 대하여 부등식
$(1+h)^n>1+nh$ $\cdots\cdots$ ㉠가 성립함을 수학적귀납법으로 증명한 것이다.

[I] $\boxed{(가)}$ 일 때, (좌변)>(우변)이므로 ㉠은 성립한다.

[II] $n=k(k≧2)$일 때, 부등식 $(1+h)^k>1+kh$가 성립한다고 가정하면
$(1+h)^{k+1}=(1+h)^k(1+h)>\boxed{(나)}>1+(k+1)h$

[I], [II]에 의하여 ㉠은 $n≧2$인 모든 자연수 n에 대하여 성립한다.
위의 증명 과정에서 (가), (나)에 알맞은 것을 순서대로 적어라.

풀이 ≫ 수학적귀납법의 정의를 이용한다.

$$\boxed{답}\ (가): \boldsymbol{n=2},\ (나): \boldsymbol{(1+kh)(1+h)}$$

┃ 예문 ┃ 음이 아닌 함수 $f(x)$가 $xy≧0$일 때,
$f(x+y)=f(x)+f(y)+2\sqrt{f(x)\cdot f(y)}$ 의 관계를 만족할 때, 임의의 양
의 정수 m에 대하여, $f(mx)=m^2f(x)$임을 증명하여라.

풀이 ≫ 수학적 귀납법을 이용하여
i) $m=1$일 때 $f(1\cdot x)=1^2f(x)$이므로 성립
ii) $m=k$일 때 성립한다고 가정하면,
$f(kx)=k^2f(x)$
$\therefore f((k+1)x)=f(kx+x)$
$$=f(kx)+f(x)+2\sqrt{f(kx)\cdot f(x)}$$
$$=k^2f(x)+f(x)+2kf(x)\ \ (\because f(x)≧0,\ m=k>0)$$
$$=(k+1)^2f(x)가\ 되어\ 성립$$

$\therefore$ **모든 자연수에 대하여 성립** $\cdots\boxed{답}$

11. 순서도

1. 알고리즘과 순서도

수의 계산이나 문제 해결에 필요한 처리 순서를 **알고리즘**이라 하고, 알고리즘의 내용을 기호로 사용한 그림으로 알기 쉽게 나타낸 것을 순서도라 한다.

2. 순서도에 사용되는 기호

기호	뜻
	순서도의 시작과 끝을 나타내는 기호
	자료에 값을 주거나 계산을 하는 처리 기호
	결정이나 비교 등의 판단 기호
	인쇄하는 내용을 나타내는 인쇄 기호

| 예문 | 다음 순서도에서 인쇄되는 a의 값을 구하여라.

시작 → $\begin{array}{c} a \leftarrow 2 \\ n \leftarrow 1 \end{array}$ → $n \leftarrow n+1$ → $a \leftarrow 3a+2$ → $n=20\,?$ —예→ a → 끝

아니오

풀이 ≫

$n=1$일 때 $a=2$

$n=2$일 때 $a=3 \cdot 2+2$

$n=3$일 때 $a=3(3 \cdot 2+2)+2=3^2 \cdot 2+3 \cdot 2+2$

$\vdots$

$n=20$일 때 $a=3^{19} \cdot 2+3^{18} \cdot 2+\cdots\cdots+2$

$$\therefore a=\frac{2(3^{20}-1)}{3-1}=3^{20}-1 \cdots \boxed{답}$$

1. 수열의 극한

1. 무한수열의 수렴

무한수열 $\{a_n\}$에서 n의 값이 한없이 커질 때, 일반항 a_n이 일정한 수 α에 한없이 가까워지면, 수열 $\{a_n\}$은 α에 **수렴**한다고 하며, α를 수열 $\{a_n\}$의 **극한값** 또는 **극한**이라고 한다.

이것을 기호로 $n \to \infty$일 때 $a_n \to \alpha$ 또는 $\lim\limits_{n \to \infty} a_n = \alpha$와 같이 나타낸다.

2. 무한수열의 발산

수열 $\{a_n\}$이 수렴하지 않을 때, 수열 $\{a_n\}$은 **발산**한다고 한다.

$n \to \infty$일 때 $a_n \to \infty$ 또는 $\lim\limits_{n \to \infty} a_n = \infty$와 같이 나타낸다.

2. 수열의 수렴·발산

1. **수렴** : $\lim\limits_{n \to \infty} a_n = \alpha$ (α는 일정한 값)

2. **발산** : $\begin{cases} \lim\limits_{n \to \infty} a_n = \infty & \text{(양의 무한대로 발산)} \\ \lim\limits_{n \to \infty} a_n = -\infty & \text{(음의 무한대로 발산)} \\ \text{진동한다} \end{cases}$

▌예문 ▌ 다음 극한값을 구하여라.

(1) $\lim\limits_{n \to \infty} \dfrac{(-1)^n}{n}$

(2) $\lim\limits_{n \to \infty} \dfrac{n^2}{3n+1}$

(3) $\lim\limits_{n \to \infty} \sin \dfrac{n\pi}{2}$

(4) $\lim\limits_{n \to \infty} \dfrac{n}{n-1}$

풀이 ≫ $n \to \infty$일 때 $\dfrac{c}{n} = 0$ (c는 상수), $\dfrac{n}{c} = \begin{cases} c>0 \text{일 때 } \infty \\ c<0 \text{일 때 } -\infty \end{cases}$

로 생각할 수 있으므로

(1) $\lim\limits_{n \to \infty} \dfrac{(-1)^n}{n} = 0$ (2) ∞ (3) $1,\ 0,\ -1,\ 0,\ 1,\ \cdots$ **진동**   (4) **1**

3. 극한값의 계산

1. 수열의 극한의 성질

수열 $\{a_n\}$, $\{b_n\}$에서 $\lim\limits_{n\to\infty} a_n = \alpha$, $\lim\limits_{n\to\infty} b_n = \beta$일 때

(1) $\lim\limits_{n\to\infty}(a_n + b_n) = \lim\limits_{n\to\infty} a_n + \lim\limits_{n\to\infty} b_n = \alpha + \beta$

(2) $\lim\limits_{n\to\infty}(a_n - b_n) = \lim\limits_{n\to\infty} a_n - \lim\limits_{n\to\infty} b_n = \alpha - \beta$

(3) $\lim\limits_{n\to\infty} ca_n = c \lim\limits_{n\to\infty} a_n = c\alpha$ (c는 상수)

(4) $\lim\limits_{n\to\infty} a_n b_n = \lim\limits_{n\to\infty} a_n \cdot \lim\limits_{n\to\infty} b_n = \alpha\beta$

(5) $\lim\limits_{n\to\infty} \dfrac{a_n}{b_n} = \dfrac{\lim\limits_{n\to\infty} a_n}{\lim\limits_{n\to\infty} b_n} = \dfrac{\alpha}{\beta}$ $\left(\lim\limits_{n\to\infty} b_n \neq 0, \ b_n \neq 0\right)$

2. 극한값의 대소 관계

수열 $\{a_n\}$, $\{b_n\}$에서 $\lim\limits_{n\to\infty} a_n = \alpha$, $\lim\limits_{n\to\infty} b_n = \beta$일 때

(1) 모든 자연수 n에 대하여 $a_n \leqq b_n$이면 $\alpha \leqq \beta$

(2) 수열 $\{c_n\}$에서 모든 자연수 n에 대하여 $a_n \leqq c_n \leqq b_n$이고
$\alpha = \beta$이면 $\lim\limits_{n\to\infty} c_n = \alpha$

| 예문 | 다음 극한값을 구하여라.

(1) $\lim\limits_{n\to\infty} \dfrac{n^2 - n + 1}{-n + 2}$

(2) $\lim\limits_{n\to\infty}(\sqrt{n^2 + n} - n)$

(3) $\lim\limits_{n\to\infty} \dfrac{\sqrt{n+2} + \sqrt{n-1}}{\sqrt{n}}$

(4) $\lim\limits_{n\to\infty} \dfrac{\sin n\theta}{n}$

풀이 >>>

(1) $\lim\limits_{n\to\infty}\dfrac{n^2-n+1}{-n+2}=\lim\limits_{n\to\infty}\dfrac{n-1+\dfrac{1}{n}}{-1+\dfrac{2}{n}}=\dfrac{\infty}{-1}=-\infty\cdots$ 답

(2) (준식)$=\lim\limits_{n\to\infty}\dfrac{(\sqrt{n^2+n}-n)(\sqrt{n^2+n}+n)}{\sqrt{n^2+n}+n}=\lim\limits_{n\to\infty}\dfrac{n}{\sqrt{n^2+n}+n}$

$\qquad=\lim\limits_{n\to\infty}\dfrac{1}{\sqrt{1+\dfrac{1}{n}}+1}=\dfrac{1}{2}\cdots$ 답

(3) (준식)$=\lim\limits_{n\to\infty}\dfrac{\sqrt{1+\dfrac{2}{n}}+\sqrt{1-\dfrac{1}{n}}}{\sqrt{1}}=\dfrac{2}{1}=2\cdots$ 답

(4) $-1\leqq\sin n\theta\leqq1$ 이므로 $-\dfrac{1}{n}\leqq\dfrac{\sin n\theta}{n}\leqq\dfrac{1}{n}$

그런데 $\lim\limits_{n\to\infty}\left(-\dfrac{1}{n}\right)=\lim\limits_{n\to\infty}\dfrac{1}{n}=0$ 이므로 $\lim\limits_{n\to\infty}\dfrac{\sin n\theta}{n}=0\cdots$ 답

┃ 예문 ┃ 극한값 $\lim\limits_{n\to\infty}\dfrac{1}{n^3}\sum\limits_{y=1}^{n}\left(\sum\limits_{x=1}^{y}6x\right)$ 를 구하여라.

풀이 >>>

$\displaystyle\sum_{x=1}^{y}6x=6\times\dfrac{y(y+1)}{2}=3y(y+1)$

$\therefore \displaystyle\sum_{y=1}^{n}(3y^2+3y)=3\sum_{y=1}^{n}y^2+3\sum_{y=1}^{n}y$

$\qquad\qquad\qquad=3\times\dfrac{n(n+1)(2n+1)}{6}+3\times\dfrac{n(n+1)}{2}$

$\qquad\qquad\qquad=\dfrac{n(n+1)}{2}(2n+1+3)$

$\qquad\qquad\qquad=n(n+1)(n+2)$

$\therefore$ 준식$=\lim\limits_{n\to\infty}\dfrac{n(n+1)(n+2)}{n^3}=1\cdots$ 답

4. 무한등비수열 $\{r^n\}$의 극한

1. $r>1$일 때, $\lim\limits_{n\to\infty} r^n=\infty$ 로 발산

2. $r=1$일 때, $\lim\limits_{n\to\infty} r^n=1$ 에 수렴

3. $-1<r<1$일 때, $\lim\limits_{n\to\infty} r^n=0$ 에 수렴

4. $r=-1$일 때 $\lim\limits_{n\to\infty} r^n$ 은 $+1$, -1 에 **진동**(발산)한다.

5. $r<-1$일 때 $\lim\limits_{n\to\infty} r^n$ 은 $+\infty$, $-\infty$ **진동**(발산)한다.

즉 **수열** $\{r^n\}$이 수렴하는 것은 $-1<r\leq1$일 때 뿐이다.

참고

(1) r^n의 수렴 발산은 수직선 위에서 5가지 경우로 나누어 생각할 수 있다.

(2) $(2x)^n$일 경우 $2x=\pm1$ 즉, $x=\pm\dfrac{1}{2}$의 좌우에 대하여 생각한다.

| 예문 | 다음 극한을 구하여라.

(1) $\lim\limits_{n\to\infty}(-0.99)^n$ 　　　(2) $\lim\limits_{n\to\infty}\dfrac{3^n}{2^n-1}$ 　　　(3) $\lim\limits_{n\to\infty}\dfrac{3^n}{4\cdot2^n}$

풀이 》 (1) $-1<r<1$ 이므로 $\lim\limits_{n\to\infty}(-0.99)^n=0\cdots$ 답

(2) $\lim\limits_{n\to\infty}\dfrac{3^n}{2^n-1}=\lim\limits_{n\to\infty}\dfrac{\left(\dfrac{3}{2}\right)^n}{1-\left(\dfrac{1}{2}\right)^n}$, $\lim\limits_{n\to\infty}\left(\dfrac{3}{2}\right)^n=\infty\,(r>1)$, $\lim\limits_{n\to\infty}\left(\dfrac{1}{2}\right)^n=0$ 되어

$\lim\limits_{n\to\infty}\dfrac{3^n}{2^n-1}$의 극한은 ∞가 된다. 　답 ∞

(3) (2)와 같은 방법으로 $\infty\cdots$ 답

▌예문 ▌ $r>0$일 때 수열 $\left\{\dfrac{r^n}{1+r^n}\right\}$의 수렴, 발산을 조사하여라.

풀이 ⟫ 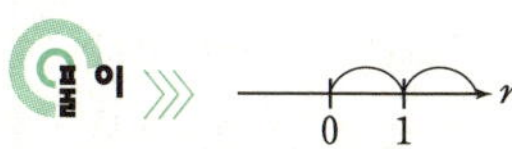

(1) $0<r<1$일 때 $\lim\limits_{n\to\infty} r^n=0$ $\quad\therefore\ \lim\limits_{n\to\infty}\dfrac{r^n}{1+r^n}=0$

(2) $r=1$일 때 $\lim\limits_{n\to\infty} r^n=1$ $\quad\therefore\ \lim\limits_{n\to\infty}\dfrac{r^n}{1+r^n}=\dfrac{1}{2}$

(3) $r>1$일 때 $\lim\limits_{n\to\infty} r^n=\infty$ 이므로 $\lim\limits_{n\to\infty}\dfrac{r^n}{1+r^n}=\lim\limits_{n\to\infty}\dfrac{1}{\dfrac{1}{r^n}+1}=1$

답 $0<r<1$일 때는 0, $r=1$일 때는 $\dfrac{1}{2}$, $r>1$일 때는 1에 수렴

▌예문 ▌ 다음 무한등비수열이 수렴하는 x의 범위를 구하여라.

(1) $\{|x|^n\}$ $\qquad$ (2) $\{x^n(x-2)^n\}$ $\qquad$ (3) $\{(\log x-1)^n\}$

풀이 ⟫ 무한등비 수열 $\{r^n\}$이 수렴하기 위한 조건은 $-1<r\leqq1$ 이므로

(1) $r=|x|$ $\quad\therefore\ -1<|x|\leqq1$ 에서 $|x|\leqq1$
$\therefore\ -1\leqq x\leqq1\cdots$ **답**

(2) $r=x(x-2)$ $\quad\therefore\ -1<x(x-2)\leqq1$
$\begin{cases}x^2-2x>-1\\ x^2-2x\leqq1\end{cases}\Rightarrow\begin{cases}(x-1)^2>0\quad\cdots①\\ x^2-2x-1\leqq0\cdots②\end{cases}$
①에서 $x\neq1$, ②에서 $1-\sqrt{2}\leqq x\leqq1+\sqrt{2}$
$\therefore\ 1-\sqrt{2}\leqq x<1,\ 1<x\leqq1+\sqrt{2}\cdots$ **답**

(3) $r=\log x-1$ $\quad\therefore\ -1<\log x-1\leqq1$
$0<\log x\leqq2$ $\quad\therefore\ 1<x\leqq100\cdots$ **답**

5. 무한급수

1. 무한수열 $a_1,\ a_2,\ a_3,\ \cdots,\ a_n,\ \cdots$의 각 항을 차례로 '+'로 연결한 식, 즉 $a_1+a_2+a_3+\cdots+a_n+\cdots$을 **무한급수**라 하고, 기호 Σ를 사용하여 $\displaystyle\sum_{n=1}^{\infty} a_n$과 같이 나타내기도 한다.

$$\sum_{n=1}^{\infty} a_n = a_1+a_2+a_3+\cdots+a_n+\cdots$$

2. 무한급수 $\displaystyle\sum_{n=1}^{\infty} a_n$에서 첫째항부터 제 n 항까지의 합

$S_n=a_1+a_2+a_3+\cdots+a_n$ 을 이 무한급수의 제 n 항까지의 **부분합**이라고 한다. 이 때,

$$S_1=a_1$$
$$S_2=a_1+a_2$$
$$\cdots\cdots\cdots\cdots\cdots$$
$$S_n=a_1+a_2+a_3+\cdots+a_n$$

3. 무한급수의 수렴과 발산

(1) 무한급수 $\displaystyle\sum_{n=1}^{\infty} a_n$이 수렴하면, $\displaystyle\lim_{n\to\infty} a_n=0$

(2) $\displaystyle\lim_{n\to\infty} a_n\neq 0$이면, 무한급수 $\displaystyle\sum_{n=1}^{\infty} a_n$은 발산한다.

┃ 예문 ┃ 3의 (1)의 역 '$\displaystyle\lim_{n\to\infty} a_n=0$이면 무한급수 $\displaystyle\sum_{n=1}^{\infty} a_n$이 수렴한다'가 성립하지 않음을 적당한 반례를 들어 밝혀라.

풀이 ≫ $a_n=\dfrac{1}{n}$인 수열 $\{a_n\}$에서 $\displaystyle\lim_{n\to\infty} a_n=\lim_{n\to\infty}\dfrac{1}{n}=0$이지만

$$S=1+\frac{1}{2}+\frac{1}{3}+\frac{1}{4}+\frac{1}{5}+\frac{1}{6}+\frac{1}{7}+\frac{1}{8}+\frac{1}{9}+\cdots>1+\frac{1}{2}+\frac{1}{2}+\frac{1}{2}+\cdots$$

$\Rightarrow\infty$ 되어 S는 ∞로 발산한다.

참고 $\dfrac{1}{3}+\dfrac{1}{4}>\dfrac{1}{4}+\dfrac{1}{4}=\dfrac{1}{2}$, $\left(\dfrac{1}{5}+\dfrac{1}{6}+\dfrac{1}{7}+\dfrac{1}{8}\right)>\dfrac{1}{8}+\dfrac{1}{8}+\dfrac{1}{8}+\dfrac{1}{8}=\dfrac{1}{2}$

| 예문 | 무한급수 $\displaystyle\sum_{n=1}^{\infty} a_n$ 이 수렴하면, $\displaystyle\lim_{n\to\infty} a_n=0$ 임을 밝혀라.

풀이 >>> $\displaystyle S_n=\sum_{k=1}^{n} a_k,\ \sum_{n=1}^{\infty} a_n=S$ 라 하면

$$a_n=S_n-S_{n-1}(n\geq 2) \qquad \therefore \lim_{n\to\infty} a_n=\lim_{n\to\infty}(S_n-S_{n-1})=S-S=0$$

따라서, $\displaystyle\lim_{n\to\infty} a_n=0$

| 예문 | 다음 무한급수의 극한값을 구하여라.

(1) $\displaystyle\sum_{n=4}^{\infty} \frac{1}{n^2-4n+3}$ 　　　　　(2) $\displaystyle\sum_{n=1}^{\infty} \frac{n}{2^{n-1}}$

풀이 >>> n 항까지의 부분합을 S_n 이라 하면

(1) $\displaystyle S_n=\sum_{k=4}^{n} \frac{1}{k^2-4k+3}=\sum_{k=4}^{n} \frac{1}{(k-1)(k-3)}$

$$=\sum_{k=4}^{n} \frac{1}{2}\left(\frac{1}{k-3}-\frac{1}{k-1}\right)=\frac{1}{2}\left(1+\frac{1}{2}-\frac{1}{n-2}-\frac{1}{n-1}\right)$$

준식 $\displaystyle=\lim_{n\to\infty} S_n=\frac{1}{2}\left(1+\frac{1}{2}\right)=\frac{3}{4}\cdots$ 답

(2)
$$S_n=1+\frac{2}{2}+\frac{3}{2^2}+\frac{4}{2^3}+\cdots+\frac{n}{2^{n-1}}$$

$$-)\ \frac{1}{2}S_n=\sum_{k=1}^{n}\frac{n}{2^n}=\frac{1}{2}+\frac{2}{2^2}+\frac{3}{2^3}+\cdots+\frac{n-1}{2^{n-1}}+\frac{n}{2^n}$$

$$\overline{\ \frac{1}{2}S_n=1+\frac{1}{2}+\frac{1}{2^2}+\frac{1}{2^3}+\cdots+\frac{1}{2^{n-1}}-\frac{n}{2^n}\ }$$

$$=\frac{1\cdot\left(1-\left(\frac{1}{2}\right)^n\right)}{1-\frac{1}{2}}-\frac{n}{2^n}$$

$$\therefore S_n=4\left(1-\left(\frac{1}{2}\right)^n\right)-\frac{n}{2^{n-1}}$$

준식 $\displaystyle=\lim_{n\to\infty} S_n=4\cdots$ 답

6. 무한등비급수

첫째항이 a, 공비가 r인 무한등비수열

$a,\ ar,\ ar^2,\ ar^3,\ \cdots\cdots,\ ar^{n-1},\ \cdots$ 으로 이루어지는 무한급수

$\displaystyle\sum_{n=1}^{\infty} ar^{n-1}=a+ar+ar^2+\cdots+ar^{n-1}+\cdots\cdots$ ① 을 **무한등비급수**라 한다.

1. $a=0$일 때, ①은 수렴하고, 그 합은 0

2. $a\neq 0$일 때

(1) $|r|<1$일 때, **수렴**하고 그 합은 $\dfrac{a}{1-r}$

(2) $|r|\geqq 1$일 때, **발산**한다.

┃ 예문 ┃ 무한급수의 수렴, 발산을 조사하고, 수렴하면 그 합을 구하여라.

(1) $1-3+9-27+\cdots$

(2) $1-\dfrac{\sqrt{6}}{3}+\dfrac{2}{3}-\dfrac{2\sqrt{6}}{9}+\cdots$

(3) $\displaystyle\sum_{n=1}^{\infty}\left(-\dfrac{1}{2}\right)^{n-1}$

(4) $\displaystyle\sum_{n=1}^{\infty} 7\left(\dfrac{\sqrt{3}}{2}\right)^{n-1}$

풀이 》》 (1) $a=1,\ r=-3$이므로 발산

(2) $a=1,\ r=-\dfrac{\sqrt{6}}{3}$ 이므로 $-1<r<1$ 되어 수렴하고 그 합은

$$S=\frac{a}{1-r}=\frac{1}{1-\left(-\dfrac{\sqrt{6}}{3}\right)}=\frac{3}{3+\sqrt{6}}\times\frac{3-\sqrt{6}}{3-\sqrt{6}}=3-\sqrt{6}\ \cdots\ \boxed{답}$$

(3) $a=1,\ r=-\dfrac{1}{2}$ 되어 수렴하고 그 합은

$$S=\frac{a}{1-r}=\frac{1}{1-\left(-\dfrac{1}{2}\right)}=\frac{2}{3}\ \cdots\ \boxed{답}$$

(4) $a=7,\ r=\dfrac{\sqrt{3}}{2}$ 되어 수렴하고 그 합은

$$S=\frac{a}{1-r}=\frac{7}{1-\dfrac{\sqrt{3}}{2}}=\frac{14}{2-\sqrt{3}}=14(2+\sqrt{3})\ \cdots\ \boxed{답}$$

| 예문 | $S=\sum\limits_{n=1}^{\infty}\left(\dfrac{1}{2}\right)^n \sin\dfrac{n\pi}{2}$ 의 합을 구하여라.

풀이 $\ggg$ $\sin\dfrac{n\pi}{2}$ 는 n이 짝수일 때는 0이므로, 홀수항의 합만을 구하면 된다.

$$S=\dfrac{1}{2}\sin\dfrac{\pi}{2}+\left(\dfrac{1}{2}\right)^3\sin\dfrac{3}{2}\pi+\left(\dfrac{1}{2}\right)^5\sin\dfrac{5}{2}\pi+\cdots\cdots$$
$$=\dfrac{1}{2}-\left(\dfrac{1}{2}\right)^3+\left(\dfrac{1}{2}\right)^5-\left(\dfrac{1}{2}\right)^7+\cdots\cdots$$

공비 $-\left(\dfrac{1}{2}\right)^2$ 은 수렴 범위에 들어가므로 $S=\dfrac{\dfrac{1}{2}}{1+\left(\dfrac{1}{2}\right)^2}=\dfrac{2}{5}$ … 답

7. 무한급수의 성질

무한급수 $\sum\limits_{n=1}^{\infty} a_n,\ \sum\limits_{n=1}^{\infty} b_n$ 이 수렴하고 그 값을 각각 $S,\ T$ 라 하면

1. $\sum\limits_{n=1}^{\infty} k\,a_n = k\sum\limits_{n=1}^{\infty} a_n = kS\,(k$는 상수$)$

2. $\sum\limits_{n=1}^{\infty} (a_n \pm b_n) = \sum\limits_{n=1}^{\infty} a_n \pm \sum\limits_{n=1}^{\infty} b_n = S \pm T\,($복부호 동순$)$

| 예문 | 무한급수의 합 $\sum\limits_{n=1}^{\infty}\dfrac{2^n+4^n}{8^n}$ 을 구하여라.

풀이 $\ggg$ $\sum\limits_{n=1}^{\infty}\dfrac{2^n+4^n}{8^n}=\sum\limits_{n=1}^{\infty}\left(\dfrac{2}{8}\right)^n+\sum\limits_{n=1}^{\infty}\left(\dfrac{4}{8}\right)^n=\sum\limits_{n=1}^{\infty}\left(\dfrac{1}{4}\right)^n+\sum\limits_{n=1}^{\infty}\left(\dfrac{1}{2}\right)^n$

$\sum\limits_{n=1}^{\infty}\left(\dfrac{1}{4}\right)^n=\dfrac{\dfrac{1}{4}}{1-\dfrac{1}{4}}=\dfrac{1}{3},\ \sum\limits_{n=1}^{\infty}\left(\dfrac{1}{2}\right)^n=\dfrac{\dfrac{1}{2}}{1-\dfrac{1}{2}}=1$

$\therefore \sum\limits_{n=1}^{\infty}\dfrac{2^n+4^n}{8^n}=\dfrac{1}{3}+1=\dfrac{4}{3}$ … 답

8. 순환소수와 무한등비급수

순환소수를 분수로 나타내는 방법

(1) $x=0.\dot{1}\dot{2}$

$x=0.12121212\cdots$ $\qquad$ ……①

$100x=12.12121212\cdots$ $\qquad$ ……②

②$-$① $99x=12$ $\quad \therefore x=\dfrac{12}{99}=\dfrac{4}{33}$

또는, $x=0.12+0.0012+0.000012+\cdots$

이므로 첫째항이 0.12이고 공비가 0.01인 무한등비급수이다.

$$\therefore x=0.\dot{1}\dot{2}=\frac{0.12}{1-0.01}=\frac{12}{99}=\frac{4}{33} \cdots \boxed{답}$$

(2) $0.1\dot{2}\dot{3}=0.12323\cdots$

$\qquad =0.1+0.023+0.00023+\cdots$

$$=0.1+\frac{0.023}{1-0.01}=\frac{122}{990}=\frac{61}{495} \cdots \boxed{답}$$

┃예문┃ $a,\ b,\ c$는 $1<a<b<c<9$인 정수이고 수열 $0.\dot{a},\ 0.0\dot{b},\ 0.00\dot{c},$ $\cdots$가 등비수열일 때, $a,\ b,\ c$의 값을 구하여라.

풀이 》 $0.\dot{a}=\dfrac{a}{9},\ 0.0\dot{b}=\dfrac{b}{90},\ 0.00\dot{c}=\dfrac{c}{900}$

등비중항 $\left(\dfrac{b}{90}\right)^2=\dfrac{a}{9}\cdot\dfrac{c}{900}$

$\therefore b^2=ac$ 조건에서 $1<a<b<c<9$를 만족하는 정수를 찾아보면

$$a=2,\ \ b=4,\ \ c=8 \cdots \boxed{답}$$

1. 함수 $y=f(x)$에서 x가 a와 같지 않으면서 a 에 한없이 가까워짐에 따라 함수값 $f(x)$가 일 정한 값 a에 한없이 가까워질 때, 함수 $f(x)$는 a에 **수렴**한다고 한다.

이 때, a를 함수 $f(x)$의 **극한** 또는 **극한값**이라 하고 $x \to a$일 때 $f(x) \to a$

또는 $\displaystyle\lim_{x \to a} f(x) = a$

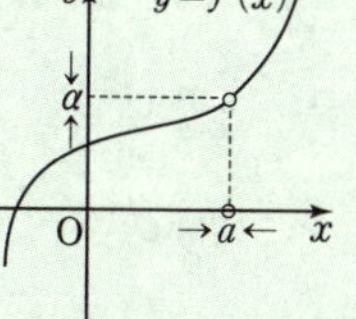

2. 좌극한과 우극한

$$\lim_{x \to a} f(x) = a \iff \lim_{x \to a-0} f(x) = \lim_{x \to a+0} f(x) = a$$

참고   좌극한 $\displaystyle\lim_{x \to a-0} f(x)$, 우극한 $\displaystyle\lim_{x \to a+0} f(x)$가 존재하더라도 그 값이 다르 면 극한값 $\displaystyle\lim_{x \to a} f(x)$는 존재하지 않는다.

│ 예문 │ $[x]$를 x보다 크지 않은 최대의 정수라고 할 때, 다음 극한값을 구하여라.

(1) $\displaystyle\lim_{x \to 2} [x]$ (2) $\displaystyle\lim_{x \to 1} (x+[x])$ (3) $\displaystyle\lim_{x \to 1} \frac{|x|}{x}$

풀이 》》

(1) $\displaystyle\lim_{x \to 2} [x] = \begin{cases} \displaystyle\lim_{x \to 2-0} [x] = 1 \\ \displaystyle\lim_{x \to 2+0} [x] = 2 \end{cases}$ 되어 좌극한과 우극한이 일치하지

않으므로 $\displaystyle\lim_{x \to 2} [x]$의 극한값은 **존재하지 않는다.** ⋯답

(2) $\displaystyle\lim_{x \to 1} (x+[x]) = \begin{cases} \displaystyle\lim_{x \to 1-0} (x+[x]) = 1+0 = 1 \\ \displaystyle\lim_{x \to 1+0} (x+[x]) = 1+1 = 2 \end{cases}$ 되어 $\displaystyle\lim_{x \to 1} (x+[x])$의 극한

값은 **존재하지 않는다.** ⋯답

(3) $\displaystyle\lim_{x \to 1} \frac{|x|}{x} = \begin{cases} \displaystyle\lim_{x \to 1-0} \frac{x}{x} = 1 \\ \displaystyle\lim_{x \to 1+0} \frac{x}{x} = 1 \end{cases}$ 따라서 $\displaystyle\lim_{x \to 1} \frac{|x|}{x}$의 극한값은 **1** ⋯답

10. 함수의 극한의 성질

$\lim\limits_{x \to a} f(x) = \alpha, \ \lim\limits_{x \to a} g(x) = \beta$ 일 때

1. $\lim\limits_{x \to a} \{f(x) + g(x)\} = \lim\limits_{x \to a} f(x) + \lim\limits_{x \to a} g(x) = \alpha + \beta$

2. $\lim\limits_{x \to a} \{f(x) - g(x)\} = \lim\limits_{x \to a} f(x) - \lim\limits_{x \to a} g(x) = \alpha - \beta$

3. $\lim\limits_{x \to a} cf(x) = c \lim\limits_{x \to a} f(x) = c\alpha$

4. $\lim\limits_{x \to a} f(x)g(x) = \lim\limits_{x \to a} f(x) \cdot \lim\limits_{x \to a} g(x) = \alpha\beta$

5. $\lim\limits_{x \to a} \dfrac{f(x)}{g(x)} = \dfrac{\lim\limits_{x \to a} f(x)}{\lim\limits_{x \to a} g(x)} = \dfrac{\alpha}{\beta} \ (g(x) \neq 0, \ \beta \neq 0)$

6. a의 근방에서 $f(x) \leqq g(x)$ 이면 $\alpha \leqq \beta$

7. a의 근방에서 $f(x) \leqq h(x) \leqq g(x)$ 이고 $\alpha = \beta$ 이면
$$\lim\limits_{x \to a} h(x) = \alpha$$

| 예문 | 다음 극한값을 구하여라.

(1) $\lim\limits_{x \to -1} (x^2 - 2x + 3)(3x + 1)$

(2) $\lim\limits_{x \to 2+0} \dfrac{1}{x - 2}$

풀이 ≫ (1) $\lim\limits_{x \to -1} (x^2 - 2x + 3)(3x + 1) = \lim\limits_{x \to -1} (x^2 - 2x + 3) \times \lim\limits_{x \to -1} (3x + 1)$
$$= 6 \times (-2) = -\mathbf{12} \cdots \boxed{답}$$

(2) $\lim\limits_{x \to 2+0} \dfrac{1}{x - 2} = +\infty \cdots \boxed{답}$

| 예문 | 함수 $f(x)$가 다항함수일 때 $\lim\limits_{x \to a} f(x) = f(\alpha)$ 임을 보여라.

풀이 ≫ $\lim\limits_{x \to a} x^n = a^n$ (n은 자연수) 임을 사용하여

$f(x) = a_n x^n + a_{n-1} x^{n-1} + a_{n-2} x^{n-2} + \cdots + a_1 x + a_0$ 라고 하면

$\lim\limits_{x \to a} f(x) = \lim\limits_{x \to a} a_n x^n + \lim\limits_{x \to a} a_{n-1} x^{n-1} + \cdots + \lim\limits_{x \to a} a_1 x + a_0$ 에서
$$= a_n \alpha^n + a_{n-1} \alpha^{n-1} + \cdots + a_1 \alpha + a_0 = f(\alpha) \text{가 된다.}$$

1. $\dfrac{0}{0}$ 꼴의 극한값

분수식 : 분모, 분자를 인수분해한 후 약분한다.

무리식 : 분모, 분자 중 $\sqrt{}$ 가 있는 쪽을 유리화한다.

2. $\dfrac{\infty}{\infty}$ 꼴의 극한값

분수식은 분모의 최고차항으로 분모, 분자를 나눈다.

무리식은 $\sqrt{}$ 밖의 최고차항으로 분모, 분자를 나눈다.

3. $\infty-\infty$, $0\times\infty$ 꼴의 극한값

적당한 변형에 의하여

$\infty\cdot c,\ \dfrac{\infty}{c},\ \dfrac{c}{\infty},\ \dfrac{c}{0},\ \dfrac{0}{0},\ \dfrac{\infty}{\infty}$ 등의 꼴로 변형하여 극한값을 구할 수 있다.

┃ 예문 ┃ 다음 극한값을 구하여라.

(1) $\displaystyle\lim_{x\to 1}\dfrac{x^3-1}{x-1}$ 　　　(2) $\displaystyle\lim_{x\to\infty}\dfrac{3x^2+1}{x^2-x}$ 　　　(3) $\displaystyle\lim_{x\to\infty}(x^2-\sqrt{2x^3+x})$

풀이 》

(1) $\displaystyle\lim_{x\to 1}\dfrac{(x-1)(x^2+x+1)}{x-1}=\lim_{x\to 1}(x^2+x+1)=3\cdots$ 답

(2) $\displaystyle\lim_{x\to\infty}\dfrac{3x^2+1}{x^2-x}=\lim_{x\to 1}\dfrac{3+\dfrac{1}{x^2}}{1-\dfrac{1}{x}}=3\cdots$ 답

(3) $\displaystyle\lim_{x\to\infty}(x^2-\sqrt{2x^3+x})=\lim_{x\to\infty}x^2\left(1-\sqrt{\dfrac{2}{x}+\dfrac{1}{x^3}}\right)=\infty\cdots$ 답

참고

$\infty\cdot c,\ \dfrac{\infty}{c}$ 꼴은 $c>0$ 이면 $+\infty$, $c<0$ 이면 $-\infty$, $\dfrac{c}{\infty}$ 꼴은 0 이 된다.

| 예문 | 다음 등식이 성립하도록 상수 a, b의 값을 정하여라.

$$\lim_{x \to 1} \frac{\sqrt{x+a}-b}{x-1} = \frac{1}{6}$$

풀이 》》 분자는 $(x-1)$을 인수로 갖는다.

$\therefore \sqrt{1+a}-b=0 \quad b=\sqrt{1+a}$ 를 분자에 대입하여

$$\lim_{x \to 1} \left(\frac{\sqrt{x+a}-\sqrt{1+a}}{x-1} \times \frac{\sqrt{x+a}+\sqrt{1+a}}{\sqrt{x+a}+\sqrt{1+a}} \right)$$

$$=\lim_{x \to 1} \frac{(x-1)}{(x-1)(\sqrt{x+a}+\sqrt{1+a})} = \frac{1}{2\sqrt{1+a}} = \frac{1}{6} \qquad \therefore \begin{aligned} \boldsymbol{a}&=\boldsymbol{8} \\ \boldsymbol{b}&=\boldsymbol{3} \end{aligned} \cdots \text{답}$$

| 예문 | 다음 극한값을 구하여라.

$$(1)\ \lim_{x \to -\infty} \sqrt{x+\sqrt{x^2-x+1}} \qquad (2)\ \lim_{n \to \infty} \sin\left(2\pi\sqrt{n^2+\left[\frac{n}{3}\right]} - 2n\pi\right)$$

풀이 》》 $(1)\ \displaystyle\lim_{x \to -\infty} \sqrt{\frac{x^2-(x^2-x+1)}{x-\sqrt{x^2-x+1}}} = \lim_{x \to -\infty} \sqrt{\frac{x-1}{x-\sqrt{x^2-x+1}}}$

$-x=h$로 놓으면 $x \to -\infty \Rightarrow h \to \infty$

$$\text{준식} = \lim_{h \to \infty} \sqrt{\frac{-h-1}{-h-\sqrt{h^2+h+1}}} = \lim_{h \to \infty} \sqrt{\frac{-1-\dfrac{1}{h}}{-1-\sqrt{1+\dfrac{1}{h}+\dfrac{1}{h}}}}$$

$$= \sqrt{\frac{-1}{-2}} = \frac{\sqrt{2}}{2} \cdots \text{답}$$

$(2)\ \text{준식} = \displaystyle\lim_{n \to \infty} \sin\left\{2\pi\left(\sqrt{n^2+\left[\frac{n}{3}\right]} - n\right)\right\}$

$\left[\dfrac{n}{3}\right] = \dfrac{n}{3}+h \ (0 \leq h < 1)$ 이라 하면

$$\text{준식} = \lim_{n \to \infty} \sin\left\{2\pi\left(\sqrt{n^2+\frac{n}{3}-h} - n\right)\right\}$$

$$= \lim_{n \to \infty} \sin\left\{2\pi\frac{\left(n^2+\dfrac{n}{3}-h\right)-n^2}{\sqrt{n^2+\dfrac{n}{3}-h}+h}\right\} = \sin\left(2\pi \cdot \frac{1}{6}\right)$$

$$= \sin\frac{\pi}{3} = \frac{\sqrt{3}}{2} \cdots \text{답}$$

함수 $f(x)$가 $x=a$에서 **연속**일 조건은 다음 세 가지 조건을 만족할 때이다.

(1) $x=a$에서 정의되어 있고

(2) $\lim\limits_{x \to a} f(x)$가 존재하며

(3) $\lim\limits_{x \to a} f(x) = f(a)$

  즉 $\lim\limits_{x \to a-0} f(x) = \lim\limits_{x \to a+0} f(x) = f(a)$일 때 $f(x)$는 $x=a$에서 연속

참고 분수함수는 분모를 0으로 하지 않은 실수 x의 범위에서 정의되므로 이 범위에서 연속이고, 무리함수 $y=\sqrt{f(x)}$는 $f(x) \geqq 0$인 범위에서 연속이다.

▌예문▐ (1) 함수 $f(x)=x^2$은 모든 실수값에 대하여 연속임을 보여라.

(2) $f(x)=[x]$는 임의의 정수 $x=u$에 대하여 연속이 아님을 보여라.

풀이 ≫ (1) 임의의 실수 a에 대하여 $\lim\limits_{x \to a} f(x) = \lim\limits_{x \to a} x^2 = a^2 = f(a)$ 이므로 임의의 실수 a에 대하여 $f(x)=x^2$은 연속이다.

(2) 함수값 $f(a)=[a]=a$이고 극한값 $\lim\limits_{x \to a-0}[x]=a-1$, $\lim\limits_{x \to a+0}[x]=a$ 되어 $\lim\limits_{x \to a} f(x)$값이 존재하지 않으므로 불연속이다.

▌예문▐ 모든 실수 x에 대하여 $f(x)=\sum\limits_{n=1}^{\infty} \dfrac{x^2}{(1+x^2)^{n-1}}$으로 정의된 함수 $y=f(x)$의 $x=0$에서 연속성을 조사하여라.

풀이 ≫ (1) $f(0)=0$, (2) $x \neq 0$이면 $f(x)=x^2+\dfrac{x^2}{1+x^2}+\dfrac{x^2}{(1+x^2)^2}+\cdots$

에서 공비 : $\dfrac{1}{1+x^2}$, $0 < \dfrac{1}{1+x^2} < 1$ 되어 수렴하므로

$f(x) = \dfrac{x^2}{1-\dfrac{1}{1+x^2}} = 1+x^2 \quad \therefore \lim\limits_{x \to 0} f(x) = \lim\limits_{x \to 0}(1+x^2) = 1$

$\therefore f(0) \neq \lim\limits_{x \to 0} f(x)$ 되어 $x=0$에서 불연속이다.

13. 연속함수의 성질

1. 함수 $y=f(x)$와 $y=g(x)$가 $x=a$에서 연속이면 다음 함수도 $x=a$에서 연속이다.

(1) $f(x)\pm g(x)$　(2) $cf(x)$　(3) $f(x)g(x)$　(4) $\dfrac{f(x)}{g(x)}(g(a)\neq0)$

(5) $(f\circ g)(x)=f\{g(x)\}$(단, $g(x)$의 치역은 $f(x)$의 정의역에 포함)

2. 최대 · 최소의 정리

함수 $f(x)$가 폐구간 $[a,\ b]$에서 연속이면, 이 함수는 폐구간 $[a,\ b]$에서 반드시 최대값과 최소값을 갖는다.

3. 중간값 정리

함수 $f(x)$가 폐구간 $[a,\ b]$에서 $f(a)\neq f(b)$일 때, $f(a)$와 $f(b)$ 사이의 임의의 값 k에 대하여 $f(c)=k$인 c가 a와 b사이에 적어도 하나 존재한다.

▌예문▐ 다음 함수가 $x=1$에서 연속일 때, 상수 $a,\ b$의 값을 구하여라.

$$f(x)=\begin{cases} \dfrac{x^2+ax+b}{x-1} & (x\neq1) \\ a+b & (x=1) \end{cases}$$

풀이 》》 (1) $f(1)=a+b$

(2) $\displaystyle\lim_{x\to1}f(x)=\lim_{x\to1}\frac{x^2+ax+b}{x-1}=\lim_{x\to1}\frac{(x-1)(x-b)}{x-1}$ ……①

①의 분자 비교하여 $-b-1=a$이고 …… ②

①에서 $\displaystyle\lim_{x\to1}\frac{(x-1)(x-b)}{x-1}=\lim_{x\to1}(x-b)=1-b=a+b$ …… ③

②, ③에서 $a=-3,\ b=2$ … 답

▌예문▐ 방정식 $\sin x-x\cos x=0$은 π와 $\dfrac{3}{2}\pi$사이에서 반드시 실근을 가짐을 보여라.

풀이 》》 $f(x)=\sin x-x\cos x$로 놓으면 $f(\pi)=\pi>0$, $f\left(\dfrac{3}{2}\pi\right)=-1<0$

따라서 $f(c)=0$인 c가 $\left(\pi,\ \dfrac{3}{2}\pi\right)$ 안에 적어도 하나 존재한다.

1. 평균변화율 · 미분계수

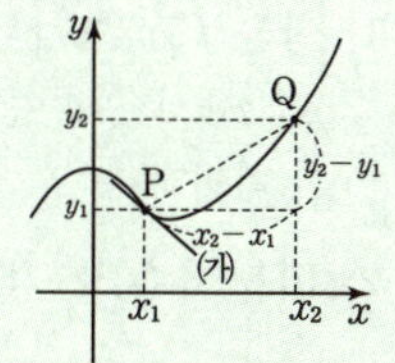

1. $\Delta x = x_2 - x_1$ 으로 놓을 때,
   $\Delta y = y_2 - y_1$
   Δx 를 x의 증분 이라고 한다.
   Δy 를 y의 증분
   $y_2 = f(x_2) = f(x_1 + \Delta x)$
   $$\frac{\Delta y}{\Delta x} = \frac{y_2 - y_1}{x_2 - x_1} = \frac{f(x_1 + \Delta x) - f(x_1)}{\Delta x} \cdots ①$$
   ①을 함수 $f(x)$의 $[x_1, \ x_2]$ 에서의 **평균변화율**이라고 한다.
   그림에서 $\overline{PQ}$의 기울기와 같다.

2. **미분계수**
   함수 $y = f(x)$에서 구간 $[x_1, \ x_2]$에서의 $x_2 \to x_1$, $\Delta x \to 0$ 일 때의
   극한값 $\displaystyle \lim_{\Delta x \to 0} \frac{\Delta y}{\Delta x} = \lim_{\Delta x \to 0} \frac{f(x_1 + \Delta x) - f(x_1)}{\Delta x} = f'(x_1)$을 $x = x_1$ 에서의
   미분계수 즉, 변화율이라 하고, 미분계수가 존재한다라고 한다.

| 예문 | 다음 각 함수의 주어진 구간에서의 평균변화율을 구하여라.

(1) $y = 2x^2 - 3x + 4$, $[-1, \ 2]$　　　(2) $y = x^3$, $[3, \ 3 + \Delta x]$

풀이 >>> (1) $\Delta y = 2 \cdot 2^2 - 3 \cdot 2 + 4 - [2 \cdot (-1)^2 - 3(-1) + 4] = -3$,

$\Delta x = 2 - (-1) = 3$ 이므로 평균변화율 $\dfrac{\Delta y}{\Delta x} = \dfrac{-3}{3} = -1 \cdots$ 답

(2) $\dfrac{\Delta y}{\Delta x} = \dfrac{(3 + \Delta x)^3 - 3^3}{\Delta x} = \dfrac{27\Delta x + 9(\Delta x)^2 + (\Delta x)^3}{\Delta x} = 27 + 9\Delta x + (\Delta x)^2$ 답

| 예문 | 함수 $f(x) = |x|$의 $x = 0$ 에서의 미분가능성을 조사하여라.

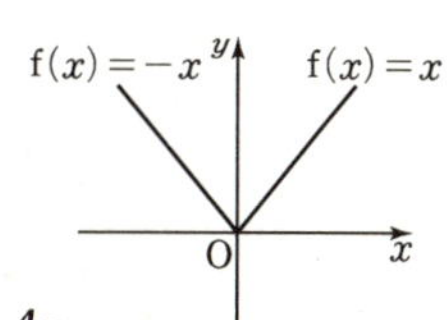

풀이 >>> $f'(0) = \displaystyle\lim_{\Delta x \to 0} \dfrac{f(0 + \Delta x) - f(0)}{\Delta x}$

$\qquad\qquad = \displaystyle\lim_{\Delta x \to 0} \dfrac{f(\Delta x)}{\Delta x} = \lim_{\Delta x \to 0} \dfrac{|\Delta x|}{\Delta x}$

$\displaystyle\lim_{\Delta x \to +0} \dfrac{|\Delta x|}{\Delta x} = \lim_{\Delta x \to 0} \dfrac{\Delta x}{\Delta x} = 1$, $\displaystyle\lim_{\Delta x \to -0} \dfrac{|\Delta x|}{\Delta x} = \lim_{\Delta x \to 0} \dfrac{-\Delta x}{\Delta x} = -1$ 이므로

$f'(0)$은 존재하지 않는다.

2. 미분가능과 연속

1. 함수 $f(x)$가 $x=a$에서 미분가능하면 $f(x)$는 $x=a$에서 연속이다. 역은 반드시 성립하는 것은 아니다.

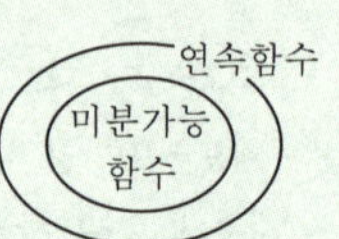

2. 미분계수의 기하학적 뜻

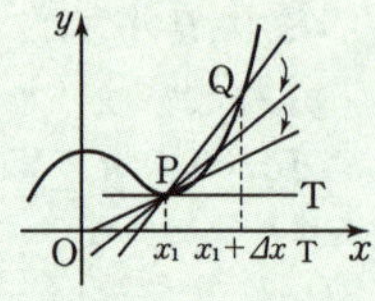

(1) 평균변화율 $\dfrac{\Delta y}{\Delta x}$ 는 $x=x_1,\ \ x=x_1+\Delta x$ 에 대응하는 곡선 $y=f(x)$ 위의 두 점 P, Q를 지나는 직선이다.

(2) $\Delta x \to 0$ 으로 하면 점 Q는 곡선을 따라 한없이 점 P에 가까와지며, 직선 $\overrightarrow{PQ}$ 는 점 P의 둘레로 회전해서 점 P를 지나는 일정한 직선 $\overrightarrow{PT}$ 가 되는데 이 직선을 곡선 $y=f(x)$ 위의 점 P에서의 **접선**이라 하고, 점 P를 **접점**이라 한다. 따라서, 직선 $\overrightarrow{PQ}$ 의 기울기 $\dfrac{\Delta y}{\Delta x}$ 에서 $\Delta x \to 0$ 으로 했을 때의 극한값 $f'(x_1)$ 은 **접선** $\overrightarrow{PT}$ 의 **기울기**이다.

│ 예문 │ 함수 $f(x)$가 $x=a$에서 미분가능하면 $f(x)$는 $x=a$에서 연속임을 증명하여라.

풀이 ≫ 함수 $f(x)$가 $x=a$에서 미분가능하면

$$\lim_{h \to 0}\frac{f(a+h)-f(a)}{h}=f'(a)\ \text{이고,}$$

$$\lim_{h \to 0}\{f(a+h)-f(a)\}=\lim_{h \to 0}\left\{\frac{f(a+h)-f(a)}{h}\cdot h\right\}$$

$$=\lim_{h \to 0}\frac{f(a+h)-f(a)}{h}\cdot\lim_{h \to 0}h=f'(a)\cdot 0=0$$

$$\therefore\ \lim_{h \to 0}f(a+h)=f(a)\ \text{곧,}\ \lim_{x \to a}f(x)=f(a)$$

따라서 $f(x)$는 $x=a$에서 연속이다.

┃ 예문 ┃ 다음 곡선에 대하여 $x=2$에서의 접선의 기울기를 구하여라.

  (1) $y=4x-x^2$ (2) $y=x^3-2x$

풀이 》》

(1) $f'(2)=\lim\limits_{\Delta x \to 0}\dfrac{f(2+\Delta x)-f(2)}{\Delta x}$

$=\lim\limits_{\Delta x \to 0}\dfrac{4(2+\Delta x)-(2+\Delta x)^2-(4\times 2-2^2)}{\Delta x}=\lim\limits_{\Delta x \to 0}(-\Delta x)=0$ **답** 0

(2) $f'(2)=\lim\limits_{\Delta x \to 0}\dfrac{f(2+\Delta x)-f(2)}{\Delta x}=\lim\limits_{\Delta x \to 0}\dfrac{(2+\Delta x)^3-2(2+\Delta x)-(2^3-2\times 2)}{\Delta x}$

$=\lim\limits_{\Delta x \to 0}\{10+6\Delta x+(\Delta x)^2\}=10$ **답** 10

┃ 예문 ┃ 미분가능한 함수 $f(x)$가 임의의 실수 $x,\ y$에 대하여,

$f(x+y)=f(x)f(y)-f(x)-f(y)+2,\ f(x)>1$을 만족하고,

$f'(0)=-2$일 때, $\dfrac{f'(2)}{f(2)-1}$의 값을 구하여라.

풀이 》》 준식에 $x-y-0$을 대입하면

$f(0)=\{f(0)\}^2-2f(0)+2$

$\{f(0)\}^2-3f(0)+2=0$에서 $f(0)=1,\ 2$

$f(x)>1$이므로 $f(0)=2$

또 $f'(x)=\lim\limits_{h \to 0}\dfrac{f(x+h)-f(x)}{h}$

$=\lim\limits_{h \to 0}\dfrac{\{f(x)f(h)-f(x)-f(h)+2\}-f(x)}{h}$

$=\lim\limits_{h \to 0}\dfrac{f(x)\{f(h)-2\}-\{f(h)-2\}}{h}$

$=\lim\limits_{h \to 0}\dfrac{\{f(x)-1\}\{f(h)-2\}}{h}=\{f(x)-1\}\cdot\lim\limits_{h \to 0}\dfrac{f(h)-f(0)}{h}$

$=\{f(x)-1\}\cdot f'(0)=-2\{f(x)-1\}$

즉 $f'(x)=-2\{f(x)-1\}$이므로

$\dfrac{f'(x)}{f(x)-1}=-2$ $\therefore\ \dfrac{f'(2)}{f(2)-1}=-2$ … **답**

3. 도함수

1. $f(x)$의 도함수

$$f'(x) = \lim_{\Delta x \to 0} \frac{f(x+\Delta x) - f(x)}{\Delta x}$$

2. 미분법 공식

(1) $y = c$ (c는 상수)이면, $\qquad y' = 0$

(2) $y = kf(x)$ (k는 상수)이면, $\qquad y' = kf'(x)$

(3) $y = f(x) + g(x)$이면, $\qquad y' = f'(x) + g'(x)$

(4) $y = f(x) - g(x)$이면, $\qquad y' = f'(x) - g'(x)$

(5) $y = x^n$ (n은 양의 정수)이면, $\qquad y' = nx^{n-1}$

(6) $\{f(x)\,g(x)\}' = f'(x)\,g(x) + f(x)\,g'(x)$

▌ 예문 ▌ $\{f(x)\,g(x)\}' = f'(x)\,g(x) + f(x)\,g'(x)$ 를 증명하여라.

증명 $h(x) = f(x)\,g(x)$ 라 놓으면

$$h'(x) = \lim_{\Delta x \to 0} \frac{h(x+\Delta x) - h(x)}{\Delta x} = \lim_{\Delta x \to 0} \frac{f(x+\Delta x)\,g(x+\Delta x) - f(x)\,g(x)}{\Delta x}$$

$$= \lim_{\Delta x \to 0} \frac{g(x+\Delta x)[f(x+\Delta x) - f(x)] + f(x)\,g(x+\Delta x) - f(x)\,g(x)}{\Delta x}$$

$$= \lim_{\Delta x \to 0} \frac{g(x+\Delta x)[f(x+\Delta x) - f(x)]}{\Delta x} + \lim_{\Delta x \to 0} \frac{f(x)[g(x+\Delta x) - g(x)]}{\Delta x}$$

$$= g(x)\,f'(x) + f(x)\,g'(x) \quad \text{증명끝}$$

참고 **도함수의 정의** $h'(x) = \lim_{\Delta x \to 0} \dfrac{h(x+\Delta x) - h(x)}{\Delta x}$ 를 기억하고,

여기서부터 시작

▌ 예문 ▌ 다음 함수의 도함수를 구하여라.

(1) $f(x) = (x + 5x^2) + (1 - x^2)$ $\qquad\qquad$ (2) $g(x) = (3x^2 - x)^2$

풀이 ≫ (1) $f'(x) = (x + 5x^2)' + (1 - x^2)' = (1 + 10x) - 2x = 8x + 1 \cdots$ 답

(2) $g(x) = (3x^2 - x)(3x^2 - x)$ 에서

$g'(x) = (3x^2 - x)'(3x^2 - x) + (3x^2 - x)(3x^2 - x)'$

$\therefore g'(x) = (6x - 1)(3x^2 - x) \times 2 = 2(6x - 1)(3x^2 - x) \cdots$ 답

4. 접선의 방정식

1. 곡선 $y=f(x)$의 $x=a$에서의 접선의 방정식은 $y-f(a)=f'(a)(x-a)$

2. 기울기가 m인 곡선 $y=f(x)$의 접선의 방정식은 $f'(x)=m$에서 접점의 좌표를 구한다.

3. 곡선 밖의 한 점 $P(x_0,\ y_0)$에서 곡선 $y=f(x)$에 그은 접선의 방정식은 곡선 위의 접점을 $(t,\ f(t))$라 하면 구하는 접선의 방정식은 $y-f(t)=f'(t)(x-t)$의 x, y에 x_0, y_0를 대입하여 구한다.

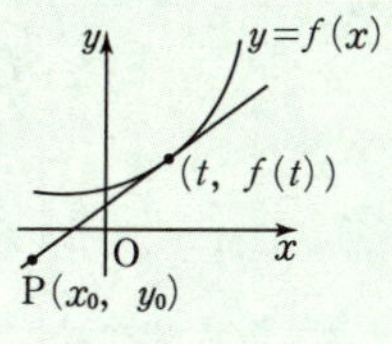

참고 접선도 직선이므로 기울기 m과 지나는 정점 $(x_1,\ y_1)$을 구하면 정해진다. 미분계수 $f'(x_1)$이 곡선 위의 접점 $(x_1,\ y_1)$에서의 접선의 기울기다.

예문 포물선 $y=4x-x^2$에 대하여 다음을 구하여라.
(1) 포물선 위의 점 $P(1,\ 3)$에서의 접선의 방정식
(2) x축에 평행한 접선의 방정식

풀이 (1) $f(x)=4x-x^2$으로 놓으면 $f'(x)=4-2x$ $\quad \therefore f'(1)=2$
따라서 구하는 접선의 방정식은 $y-3=2(x-1)$ $\quad \therefore \boldsymbol{y=2x+1}\cdots$답
(2) 기울기가 0인 접선이므로 $f'(x)=4-2x=0$ $\quad \therefore x=2,\ y=4$
따라서 구하는 접선의 방정식은 $y-4=0(x-2)$ $\quad \therefore \boldsymbol{y=4}\cdots$답

예문 점 $P(-1,\ 0)$에서 $y=x^3$에 그은 접선의 방정식을 구하여라.

풀이 점 $(t,\ t^3)$에서의 접선이 점 $P(-1\ 0)$을 지난다고 하자. 그러면 접선의 방정식은 $y-t^3=3t^2(x-t)$인데, $(-1,\ 0)$을 지나므로

$$0-t^3=3t^2(-1-t),\ 2t^3+3t^2=t^2(2t+3)=0 \quad \therefore t=0,\ t=-\frac{3}{2}$$

$t=0$일 때 접선의 방정식은 $\boldsymbol{y=0}$ $\qquad\cdots$답

$t=-\dfrac{3}{2}$일 때 접선의 방정식은 $\boldsymbol{y=\dfrac{27}{4}(x+1)}$

5. 도함수의 부호와 함수의 증감

1. 함수 $y=f(x)$가 어떤 구간에 속하는 임의의 두 점 x_1, x_2에 대하여 $x_1<x_2$일 때 $f(x_1)<f(x_2)$이면, 함수 $f(x)$는 이 구간에서 **증가한다**고 하고
$x_1<x_2$일 때 $f(x_1)>f(x_2)$이면, 함수 $f(x)$는 이 구간에서 **감소한다**고 한다.

2. 어느 구간에서 $f'(x)>0$이면 그 구간에서 $f(x)$는 **증가한다**
$f'(x)<0$이면 그 구간에서 $f(x)$는 **감소한다**

참고

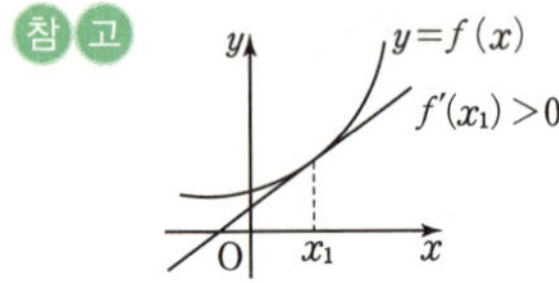
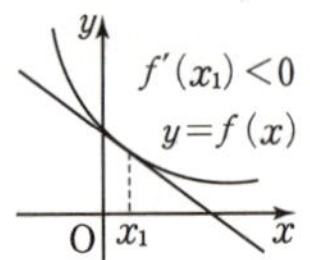

| 예문 | 함수 $f(x)=x^3-3x^2$의 증감 상태를 조사하여라.

풀이 ≫ $f'(x)=3x^2-6x=3x(x-2)$, $f'(x)=0$에서 $x=0,\ 2$
$f(x)$의 증감표를 만들면

x	$x<0$	0	$0<x<2$	2	$x>2$
$f'(x)$	$+$	0	$-$	0	$+$
$f(x)$	↗	0	↘	-4	↗

따라서, $f(x)$는 구간 $(0,\ 2)$에서 감소, $(-\infty,\ 0)$, $(2,\ \infty)$에서 증가한다.

참고 삼차함수 $y=ax^3+bx^2+cx+d(a>0)$의 그래프   사차함수 $y=ax^4+bx^3+\cdots(a>0)$의 그래프

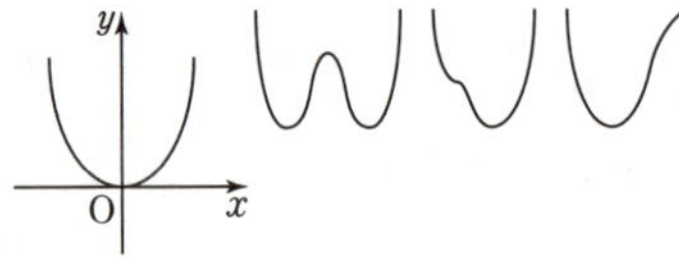

6. 함수의 극대·극소

함수 $f(x)$가 $x=a$에서 연속이고, $x=a$의 좌우에서

(1) $f(x)$가 증가상태에서 감소상태로 변하면 $f(x)$는 $x=a$에서 **극대**가 된다고 하며, $f(a)$를 **극대값**이라고 한다.

(2) $f(x)$가 감소상태에서 증가상태로 변하면 $f(x)$는 $x=a$에서 **극소**가 된다고 하며, $f(a)$를 **극소값**이라고 한다.

극대값과 극소값을 **극값**이라고 한다.

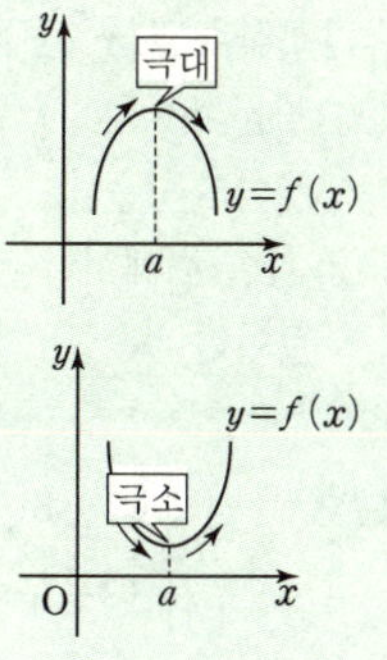

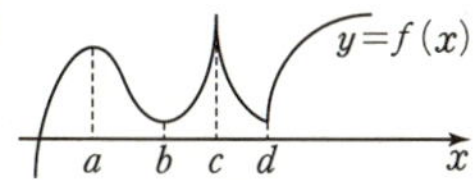

위 그래프에서 극대점은 $(a,\ f(a))$, $(c,\ f(c))$이고

극소점은 $(b,\ f(b))$, $(d,\ f(d))$이다.

※ $f'(c)$, $f'(d)$는 존재하지 않는다.

| 예문 | 함수 $f(x)=x^3(x-4)$의 극값을 조사하고 그래프를 그려라.

풀이 » $f(x)=x^3(x-4)=x^4-4x^3,\ f'(x)=4x^3-12x^2=4x^2(x-3)$

$f'(x)=0$에서 $x=0,\ 3$

$f(x)$의 증감표를 만들면 아래와 같다.

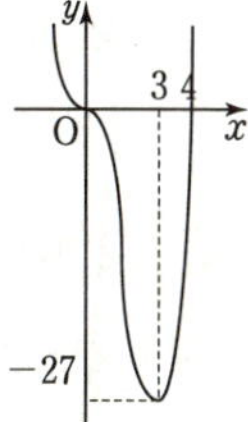

x	$\cdots$	0	$\cdots$	3	$\cdots$
$f'(x)$	$-$	0	$-$	0	$+$
$f(x)$	$\searrow$	0	$\searrow$	-27	$\nearrow$

극소값 : $f(3)=-27$ ⋯ **답**

극대값은 없다

7. 함수의 최대와 최소

다항함수 $f(x)$가 폐구간 $[a,\ b]$에서 극값을 가질 때
(1) $[a,\ b]$에서 $f(x)$의 최대값은 극값, $f(a)$, $f(b)$ 중에서 최대인 것이다.
(2) $[a,\ b]$에서 $f(x)$의 최소값은 극값, $f(a)$, $f(b)$ 중에서 최소인 것이다.

참고 도형에서 넓이, 부피의 최대값을 구할 때는 극대값이 최대값이 되는 경우가 대부분이다.

| 예문 | 폐구간 $[-2,\ 2]$에서 함수 $f(x)=x^4-8x^2+3$의 최대값과 최소값의 차는?

풀이 $f(x)=x^4-8x^2+3$에서
$$f'(x)=4x^3-16x=4x(x^2-4)=4x(x+2)(x-2)$$
$f'(x)=0$에서 $x=-2,\ 0,\ 2$에서 다음 세 값은 비교하여 최대값, 최소값을 구한다.
$$f(-2)=f(2)=-13,\ f(0)=3$$
그러므로 최대값과 최소값의 차는 $3-(-13)=\mathbf{16}\cdots$ 답

| 예문 | 반지름이 r인 구에 내접하는 직원뿔 중에서 부피가 최대인 것의 밑면의 반지름과 높이의 비를 구하여라.

풀이 직원뿔의 높이를 x, 밑면의 반지름을 y, 부피를 V라 하면

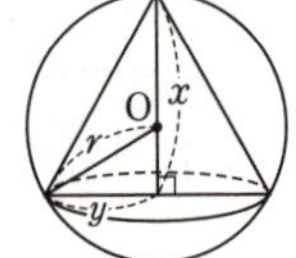

$$y^2+(x-r)^2=r^2 \cdots ①,\quad V=\frac{1}{3}\pi y^2 x \cdots ②$$

①, ②에서 y를 소거하면
$$V=\frac{1}{3}\pi(2rx^2-x^3)\ (0<x<2r)$$

$$V'=-\frac{\pi}{3}x(3x-4r),\quad x=\frac{4}{3}r\text{일 때},\quad V\text{는 최대이며 이 때},\quad y=\frac{2\sqrt{2}}{3}r$$

$$\therefore\ y:x=\frac{2\sqrt{2}}{3}r:\frac{4}{3}r=1:\sqrt{2}\cdots\text{답}$$

1. 방정식의 실근 : 방정식 $f(x)=0$의 실근은 $y=f(x)$의 그래프 와 x축과의 교점의 x좌표이고, 방정식 $f(x)=c$의 실근은 $y=f(x)$의 그래프와 $y=c$의 그래프의 교점의 x좌표이다.

2. 삼차방정식 $ax^3+bx^2+cx+d=0$의 실근의 개수

$f(x)=ax^3+bx^2+cx+d$가 극값을 갖고

(1) 서로 다른 세 실근을 갖는다.

 ⇔ 극대값>0, 극소값<0

(2) 중근과 한 실근을 갖는다.

 ⇔ 극대값$\times$극소값$=0$

(3) 한 실근과 두 허근을 갖는다.

 ⇔ 극대값$\times$극소값>0

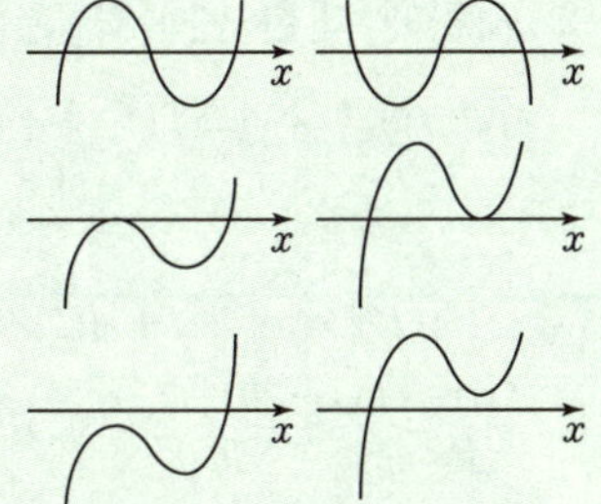

3. 부등식에서의 활용

(1) 모든 실수 x에 대하여 $f(x)\geqq0$이면 $\{f(x)$의 최소값$\}\geqq0$이다.

(2) $x>a$에서 $f(x)>0$이고 $f'(x)>0$일 때 $f(a)\geqq0$이다.

┃예문┃ 방정식 $x^3-3x^2-a=0$이 서로 다른 세 실근을 갖도록 a의 값의 범위를 정하여라.

풀이 >>> $f(x)=x^3-3x^2$, $y=a$의 교점이 3개가 되도록 범위를 정하자.

$f'(x)=3x^2-6x=3x(x-2)$, 극대값 $f(0)=0$

극소값 $f(2)=-4$

오른쪽 그래프에서 $-4<a<0\cdots$답

┃예문┃ $x\geqq0$인 모든 x에 대하여 부등식 $x^3-3x+p\geqq0$이 성립하도록 실수 p의 범위를 정하여라.

풀이 >>> $f(x)=x^3-3x+p$, $f'(x)=3x^2-3=3(x+1)(x-1)$

$x\geqq0$에서 $f(x)\geqq0$이 되려면 $\begin{cases} f(0)=p\geqq0 \cdots\cdots ① \\ 극소값\ f(1)=-2+p\geqq0 \cdots ② \end{cases}$

①, ②에서 $p\geqq2\cdots$답

9. 속도 · 가속도

1. 속도와 가속도

수직선 위를 움직이는 점 P의 좌표 x가 시각 t의 함수
$x=f(t)$로 나타내어질 때, 시각 t에서의

속도 $v=\dfrac{dx}{dt}=f'(t)$이고, 가속도 $a=\dfrac{dv}{dt}$

속력은 $|v|=|f'(t)|$

2. 시간에 대한 변화율

시각 t의 함수 $y=f(t)$에서 y의 t에 대한 변화율은 $\dfrac{dy}{dt}=f'(t)$

참고 시각 t에서 시각 $t+\varDelta t$까지의 점 P의 평균 속도는

$$\frac{\varDelta x}{\varDelta t}=\frac{f(t+\varDelta t)-f(t)}{\varDelta t}, \quad \varDelta t \to 0$$으로 할 때 극한 $v=\dfrac{dx}{dt}$

┃ 예문 ┃ 지면에서 처음 속도 초속 $28\,m$로 똑바로 물체를 던졌을 때, 그 물체의 t초 후의 높이 $h=28t-4.9t^2$이다. 다음을 구하여라.

(1) 이 물체가 최고점에 도달하는 시각과 그 때의 높이

(2) 던지고 나서 3초 후의 속도와 가속도

(3) 지상에 떨어질 때의 속도

풀이 >>> $v=\dfrac{dh}{dt}=28-9.8\,t, \quad a=\dfrac{dv}{dt}=-9.8 \;(v:\text{속도}, \; a:\text{가속도})$

(1) 최고점에 도달할 때는 $v=0$이므로 $28-9.8\,t=0$에서 $t=\dfrac{20}{7}$(초)

$$h=28\times\frac{20}{7}-4.9\times\left(\frac{20}{7}\right)^2=80-40=40\,(\mathbf{m})$$

(2) 3초 후의 속도 $v_{t=3}=28-9.8\times3$
$$=-1.4\,(\mathrm{m/초})$$
가속도 $a_{t=3}=-9.8\,(\mathrm{m/초^2})$

답 $\begin{cases} v_{t=3}=-1.4\,(\mathbf{m/초}) \\ a_{t=3}=-9.8\,(\mathbf{m/초^2}) \end{cases}$

(3) 지상에 떨어질 때는 높이 $h=28t-4.9t^2=0$이므로 $t=\dfrac{40}{7}$

$$v_{t=\frac{40}{7}}=28-9.8\times\frac{40}{7}=-28\,(\mathbf{m/초}) \cdots \text{답}$$

1. 부정적분 · 공식

1. 부정적분 : 함수 $f(x)$에 대하여 $F'(x)=f(x)$인 함수 $F(x)$를 주어진 함수 $f(x)$의 **부정적분**이라 하고, 기호로 $\int f(x)\,dx$와 같이 나타낸다. 이 때, 함수 $f(x)$를 **피적분함수**라고 한다.

$F'(x)=f(x)$일 때

$$\int f(x)\,dx = F(x) + C \ (C\text{는 적분상수})$$

2. 부정적분의 계산 공식

(1) $\int x^n dx = \dfrac{1}{n+1}x^{n+1} + C \ (n=0,\ 1,\ 2,\ \cdots)$

(2) $\int kf(x)\,dx = k\int f(x)\,dx \ (k\text{는 상수})$

(3) $\int \{f(x)+g(x)\}\,dx = \int f(x)\,dx + \int g(x)\,dx$

(4) $\int \{f(x)-g(x)\}\,dx = \int f(x)\,dx - \int g(x)\,dx$

(5) $\int k\,dx = k\int dx = kx + C \ (C\text{는 상수})$

┃ 예문 ┃ 부정적분 $\int (3x^2-4x+1)\,dx$를 구하여라.

풀이 ≫ $\int (3x^2-4x+1)\,dx = 3\int x^2 dx - 4\int x\,dx + \int 1\,dx$

$= 3\left(\dfrac{x^3}{3}+C_1\right) - 4\left(\dfrac{x^2}{2}+C_2\right) + (x+C_3) = x^3 - 2x^2 + x + 3C_1 - 4C_2 + C_3$

답 $x^3 - 2x^2 + x + C$

┃ 예문 ┃ 다음 조건을 만족하는 만족하는 함수 $F(x)$를 구하여라.

$F'(x)=2x, \ F(1)=3$

풀이 ≫ $F'(x)=2x$에서 $F(x)=\int 2x\,dx = x^2 + C$

$F(1)=1^2+C=3 \quad \therefore \ C=2$

따라서 $F(x) = x^2 + 2 \cdots$ 답

2. 구분 구적법

평면도형의 넓이, 입체의 부피를 구하기 위하여
(1) 주어진 도형을 x축(또는 y축에) 수직되게 충분히 작은 기본 도형으로 세분하여 각 부분의 넓이나 부피의 합을 구한다.
(2) 이 합의 극한으로 도형의 넓이나 부피를 구한다.

| 예문 | $y=x^2$과 직선 $x=1$ 및 x축으로 둘러싸인 부분의 넓이 S를 구분구적법에 의하여 구하여라.

풀이 》》 오른쪽 그림에서 구간 $[0,\ 1]$은 n등분하여 양 끝점을 $x_0(=0)$, $x_n(=1)$이라 하면 k째 분점의 x좌표는 $\dfrac{k}{n}$이고 함수값은 $\left(\dfrac{k}{n}\right)^2$이므로 부분의 넓이

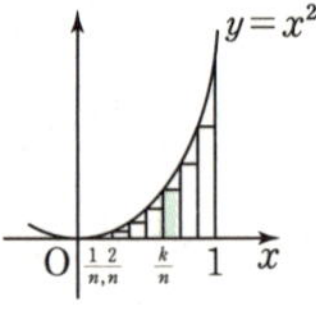

$$S_k=\frac{1}{n}\left(\frac{k}{n}\right)^2$$

따라서 직사각형들의 넓이의 합은 $\displaystyle\sum_{k=0}^{n-1}\frac{1}{n}\cdot\left(\frac{k}{n}\right)^2$이고

$$S=\lim_{n\to\infty}\sum_{k=0}^{n-1}\frac{1}{n}\left(\frac{k}{n}\right)^2=\lim_{n\to\infty}\frac{1}{n^3}\sum_{k=0}^{n-1}k^2=\lim_{n\to\infty}\frac{1}{n^3}\cdot\frac{(n-1)\,n(2n-2+1)}{6}$$

$$=\frac{1}{3}\cdots\boxed{답}$$

참고 오른쪽 그림과 같이 직사각형들을 만들고 이들의 합을 구하여 극한을 취하면 위 그림의 직사각형들의 합의 극한과 같게 된다.

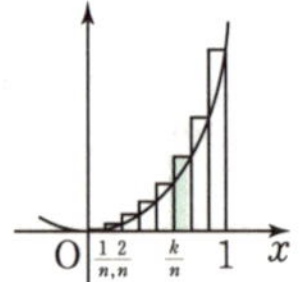

$$S=\lim_{n\to\infty}\sum_{k=1}^{n}\frac{1}{n}\left(\frac{k}{n}\right)^2=\lim_{n\to\infty}\frac{1}{n^3}\sum_{k=1}^{n}k^2$$

$$=\lim_{n\to\infty}\frac{1}{n^3}\cdot\frac{n(n+1)(2n+1)}{6}=\frac{1}{3}$$

| 예문 | 다음은 정적분

$\displaystyle\int_0^1 (x^2+1)\,dx$ 의 근사값의 오

차의 한계를 구하는 과정이

다. 그림 (개), (내)와 같이 폐구

간 $[0,\ 1]$을 n등분하여 얻은

n개의 직사각형들의 넓이의

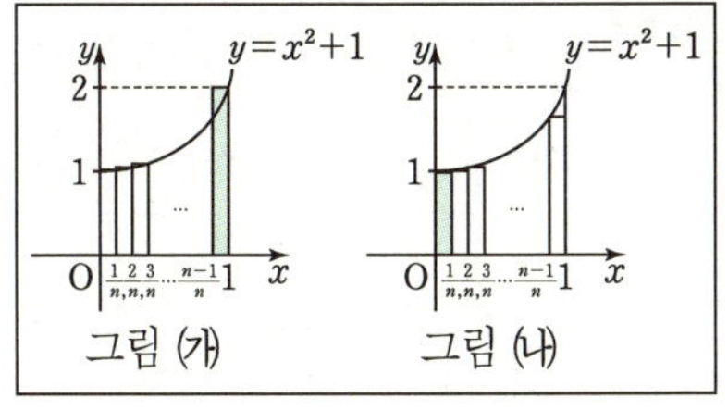

합을 각각 $A,\ B$라 하자. $A-B \leqq 0.15$가 되는 정수 n의 최소값은?

풀이 》》 $A-B$는 그림 (개)의 맨 끝의 빗금친 직사각형의 넓이에서 그림 (내) 빗금친 직사각형의 넓이의 차와 같다.

$\therefore\ A-B=\dfrac{1}{n}$ 이므로 $\dfrac{1}{n} \leqq 0.15 = \dfrac{3}{20},\ \therefore\ n \geqq \dfrac{20}{3} = 6.66\cdots$ **답** 7

---

3. 정적분

1. 정적분

$f(x)$의 부정적분의 하나를 $F(x)$라 하면

정적분 $\displaystyle\int_a^b f(x)\,dx = \Big[F(x)\Big]_a^b = F(b) - F(a)$ 이다.

a는 정적분의 **아래끝**, b는 **위끝**이고, 크기 순서는 상관없다.

2. 적분과 미분의 관계

함수 $f(x)$가 구간 $[a,\ b]$에서 연속이고 $a \leqq x \leqq b$일 때

$$\frac{d}{dx}\int_a^x f(t)\,dt = f(x)$$

| 예문 | $\displaystyle\int_{-1}^3 (x^2-2x+3)\,dx$ 를 구하여라.

풀이 》》 $\displaystyle\int_{-1}^3 (x^2-2x+3)\,dx$

$= \left[\dfrac{x^3}{3} - x^2 + 3x\right]_{-1}^3 = (9-9+9) - \left(-\dfrac{1}{3} - 1 - 3\right) = 13 + \dfrac{1}{3} = \dfrac{40}{3} \cdots$ **답**

참고 $\displaystyle\int_a^x f(t)\,dt = F(x) - F(a)$은 $f(x)$의 부정적분이다.

양변을 x로 미분하면 $\dfrac{d}{dx}\displaystyle\int_a^x f(t)\,dt = F'(x) = f(x)$가 성립한다.

▌예문▐ 다항함수 $f(x)$가 모든 실수 x에 대하여 다음 등식을 만족시킬 때, 상수 a의 값 및 $f(x)$를 구하여라.

$$\int_a^{3x-2} f(t)\,dt = x^2 - 3x$$

풀이 》 $3x-2=a$ 즉, 양변의 x에 $\dfrac{a+2}{3}$를 대입하면

$$\int_a^a f(t)\,dt = \left(\frac{a+2}{3}\right)^2 - 3\cdot\frac{a+2}{3} = \frac{a+2}{3}\left(\frac{a+2}{3}-3\right) = 0 \text{에서}$$

$$a = -2,\ 7 \cdots \boxed{답}$$

$3x-2=z$로 놓으면 $x=\dfrac{z+2}{3}$이므로 준식은

$$\int_a^z f(t)\,dt = \left(\frac{z+2}{3}\right)^2 - 3\cdot\frac{z+2}{3}, \text{ 양변을 } z\text{에 관하여 미분하면}$$

$$f(z) = \frac{2}{3}\left(\frac{z+2}{3}\right) - 1 = \frac{2}{9}z - \frac{5}{9} \qquad \therefore\ f(x) = \frac{2}{9}x - \frac{5}{9} \cdots \boxed{답}$$

▌예문▐ 미분가능한 함수 $f(x)$가 다음 등식을 만족할 때, 상수 a의 값 및 $f(x)$를 구하여라.

$$\int_a^{\log x} f(t)\,dt = x^2 - x$$

풀이 》 $\log x = u$로 놓으면 $x = e^u$이므로

$$\text{준식} = \int_a^u f(t)\,dt = e^{2u} - e^u \cdots ①$$

양변을 u에 관하여 미분하면 $f(u) = 2e^{2u} - e^u \qquad \therefore\ f(x) = 2e^{2x} - e^x \cdots \boxed{답}$

또 ①에 $u=a$를 대입하면 (좌변)$=0$이 되므로

$$e^{2a} - e^a = 0 \qquad \therefore\ e^a = 1 \text{ 즉 } a = 0 \cdots \boxed{답}$$

별해 》 미분공식에 의해 준식을 직접 미분한다.

$$f(\log x)\cdot\frac{1}{x} - f(a)\cdot 0 = 2x - 1,\ f(\log x) = 2x^2 - x$$

$\log x = u$로 치환하면 같은 결과를 얻을 수 있다.

4. 정적분의 공식

1. $\displaystyle\int_a^a f(x)\,dx = 0$

2. $\displaystyle\int_a^b f(x)\,dx = -\int_b^a f(x)\,dx$

3. $\displaystyle\int_a^b f(x)\,dx = \int_a^c f(x)\,dx + \int_c^b f(x)\,dx$ (a, b, c의 크기 순서에 관계없음)

4. $\displaystyle\int_a^b kf(x)\,dx = k\int_a^b f(x)\,dx$ (k는 상수)

5. $\displaystyle\int_a^b \{f(x)+g(x)\}\,dx = \int_a^b f(x)\,dx + \int_a^b g(x)\,dx$

6. $\displaystyle\int_a^b \{f(x)-g(x)\}\,dx = \int_a^b f(x)\,dx - \int_a^b g(x)\,dx$

참고

1. $\displaystyle\int_{-a}^a (3x^3 - 2x^2 + x + 5)\,dx = 2\int_0^a (-2x^2 + 5)\,dx$

$\displaystyle\int_{-a}^a x^{2n+1}\,dx = 0$ (a는 상수)

2. $\displaystyle\int_a^b f(x)\,dx = \int_a^c f(x)\,dx + \int_c^b f(x)\,dx$

(c가 반드시 (a, b) 안의 수일 제한 조건은 없음)

▌예문▐ 다음의 정적분 값을 구하여라.

(1) $\displaystyle\int_1^3 (x^3-4x)\,dx$ 를 구하여라.

(2) $f(x)=\begin{cases} x^2 & (0\leq x\leq 1) \\ 2x-x^2 & (1\leq x\leq 2) \end{cases}$ 일 때 $\displaystyle\int_0^2 f(x)\,dx$ 를 구하여라.

풀이 ≫ (1) $\displaystyle\int_1^3 (x^3-4x)\,dx=\int_1^3 x^3\,dx-4\int_1^3 x\,dx$

$$=\left[\frac{x^4}{4}\right]_1^3-4\left[\frac{x^2}{2}\right]_1^3=4\cdots\boxed{답}$$

(2) $\displaystyle\int_0^2 f(x)\,dx=\int_0^1 x^2\,dx+\int_1^2 (2x-x^2)\,dx=\left[\frac{x^3}{3}\right]_0^1+\left[x^2-\frac{x^3}{3}\right]_1^2$

$$=\frac{1}{3}+\frac{2}{3}=1\cdots\boxed{답}$$

▌예문▐ $\displaystyle x^2\int_0^1 f\left(\frac{t}{x}\right)dt=\frac{1}{8}\{f'(x)\}^2$ 의 관계를 만족하는 이차함수 $f(x)$ 를 구하여라.

풀이 ≫ $f(x)=ax^2+bx+c\ (a\neq 0)$ 라 하면

좌변 $=x^2\displaystyle\int_0^1\left(\frac{at^2}{x^2}+\frac{bt}{x}+c\right)dt=x^2\left[\frac{at^3}{3x^2}+\frac{bt^2}{2x}+ct\right]_0^1$

$$=\frac{a}{3}+\frac{b}{2}x+cx^2$$

우변 $=\dfrac{1}{8}(2ax+b)^2=\dfrac{a^2}{2}x^2+\dfrac{ab}{2}x+\dfrac{b^2}{8}$

양변의 계수를 비교하면

$$c=\frac{a^2}{2}\cdots①,\quad \frac{b}{2}=\frac{ab}{2}\cdots②,\quad \frac{a}{3}=\frac{b^2}{8}\cdots③$$

② 에서 $a=1$ or $b=0$

i) $b=0$ 이면 ③ 에서 $a=0$ 이 되어 모순

ii) $a=1$ 이면 $c=\dfrac{1}{2},\ b=\pm\dfrac{2}{3}\sqrt{6}$

$\therefore\ f(x)=x^2\pm\dfrac{2}{3}\sqrt{6}\,x+\dfrac{1}{2}$

5. 무한급수를 정적분으로 나타내기

함수 $f(x)$가 구간 $[a,\ b]$에서 연속일 때 $\dfrac{b-a}{n}=\Delta x$라 하면

$$\lim_{n\to\infty}\sum_{k=1}^{n} f(x_k)\,\Delta x=\lim_{n\to\infty}\sum_{k=0}^{n-1} f(x_k)\,\Delta x=\int_a^b f(x)\,dx$$

1. $\displaystyle\lim_{n\to\infty}\sum_{k=1}^{n} f\left(\frac{k}{n}\right)\cdot\frac{1}{n}=\int_0^1 f(x)\,dx$

2. $\displaystyle\lim_{n\to\infty}\sum_{k=1}^{n} f\left(a+t\cdot\frac{k}{n}\right)\cdot\frac{1}{n}=\begin{cases} ① \ \displaystyle\int_0^1 f(a+tx)\,dx \\[2ex] ② \ \dfrac{1}{t}\displaystyle\int_0^t f(a+x)\,dx \\[2ex] ③ \ \dfrac{1}{t}\displaystyle\int_a^{t+a} f(x)\,dx \end{cases}$

참고 2에서 '무엇을 x로 놓으냐'에 따라서 dx, 위끝, 아래끝이 결정된다.

① $\dfrac{k}{n}=x$로 놓으면 $\dfrac{1}{n}\Rightarrow dx$,
$k=1$일 때 $x=\dfrac{1}{n}\to 0$: 아래끝
$k=n$일 때 $x=\dfrac{n}{n}=1$: 위 끝

② $t\cdot\dfrac{k}{n}=x$로 놓으면 $\dfrac{t}{n}\Rightarrow dx$ $\therefore\ \dfrac{1}{n}=\dfrac{1}{t}dx$

③ $a+t\cdot\dfrac{k}{n}=x$로 놓으면 $\dfrac{1}{n}=\dfrac{1}{t}dx$,
$k=1$일 때 $x=a+\dfrac{t}{n}=a$
$k=n$일 때 $x=a+t$

| 예문 | $\displaystyle\lim_{n\to\infty}\dfrac{(n+1)^3+(n+2)^3+\cdots+(2n)^3}{1^3+2^3+\cdots+n^3}$ 의 값을 구하여라.

풀이 >>> $\dfrac{k}{n},\ \dfrac{1}{n}$ 은 필히 등장시키기 위해서

(준식)의 분자, 분모를 n^4 으로 나누고 변형하면

$$(준식)=\lim_{n\to\infty}\frac{\left(1+\dfrac{1}{n}\right)^3\cdot\dfrac{1}{n}+\left(1+\dfrac{2}{n}\right)^3\cdot\dfrac{1}{n}+\cdots+\left(1+\dfrac{n}{n}\right)^3\cdot\dfrac{1}{n}}{\left(\dfrac{1}{n}\right)^3\cdot\dfrac{1}{n}+\left(\dfrac{2}{n}\right)^3\cdot\dfrac{1}{n}+\cdots+\left(\dfrac{n}{n}\right)^3\cdot\dfrac{1}{n}}$$

$$=\lim_{n\to\infty}\frac{\displaystyle\sum_{k=1}^{n}\left(1+\dfrac{k}{n}\right)^3\cdot\dfrac{1}{n}}{\displaystyle\sum_{k=1}^{n}\left(\dfrac{k}{n}\right)^3\cdot\dfrac{1}{n}}=\frac{\displaystyle\int_0^1(1+x)^3dx}{\displaystyle\int_0^1 x^3dx}=\frac{\left[\dfrac{1}{4}(1+x)^4\right]_0^1}{\left[\dfrac{1}{4}x^4\right]_0^1}=15\cdots답$$

| 예문 | $\displaystyle\lim_{n\to\infty}\sum_{k=0}^{2n-1}\dfrac{1}{n}\sin^2\left(\dfrac{k\pi}{2n}\right)$ 의 값을 구하여라.

풀이 >>> $\dfrac{k\pi}{2n}=x\qquad\therefore\ \dfrac{\pi}{2n}=dx$

$k=0$ 일 때 $x=0,\ k=2n-1$ 일 때 $x=\pi$

$$\therefore 준식=\int_0^\pi\frac{2}{\pi}\sin^2 x\,dx=\int_0^\pi\frac{2}{\pi}\cdot\frac{1-\cos 2x}{2}\,dx$$

$$=\frac{1}{\pi}\int_0^\pi(1-\cos 2x)\,dx=\frac{1}{\pi}\left[x-\frac{\sin 2x}{2}\right]_0^\pi$$

$$=\frac{1}{\pi}(\pi-0)=1\cdots답$$

별해 >>> $\dfrac{k}{n}=x\qquad\therefore\ \dfrac{1}{n}=dx$

$k=0$ 일 때 $x=0,\ k=2n-1$ 일 때 $x=2$

$$\therefore 준식=\int_0^2\sin^2\frac{\pi}{2}x\,dx=\int_0^2\frac{1-\cos\pi x}{2}\,dx$$

$$=\left[\frac{1}{2}x-\frac{\sin\pi x}{2\pi}\right]_0^2$$

$$=(1-0)=1\cdots답$$

6. x축과 곡선으로 둘러싸인 부분의 넓이

함수 $f(x)$가 폐구간 $[a,\ b]$에서 연속일 때, 곡선 $y=f(x)$와 x축 및 직선 $x=a,\ x=b$로 둘러싸인 부분의 넓이는

[1] 폐구간 $[a,\ b]$에서 $f(x) \geqq 0$일 때 :

$$S=\int_a^b f(x)\,dx$$

[2] 폐구간 $[a,\ b]$에서 $f(x) \leqq 0$일 때 :
$-f(x) \geqq 0$이므로

$$S=\int_a^b \{-f(x)\}\,dx=\int_a^b |f(x)|\,dx$$

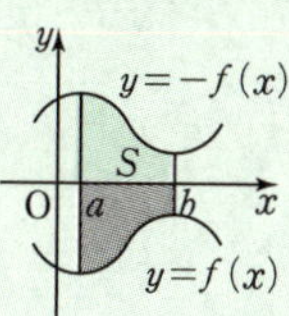

│ 예문 │ 구간 $[-1,\ 2]$에서 $y=x^2-4x$와 x축 및 직선 $x=-1,\ x=2$로 둘러싸인 부분의 넓이 S를 구하여라.

풀이 》 $f(x)=x^2-4x$로 놓으면 함수 $f(x)$의 그래프는 오른쪽 그림과 같다.

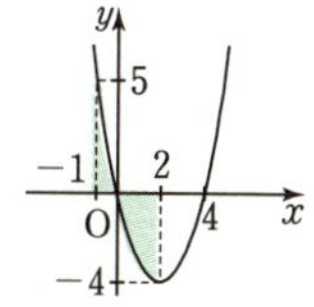

$[-1,\ 0]$에서 $f(x)=x^2-4x \geqq 0$

$[0,\ 2]$에서 $f(x)=x^2-4x \leqq 0$

$$\therefore\ S=\int_{-1}^0 (x^2-4x)\,dx+\int_0^2 (4x-x^2)\,dx$$

$$=\left[\frac{x^3}{3}-2x^2\right]_{-1}^0+\left[2x^2-\frac{x^3}{3}\right]_0^2$$

$$=0-\left(-\frac{1}{3}-2\right)+\left(8-\frac{8}{3}\right)=10-\frac{7}{3}=\frac{23}{3}$$

답 $\dfrac{23}{3}$

참고 곡선과 y축 사이의 넓이

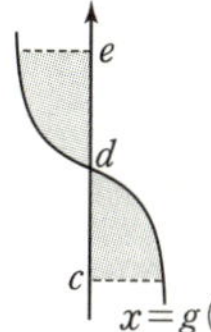

$$S=\int_c^d g(y)\,dy-\int_d^e g(y)\,dy$$

즉, 곡선이 y축의 오른쪽, 왼쪽에 있느냐에 따라 양, 음의 부호가 결정된다.

7. 두 곡선으로 둘러싸인 부분의 넓이

두 곡선 $y=f(x)$, $y=g(x)$와 두 직선 $x=a$, $x=b$로 둘러싸인 부분의 넓이 S는

1. 구간 $[a,\ b]$에서 $0\leqq g(x)\leqq f(x)$이면 오른쪽 그림에서

$$S=\int_a^b f(x)\,dx-\int_a^b g(x)\,dx$$

$$=\int_a^b \{f(x)-g(x)\}\,dx$$

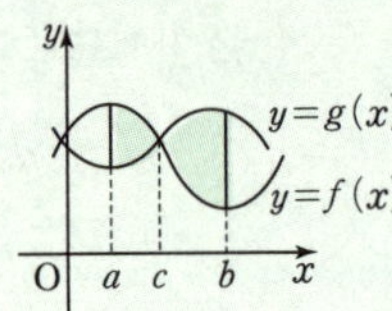

2. 구간 $[a,\ c]$에서 $f(x)\geqq g(x)$, 구간 $[c,\ b]$에서 $f(x)\leqq g(x)$이면 넓이 S는

$$S=\int_a^c \{f(x)-g(x)\}\,dx+\int_c^b \{g(x)-f(x)\}\,dx$$

$$=\int_a^c |f(x)-g(x)|\,dx+\int_c^b |f(x)-g(x)|\,dx$$

$$=\int_a^b |f(x)-g(x)|\,dx \text{이다.}$$

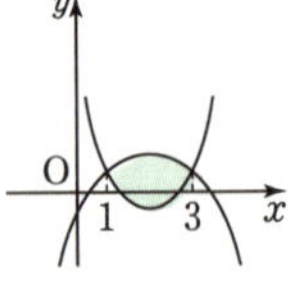

┃예문┃ 다음 두 곡선 $y=2x^2-7x+8$, $y=-x^2+5x-1$로 둘러싸인 부분의 넓이를 구하여라.

풀이 ≫ 두 곡선의 교점의 x좌표는

$$2x^2-7x+8=-x^2+5x-1 \qquad \therefore\ x=1,\ x=3$$

$$\therefore\ S=\int_1^3 \{(-x^2+5x-1)-(2x^2-7x+8)\}\,dx$$

$$=-\int_1^3 (3x^2-12x+9)\,dx=-[x^3-6x^2+9x]_1^3=4 \cdots \boxed{답}$$

참고

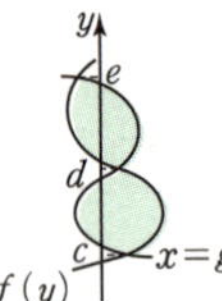

왼쪽 그림에서 빗금친 부분의 넓이 S

$$S=\int_c^d \{f(y)-g(y)\}\,dy-\int_d^e \{g(y)-f(y)\}\,dy$$

이다.

단면적이 $S(x)$인 입체의 부피

오른쪽 그림의 입체와 같이 x축에 수직인 평면으로 잘랐을 때 그 단면적이 $S(x)$라 하면 $x=a$, $x=b\,(a<b)$를 지나고 x축에 수직인

두 평면 사이에 끼인 부분의 부피 V는 $V=\displaystyle\int_a^b S(x)\,dx$ (단, $a<b$)

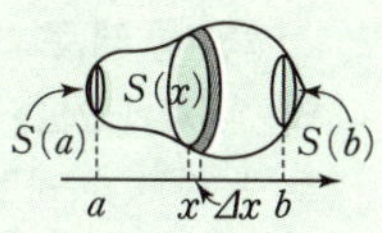

예문 밑면의 반지름의 길이가 r인 원기둥을 밑면의 지름을 지나 밑면과 45°를 이루는 평면으로 자를 때 생기는 두 입체 중에서 작은 것의 부피 V를 구하여라.

풀이 오른쪽 그림과 같이 좌표축은 정하면, x축 위의 동점 $P(x,\ 0)\,(-r\le x\le r)$를 지나 x축에 수직인 평면으로 입체를 자르고, 그 자른 단면의 넓이를 $S(x)$라 하면

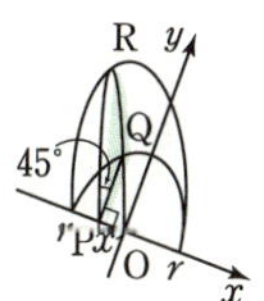

$$S(x)=\triangle PQR=\frac{1}{2}PQ\cdot QR$$

$$=\frac{1}{2}\sqrt{r^2-x^2}\cdot\sqrt{r^2-x^2}=\frac{1}{2}(r^2-x^2)$$

$$\therefore\ V=\int_{-r}^{r}\frac{1}{2}(r^2-x^2)\,dx=\int_0^r (r^2-x^2)\,dx=\left[r^2x-\frac{x^3}{3}\right]_0^r=\frac{2}{3}r^3\cdots\boxed{\text{답}}$$

예문 밑넓이가 A, 높이가 h인 사각뿔의 부피를 정적분으로 구하여라.

풀이 위 그림과 같이 꼭지점 O에서 밑면으로 내린 수선을 x축으로 하면, 꼭지점 O로부터 거리가 x인 점에서의 x축에 수직인 평면으로 사각뿔을 잘라서 생긴 단면의 넓이를 $S(x)$라고 하면

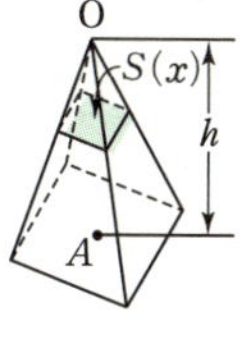

$$S(x):A=x^2:h^2 \qquad \therefore\ S(x)=\frac{A}{h^2}x^2$$

$$\therefore\ V=\int_0^h \frac{A}{h^2}x^2\,dx=\frac{A}{h^2}\left[\frac{x^3}{3}\right]_0^h=\frac{A}{3}h\cdots\boxed{\text{답}}$$

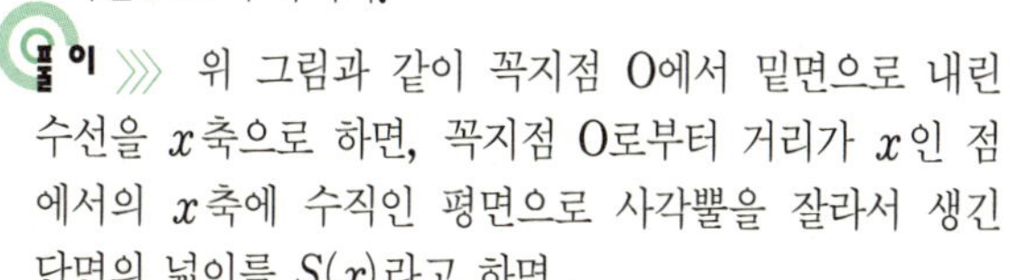

9. 회전체의 부피

1. **x 축 둘레로 회전하여 생기는 회전체의 부피** : $a \le x \le b$에서 곡선 $y=f(x)$를 x축 둘레로 회전하여 생기는 입체의 부피 V는 $V = \pi \int_a^b \{f(x)\}^2 dx = \pi \int_a^b y^2 dx$

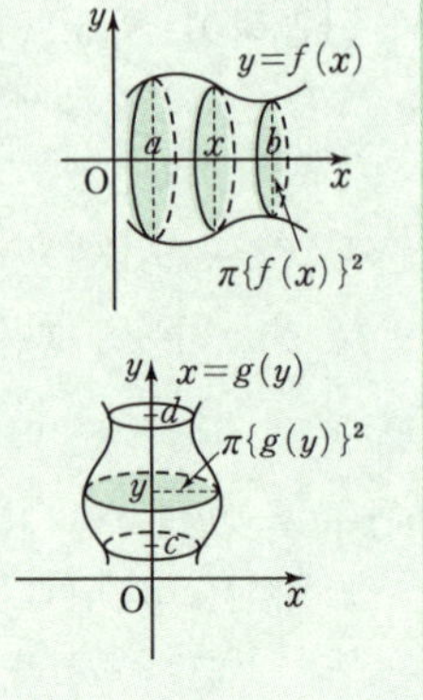

2. **y 축 둘레로 회전하여 생기는 회전체의 부피** : $c \le y \le d$에서 곡선 $x=g(y)$를 y축 둘레로 회전하여 생기는 입체의 부피 V는

$$V = \pi \int_c^d \{g(y)\}^2 dy = \pi \int_c^d x^2 dy$$

참고 회전체의 단면적은 모두 원이므로 $\pi r^2 : \begin{cases} \pi\{f(x)\}^2 \\ \pi\{g(y)\}^2 \end{cases}$

┃ 예문 ┃ 원 $x^2 + (y-a)^2 = r^2$을 x축 둘레로 회전해서 생기는 회전체의 부피를 구하고, 이것이 이 원의 면적과 원의 중심이 x축의 둘레를 회전해서 되는 원주의 길이와의 곱과 같음을 보여라. (단, $0 < r < a$)

풀이 >>

$$V = \pi \int_{-r}^{r} (a + \sqrt{r^2 - x^2})^2 dx$$
$$- \pi \int_{-r}^{r} (a - \sqrt{r^2 - x^2})^2 dx$$
$$= 8a\pi \int_0^r \sqrt{r^2 - x^2} dx = 2a\pi^2 r^2 \cdots \boxed{답}$$

여기서 원의 면적 πr^2, 원의 중심이 x축의 둘레를 회전해서 생기는 원주의 길이는 $2\pi a$이다. 따라서 $2a\pi^2 r^2 = 2\pi a \times \pi r^2$이 됨을 알 수 있다.

참고 $\int_0^r \sqrt{r^2 - x^2}\, dx \Longrightarrow$

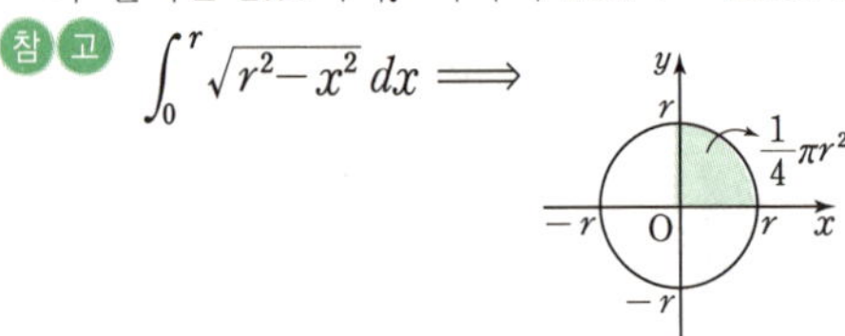

$$x^2 + y^2 = r^2 \Rightarrow y = \sqrt{r^2 - x^2},\ y = -\sqrt{r^2 - x^2}$$

1. 속도와 위치

수직선 위를 움직이는 점 P의 시각 t에서의 속도가 $v(t)$, 점 P의 $t=t_0$에서의 위치가 x_0라 할 때,

$t=t_1$에서의 점 P의 위치 x_1은 $x_1=x_0+\int_0^{t_1} v(t)\,dt$

2. 위치의 변화와 경과 거리

직선 위를 움직이는 점 P의 시각 t에서의 속도가 $v(t)$일 때, $t=a$에서 $t=b$까지 점 P가 움직이면

(1) 점 P의 위치의 변화는 $\int_a^b v(t)\,dt$

(2) 점 P의 경과 거리(운동거리)는 $\int_a^b |v(t)|\,dt$

| 예문 | 고속 열차기 출발하여 $3\,\text{km}$를 달리는 동안의 시각 t에서의 속력이 $v(t)=\dfrac{3}{4}t^2+\dfrac{1}{2}t(\text{km}/분)$이고 그 이후로는 속력이 일정하다. 출발 후 5분 동안 이 열차가 달린 거리는?

풀이 ≫ 고속 열차가 출발하여 $3\,\text{km}$를 달리는 시간을 a분이라고 하면

$$3=\int_0^a \left(\frac{3}{4}t^2+\frac{1}{2}t\right)dt=\left[\frac{t^3}{4}+\frac{t^2}{4}\right]_0^a=\frac{a^3}{4}+\frac{a^2}{4}$$

$a^3+a^2=12$, $a^3+a^2-12=0$에서 $(a-2)(a^2+3a+6)=0$

a는 실수이므로 $a=2$, $v(2)=4$

따라서, 5분까지는 3분을 더 가야 하므로 $3+4\times3=\mathbf{15(km)}\cdots$ 답

| 예문 | 직선 궤도를 매초 $24\,\text{m}$의 속도를 달리고 있는 열차에서, 브레이크를 걸고 t초 후의 속도 $v(\text{m}/초)$가 $v=24-1.6t$로 주어지면, 브레이크를 걸고 난 후 완전히 정지할 때까지 이 열차는 몇 m를 달리는가?

풀이 ≫ 완전히 정지할 때까지 걸리는 시간은 $24-1.6t=0$에서 $t=15(초)$

따라서, 이 사이에 달린 거리 S는

$$S=\int_0^{15} (24-1.6t)\,dt=\left[24t-0.8t^2\right]_0^{15}=\mathbf{180(m)}\cdots$$ 답

1. 경우의 수

1. 합의 법칙
두 사건 A와 B가 일어나는 경우의 수가 각각 m, n이고, A와 B가 동시에 일어나지 않을 때
$$(A \text{ 또는 } B \text{가 일어나는 경우의 수}) = m + n$$

2. 곱의 법칙
한 사건 A가 m가지의 경우로 일어나고, 그 각각에 대하여 다른 사건 B가 n가지의 경우로 일어날 때
$$(A \text{와 } B \text{가 동시에 일어나는 경우의 수}) = m \times n$$

| 예문 | 오른쪽 그림과 같은 판에 빨강, 노랑, 파랑의 세 가지의 색 중 몇 가지를 골라 칠하는 방법의 수는? (이웃한 부분은 서로 다른색을 써야 한다.)

A	
B	C

풀이 ≫ A에 칠할 수 있는 색은 3가지, B에 칠할 수 있는 색은 2가지, C에 칠할 수 있는 색은 1가지   ∴ $3 \times 2 \times 1 = 6$ **답** **6(가지)**

| 예문 | 남자 3사람, 여자 5사람 합하여 8사람 중에서 남자, 여자 각각 1명을 위원으로 뽑을 때, 뽑는 방법은 몇 가지인가?

풀이 ≫ 남자 3사람 중에서 1명의 위원을 뽑는 방법 3가지와 그 각각에 대하여 여자 5명 중에서 1명 뽑는 경우는 5가지이므로
$$3 \times 5 = 15 \text{(가지)} \cdots \text{답}$$

| 예문 | 360의 양의 약수의 개수를 구하여라.

풀이 ≫ $360 = 2^3 \times 3^2 \times 5$

2^3의 약수는 1, 2, 2^2, 2^3의 4개   ∴ 2^3, 3^2, 5의 약수에서
3^2의 약수는 1, 3, 3^2의 3개   각각 한 개씩 택하여 곱을 만들면
5의 약수는 1, 5   360의 약수가 되므로
    구하는 약수의 개수는
$$4 \times 3 \times 2 = 24 \text{(개)} \cdots \text{답}$$

2. 순열

1. 서로 다른 n개의 물건 중에서 r개를 택하여 한 줄로 배열하는 것을 n개의 물건에서 r개 택하는 **순열**이라 하고, 이 순열의 수를 기호로 $_n\mathrm{P}_r$와 같이 나타낸다.

2. 서로 다른 n개에서 r개를 택하는 순열의 수는

$$_n\mathrm{P}_r=\overbrace{n(n-1)(n-2)\cdots(n-r+1)}^{r\text{개}}\ (단,\ 0<r\leqq n)$$

참고 [1] $r=n$일 때 $_n\mathrm{P}_r=\,_n\mathrm{P}_n=n(n-1)(n-2)\cdots3\cdot2\cdot1$

이것을 n의 계승이라 하고, 기호 $n!$로 나타낸다.

[2] 조합의 개념으로 설명하면, 서로 다른 n개에서 r개 선택하여 이것들을 일렬로 배열하는 방법을 이용하면

$$_n\mathrm{C}_r\cdot r!=\,_n\mathrm{P}_r에서\ _n\mathrm{C}_r=\frac{_n\mathrm{P}_r}{r!}이\ 나온다.$$

| 예문 | 0, 1, 2, 3, 4 중에서 서로 다른 숫자를 사용하여

(1) 3자리의 자연수는 몇 가지인가?

(2) 3자리의 짝수는 몇 가지인가?

풀이 >>>

(1) 백의 자리에 올 수 있는 수는 0을 제외한 4가지이고 그 각각에 대하여 십의 자리수에 4가지, 일의 자리에 3가지이므로 총 경우의 수는 $4\times4\times3=\mathbf{48}$**(가지)** ···**답**

(2) 끝자리(일의 자리)에 올 수 있는 0, 2, 4 중의 하나이다.

☐☐0 인 경우 1, 2, 3, 4 중에서 2개 뽑아 배열하는 경우이므로 $_4\mathrm{P}_2=4\times3=12$ 가지 ······①

☐☐2 인 경우 : 백의 자리에 0이 아닌 1, 3, 4 중의 하나이므로 3가지, 십의 자리에는 0을 포함한 3가지

따라서 $3\times3=9$ 가지이다.

일의 자리수가 4인 경우도 같은 방법이므로 $2\times9=18$······②

①, ②에 의해서 3자리의 짝수는 모두 **30(가지)** ···**답**

3. 중복순열 · 원수열

1. 서로 다른 n개에서 중복을 허용하여 r개 택하는 순열을 **중복순열**이라 하고 기호로 $_n\prod_r = n^r$ 로 나타낸다.

2. 원순열 : (1) 서로 다른 n개의 원소를 원형으로 배열하는 순열을 **원순열**이라 한다.

　　　　　(2) 서로 다른 n개의 원소로 이루어진 원순열의 수는

$$\frac{_n\mathrm{P}_n}{n} = (n-1)\,!$$

참고

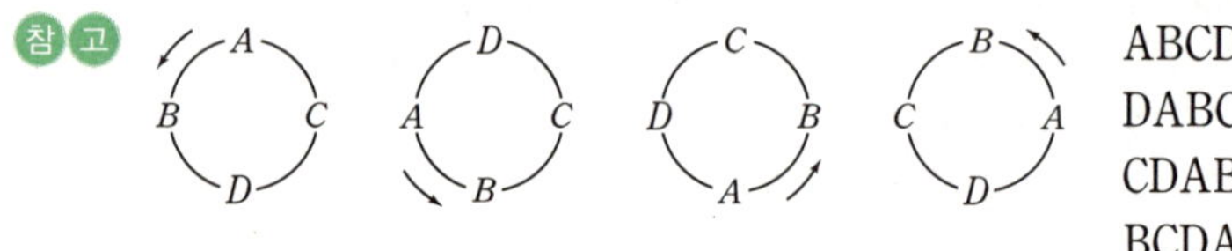

네 사람을 한 줄로 배열하는 순열의 수는 $_4\mathrm{P}_4$이지만 이것을 원형으로 배열할 때는 위와 같이 4가지씩 같은 것이 생기므로 $\dfrac{_4\mathrm{P}_4}{4} = 3\,!$

│ 예문 │ 집합 $A = \{a_1,\ a_2,\ a_3\}$에서 집합 $B = \{b_1,\ b_2,\ b_3,\ b_4\}$로의 함수의 개수를 구하여라.

풀이 >>> 집합 B의 원소 4개에서 A의 원소에 대응시킬 3개의 중복해서 뽑아 대응시키는 중복순열의 경우이므로 $_4\prod_3 = 4^3 = 64\,(\text{개}) \cdots$ 답

│ 예문 │ 부모와 아이 4명, 여섯 가족이 원탁에 앉을 때, 부모가 이웃하여 앉는 경우의 수는?

풀이 >>> 이웃하는 부모를 묶어서 원소 1개로 생각하면 다섯 원소를 원순열로 배열하는 방법이므로 $(5-1)\,! = 4\,! = 4 \times 3 \times 2 \times 1 = 24$가지이고, 부모가 좌우로 서로 바뀔 때 다른 모양이 되어 구하는 총 경우의 수는 $2 \times 24 = 48\,(\text{가지}) \cdots$ 답

4. 같은 것을 포함하는 순열의 수

1. 염주 순열 : 원순열을 그대로 뒤집었을 때 같은 것은 하나로 볼 때(목걸이, 염주 등) 이 순열을 염주순열이라 하고, 원순열의 수를 2로 나눈다. 서로 다른 n개의 구슬을 모두 꿰어 만들 수 있는 목걸이의 개수는 $\dfrac{(n-1)!}{2}$(가지)이다.

2. 같은 것을 포함하는 순열의 수

n개 중에서 같은 것이 각각 p개, q개, r개, $\cdots$일 때, n개의 원소를 모두 택하여 만든 순열의 수는

$$\dfrac{n!}{p!\,q!\,r!}\ (\text{단},\ p+q+r+\cdots=n)$$

참고 a_1, a_2, b_1, a_3, b_2, c는 서로 다른 6개의 원소이므로 이들을 일렬로 배열하는 방법은 $6!$ 이지만,

$aababc$를 일렬로 배열하는 방법은 aaa끼리, bb끼리 순서가 무시되므로 $\dfrac{6!}{3!\,2!}$개가 된다.

┃예문┃ 9개의 서로 다른 색깔의 구슬을 꿰어 팔찌를 만들 때, 몇 가지 종류의 팔찌를 만들 수 있는가?

풀이 ≫ $\dfrac{(9-1)!}{2}=\dfrac{8!}{2}=20160\,\text{(가지)}\ \cdots\boxed{\text{답}}$

┃예문┃ 오른쪽 그림과 같은 도로망이 있다. A에서 출발하여 P를 지나서 B로 가는 최단 거리는 몇 가지가 있는가?

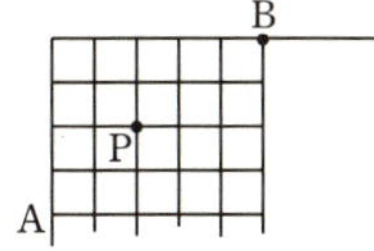

풀이 ≫ A에서 P로 가는 방법의 수는 $\dfrac{4!}{2!\,2!}=6\text{(가지)}$

같은 방법으로 P에서 B로 가는 방법의 수는 $\dfrac{5!}{3!\,2!}=10\text{(가지)}$

$\therefore$ A에서 P를 거쳐 B로 가는 최단거리의 가지 수는 $6\times10=60\text{(가지)}$

$\cdots\boxed{\text{답}}$

5. 조합

1. 서로 다른 n개의 물건에서 순서를 생각하지 않고 r개를 택할 때, 이것은 n개에서 r개를 택하는 **조합**이라 하고, 이 조합의 수를 기호로 $_nC_r$와 같이 나타낸다.

2. $_nC_r \times r! = {}_nP_r$ 에서 $_nC_r = \dfrac{_nP_r}{r!} = \dfrac{n!}{r!\,(n-r)!}$

3. $_nC_r = {}_nC_{n-r}$ (단, $0 \le r \le n$)

┃ 예문 ┃ 위 (3) $_nC_r = {}_nC_{n-r}$ 이 성립함을 증명하여라.

풀이 》》 (2)에 의해서 $_nC_r = \dfrac{n!}{r!\,(n-r)!}$ 이고,

$$_nC_{n-r} = \frac{n!}{(n-r)!\,[n-(n-r)]!} = \frac{n!}{(n-r)!\,r!}$$ 되어 성립함.

┃ 예문 ┃ 9명의 학생을 다음과 같이 나누는 방법은 각각 몇 가지인가?
(1) A, B, C 세 팀으로 3명씩 나눈다.
(2) 3명씩 세 팀으로 나눈다.

풀이 》》 (1) 9명 중에서 A팀에 들어갈 3명을 뽑는 방법은 $_9C_3$가지이고, 나머지 6명 중에서 B팀에 들어갈 3명을 뽑는 방법은 $_6C_3$가지이다. A팀과 B팀이 정해지면 C팀은 저절로 결정되므로 구하는 수는

$$_9C_3 \times {}_6C_3 \times {}_3C_3 = \frac{9\cdot 8\cdot 7}{3\cdot 2\cdot 1} \times \frac{6\cdot 5\cdot 4}{3\cdot 2\cdot 1} \times 1 = 84 \times 20 = 1680 \text{(가지)} \cdots \boxed{\text{답}}$$

(2) 세 팀으로 나누는 방법이 모두 x가지 있다고 하자.
세 팀으로 나누어 놓고, 다시 A, B, C팀에 배정하는 방법이 3! 가지이므로 곱의 법칙에서 $x \times 3! = 1680$

$$\therefore \frac{1680}{3!} = 280 \text{(가지)} \cdots \boxed{\text{답}}$$

6. 중복조합

1. 서로 다른 n개에서 중복을 허용하여 r개를 택하는 조합을 중복조합이라 하고, 그 수를 기호로 $_nH_r$와 같이 나타낸다.

2. **중복조합의 수** : 서로 다른 n개에서 r개를 택하는 중복조합의 수는

$$_nH_r = {}_{n+r-1}C_r$$

참고 집합 $A=\{1, 2, 3\}$, 집합 B는 $\{4, 5, 6, 7\}$이라 할 때
집합 A에서 집합 B로의 다음 규칙에 의한 함수의 개수는 각각
중복순열, 순열, 조합, 중복조합의 경우이다.
(1) 집합 A에서 집합 B로의 함수의 개수 : 중복순열 $_4\Pi_3 = 4^3$
(2) 임의의 $a_1, a_2 \in A$, $a_1 \neq a_2$이면 $f(a_1) \neq f(a_2)$ 즉, 일대일인 경우의 수는 순열, $_4P_3 = 4 \cdot 3 \cdot 2 = 24$
(3) 임의의 $a_1, a_2 \in A$, $a_2 < a_2$이면 $f(a_1) < f(a_2)$일 때 조합 $_4C_3$이고 $a_1 < a_2$이면 $f(a_1) \leq f(a_2)$일 때는 중복조합 : $_4H_3$이다.

| 예문 | $x+y+z=8$을 만족시키는
(1) x, y, z의 음이 아닌 정수해의 쌍의 개수를 구하여라.
(2) x, y, z의 양의 정수해의 쌍의 개수를 구하여라.

풀이 ≫ (1) x, y, z 중에서 8번 중복하여 뽑는 경우이므로

$$_3H_8 = {}_{10}C_8 = {}_{10}C_2 = \frac{10 \cdot 9}{2!} = 45\,(가지) \cdots \boxed{답}$$

(2) x, y, z가 우선 각각 1을 취하면
$x'+y'+z'=5$에서 x', y', z'이 음이 아닌 정수해의 쌍의 개수를 구하는 경우이므로 $_3H_5 = {}_7C_5 = {}_7C_2 = \frac{7 \cdot 6}{2} = 21\,(가지) \cdots \boxed{답}$

참고 세 어린이에게 같은 모양의 상품 8개를 한 번 부를 때 마다 받는 경우로 대응하면 쉽다.

7. 이항정리

1. 이항정리

$$(a+b)^n = {}_nC_0a^n + {}_nC_1a^{n-1}b + \cdots\cdots + {}_nC_ra^{n-r}b^r + \cdots + {}_nC_nb^n$$

위의 전개식에서 ${}_nC_ra^{n-r}b^r$ 은 일반항, ${}_nC_r$ 을 일반항의 계수라고 한다.

2. 파스칼의 삼각형

$(a+b)^n$ 의 전개식의 계수를 $n=1, 2, 3, \cdots$ 에 대하여 계수를 나열하면 다음 그림과 같다.

$$
\begin{array}{c}
n=0 \longrightarrow \quad 1 \\
n=1 \longrightarrow \quad {}_1C_0 \quad {}_1C_1 \\
n=2 \longrightarrow \quad {}_2C_0 \quad {}_2C_1 \quad {}_2C_2 \\
{}_3C_0 \quad {}_3C_1 \quad {}_3C_2 \quad {}_3C_3 \\
{}_4C_0 \quad {}_4C_1 \quad {}_4C_2 \quad {}_4C_3 \quad {}_4C_4 \\
\cdots\cdots\cdots
\end{array}
\qquad \Rightarrow \qquad
\begin{array}{c}
1 \\
1 \quad 1 \\
1 \quad 2 \quad 1 \\
1 \quad 3 \quad 3 \quad 1 \\
1 \quad 4 \quad 6 \quad 4 \quad 1 \\
\cdots\cdots\cdots
\end{array}
$$

3. $(a+b+c)^n$ 의 전개식

$(a+b+c)^n$ 의 전개식에서 $a^pb^qc^r$ 의 계수는 $\dfrac{n!}{p!\,q!\,r!}$ 이 된다.

$\dfrac{n!}{p!\,q!\,r!}a^pb^qc^r$ 을 $(a+b+c)^n$ 의 **전개식의 일반항**이라고 한다.

(단, $p+q+r=n$, $p \geqq 0$, $q \geqq 0$, $r \geqq 0$)

┃ 예문 ┃ (1) $\left(x^2 - \dfrac{3}{x}\right)^6$ 의 전개식에서 x^3 의 계수를 구하여라.

(2) $(a+b+c)^8$ 의 전개식에서 $a^3b^2c^3$ 의 계수를 구하여라.

풀이 >>> (1) $\left(x^2-\dfrac{3}{x}\right)^6$ 의 전개식의 일반항은

$$_6C_r(x^2)^{6-r}\left(-\dfrac{3}{x}\right)^r={}_6C_r(-3)^r x^{12-3r}, \quad x^{12-3r}=x^3, \quad r=3$$

따라서, x^3의 계수는 $_6C_3(-3)^3=-540\cdots$ 답

(2) $(a+b+c)^8$의 전개식에서 $a^3b^2c^3$의 계수는 $\dfrac{8!}{3!\,2!\,3!}=560\cdots$ 답

예문 $_nC_0+{}_nC_1+{}_nC_2+\cdots+{}_nC_r=2^n$ 이 성립함을 증명하여라.

풀이 >>> 이항정리 $(a+b)^n$의 전개식에서 $a=1,\ b=x$라 하면
$$(1+x)^n={}_nC_0+{}_nC_1 x+{}_nC_2 x^2+\cdots+{}_nC_r x^r+\cdots+{}_nC_n x^n$$
위 식의 양변에 $x=1$을 대입하면
$$2^n={}_nC_1+{}_nC_1+{}_nC_2+\cdots+{}_nC_r+\cdots+{}_nC_n$$ 이 성립한다.

예문 $(2+3x)^{10}$을 x의 오름차순으로 정리할 때, 최대계수를 갖는 항은 몇 번째 항인가?

풀이 >>> $(2+3x)^{10}$의 전개식에서 r번째 항의 계수를 a_r이라 하면, 이항정리에 의해
$$a_r={}_{10}C_{r-1}\times 2^{10-(r-1)}\times 3^{r-1}$$
$$a_{r+1}={}_{10}C_r\times 2^{10-r}\times 3^r$$
$$\therefore \frac{a_r}{a_{r+1}}=\frac{{}_{10}C_{r-1}\times 2^{10-(r-1)}\times 3^{r-1}}{{}_{10}C_r\times 2^{10-r}\times 3^r}$$
$$=\frac{\dfrac{10!}{(r-1)!\,(11-r)!}}{\dfrac{10!}{r!\,(10-r)!}}\times\frac{2\cdot 2^{10-r}}{2^{10-r}}\times\frac{3^{r-1}}{3\cdot 3^{r-1}}$$
$$=\frac{2}{3}\cdot\frac{r}{11-r}$$

$\dfrac{2r}{3(11-r)}>1$ 에서 $r>6.6$

즉, r이 7 이상이면 이전항의 계수가 다음항의 계수보다 크게 된다. 따라서 a_7이 최대계수가 된다. 답 **7번째 항**

8. 확 률

1. 합사건, 곱사건

반드시 일어나는 사건을 **전사건**이라 하고, 이것은 **표본 공간** S로 나타낸다. 결코 일어나지 않는 사건을 공사건이라 하고, 공집합에 대응하므로 ϕ로 나타낸다.

S의 부분집합 A, B에 대하여 $A \cup B$를 A, B의 **합사건**

$A \cap B$를 A, B의 **곱사건**이라 한다.

2. 여사건, 배반사건

A^c를 사건 A의 **여사건**, $A \cap B = \phi$일 때 두 사건을 **배반사건**이라 한다.

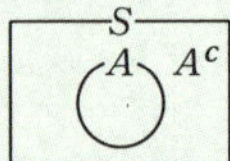 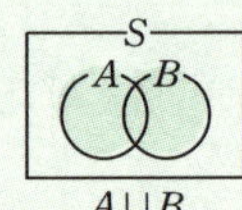 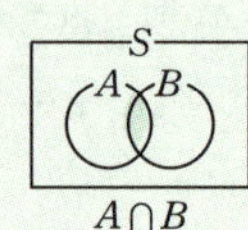 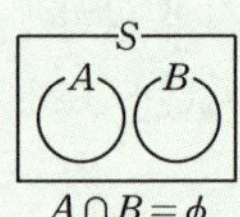

| 예문 | 한 개의 주사위를 던지는 시행에서 짝수의 눈이 나오는 사건을 A, 2 이하의 눈이 나오는 사건을 B라 할 때 다음을 구하여라.

(1) $A \cup B$ (2) $A \cap B$ (3) A^c

풀이 ≫ 표본공간 $S = \{1, 2, 3, 4, 5, 6\}$, $A = \{2, 4, 6\}$, $B = \{1, 2\}$

(1) $A \cup B = \{1, 2, 4, 6\}$ (2) $A \cap B = \{2, 4, 6\} \cap \{1, 2\} = \{2\}$

(3) $A^c = S - A = \{1, 2, 3, 4, 5, 6\} - \{2, 4, 6\} = \{1, 3, 5\}$

| 예문 | 동전 2개를 던질 때,

(1) 앞 면이 적어도 한 번 나오는 경우의 수는 몇 가지인가?

(2) 앞면이 꼭 한 번 나오는 경우는 몇 가지인가?

풀이 ≫ 동전의 앞면을 H, 뒷면을 T라고 하면

표본공간 $S = \{HH, HT, TH, TT\}$이고

(1) $\{HH, HT, TH\}$ 즉 3가지 경우, 또는 $S - \{TT\}$에서

     $4 - 1 = 3$(가지) ⋯ 답

(2) $\{HT, TH\}$, 즉 **2가지** ⋯ 답

1. 확률의 기본 성질
(1) 임의의 사건 A에 대하여 $\qquad 0 \leq P(A) \leq 1$
(2) 전사건(표본공간) S에 대하여 $\qquad P(S)=1$
(3) 공사건 ϕ에 대하여 $\qquad P(\phi)=0$

2. 덧셈정리
(1) 사건 A, B에 대하여
$$P(A \cup B)=P(A)+P(B)-P(A \cap B)$$
(2) 사건 A와 B가 서로 배반이면, 즉 $A \cap B=\phi$이면
$$P(A \cup B)=P(A)+P(B)$$

3. 여사건의 확률
$$P(A^c)=1-P(A)$$

| 예문 | 흰 공 4개, 빨간 공 3개가 들어있는 주머니에서 2개를 꺼낼 때, 2개가 같은 색이 나올 확률은?

풀이 ≫ 총 경우는 $_7C_2$, 같은 색이 나올 경우는 흰 공 2개, 빨간 공 2개가 나오는 2가지 경우이므로 $P=\dfrac{_4C_2}{_7C_2}+\dfrac{_3C_2}{_7C_2}=\dfrac{2}{7}+\dfrac{1}{7}=\dfrac{3}{7}\cdots$ **답**

| 예문 | 어떤 제품 8개 중에 불량품이 2개 들어 있다. 이 중에서 2개를 꺼낼 때, 포함된 불량품이 1개 이하일 확률은?

풀이 ≫ 불량품이 0개 또는 불량품이 1개, 양품이 1개인 경우이므로 구하는 확률은 $P=\dfrac{_6C_2}{_8C_2}+\dfrac{_6C_1 \cdot _2C_1}{_8C_2}=\dfrac{15+12}{28}=\dfrac{27}{28}\cdots$ **답**

| 예문 | 반지름이 5인 원판이 있다. 원판내의 임의의 점 P를 잡을 때, 중심 O와 P의 거리 $\overline{OP}$가 $1 \leq \overline{OP} \leq 2$가 될 확률은?

풀이 ≫ $P=\dfrac{\text{반지름이 2인 원의 넓이}}{\text{원판의 넓이}}$

$-\dfrac{\text{반지름이 1인 원의 넓이}}{\text{원판의 넓이}}=\dfrac{4\pi-\pi}{25\pi}=\dfrac{3}{25}\cdots$ **답**

10. 확률의 곱셈 정리

1. 조건부 확률

두 사건 A, B에 대하여 A가 일어났다고 가정하였을 때, B가 일어날 확률은 사건 A가 일어났을 때의 사건 B의 **조건부확률**이라 하고, 기호로 $P(B \mid A)$와 같이 나타낸다.

2. 사건 A가 일어났을 때의 사건 B의 조건부확률은

$$P(B \mid A) = \frac{P(A \cap B)}{P(A)} \ (\text{단}, \ P(A) \neq 0)$$

3. 확률의 곱셈 정리

두 사건 A, B에 대하여 $P(A \cap B) = P(A) \cdot P(B \mid A)$

| 예문 | 상자 속에 흰 공이 3개, 검은 공이 5개 들어 있다. 이 상자에서 공을 하나씩 두 번 꺼낼 때, 흰색, 검은색의 순서로 공이 나올 확률을 구하여라.

풀이 》》 첫번째에 흰 공이 나올 확률 $P(A)$는 $P(A) = \dfrac{3}{8}$

첫번째에 흰 공이 나왔을 때, 두 번째에 검은 공이 나올 확률 $P(B \mid A)$는 $P(B \mid A) = \dfrac{5}{7}$

따라서, 구하는 확률 $P(A \cap B)$는 $P(A \cap B) = \dfrac{3}{8} \times \dfrac{5}{7} = \dfrac{15}{56}$ … 답

| 예문 | 흰 공 7개와 검은 공 3개가 들어 있는 상자에서 차례로 한 개씩 공 2개를 꺼낼 때, 두 공 모두 검은 공일 확률을 구하여라.

풀이 》》 처음 꺼낸 공이 검은 색일 사건을 A, 두 번째 꺼낸 공이 검은 색일 사건을 B라고 하면 $P(A) = \dfrac{3}{10}$, $P(B \mid A) = \dfrac{2}{9}$

따라서, 두 공 모두 검은 색일 확률은

$$P(A \cap B) = P(A) \cdot P(B \mid A) = \dfrac{3}{10} \cdot \dfrac{2}{9} = \dfrac{1}{15} \ \cdots \text{답}$$

1. (1) 두 사건 A, B가 있을 때 A가 일어난 일이 B가 일어나는 확률에 영향을 주지 않으면, B는 A와 **독립**이라고 한다.

즉, $P(B \mid A) = P(B)$, $P(A \mid B) = P(A)$

(2) A와 B는 서로 **독립사건**이라고 한다. 서로 독립이 아닌 사건은 **종속사건**이라고 한다.

2. 독립사건의 곱셈

두 사건 A와 B가 서로 독립이기 위한 필요충분조건은

$$P(A \cap B) = P(A) \cdot P(B)$$

3. 독립시행의 확률

각각의 시행이 다른 시행의 결과에 아무런 영향을 받지 않을 때, 이러한 시행을 **독립시행**이라고 한다. **독립시행의 확률** 사건 A가 일어날 확률이 P인 시행을 독립으로 n회 반복하였을 때 사건 A가 r번 일어날 확률은 $_nC_r p^r (1-p)^{n-r}$ $(r-0, 1, 2, 3, \cdots, n)$

│ 예문 │ 1에서 10까지의 자연수 중에서 한 개의 자연수를 택할 때, 짝수가 나오는 사건을 A, 5의 배수가 나오는 사건을 B라고 할 때, 사건 A, B는 독립사건인가?

풀이 》 $P(A) = \dfrac{1}{2}$, $P(B) = \dfrac{1}{5}$, $A \cap B = \{10\}$ $\quad \therefore P(A \cap B) = \dfrac{1}{10}$

$P(A \cap B) = P(A) \cdot P(B)$ 되어 사건 A, B는 **독립사건**이다. ···답

│ 예문 │ 흰 공 2개, 검은 공 2개가 들어 있는 상자에서 1개의 공을 꺼내어 그것이 흰 공이면 동전을 3회 던지고 검은 공이면 4회 던질 때, 앞면이 3회 나올 확률은? (단, 앞면과 뒷면이 나올 확률은 같다.)

풀이 》 (1) 흰 공을 꺼내는 경우 $\dfrac{_2C_1}{_4C_1} \times _3C_3 \left(\dfrac{1}{2}\right)^3 = \dfrac{1}{2} \times \dfrac{1}{8} = \dfrac{1}{16}$

(2) 검은 공을 꺼내는 경우 $\dfrac{_2C_1}{_4C_1} \times _4C_3 \left(\dfrac{1}{2}\right)^3 \left(\dfrac{1}{2}\right)^{4-3} = \dfrac{1}{2} \times 4 \times \dfrac{1}{16} = \dfrac{1}{8}$

(1)과 (2)는 서로 배반사건이므로 $\dfrac{1}{16} + \dfrac{1}{8} = \dfrac{3}{16}$ ···답

1. 도수분포

도수분포표

계급값	x_i	30	40	50	60	70	80	90	100	계
도수	f_i	1	1	4	11	16	10	5	2	50

어느 학급 50명의 수학 시험 점수 분포이다.

(1) 평균 : $m = E(X) = \dfrac{1}{N}\displaystyle\sum_{i=1}^{n} x_i f_i = \dfrac{1}{50}\{(30 \times 1) + (40 \times 1) + \cdots +$

$(90 \times 5) + (100 \times 2)\} = 70$

(2) 분산 : $V(X) = \dfrac{1}{N}\displaystyle\sum_{i=1}^{n}(x_i - m)^2 f_i = \dfrac{1}{N}\displaystyle\sum_{i=1}^{n} x_i^2 f_i - m^2$

$= E(X^2) - \{E(X)\}^2 = \dfrac{1}{50}\{(-40)^2$

$\times 1 + (-30)^2 \times 2 + \cdots + 20^2 \times 5 + 30^2 \times 2\} = 218$

표준편차 $\sigma(x) = \sqrt{V(X)} = \sqrt{218} \fallingdotseq 15$

(3) 평균, 분산, 표준편차의 성질

    ① $E(ax + b) = aE(X) + b$ ② $V(aX + b) = a^2 V(X)$

    ③ $\sigma(aX + b) = |a|\sigma(X)$

┃예문┃ 다음 자료들 중에서 표준 편차가 가장 큰 것은?

① 1, 5, 1, 5, 1, 5, 1, 5, 1, 5   ② 1, 5, 1, 5, 1, 5, 3, 3, 3, 3

③ 2, 4, 2, 4, 2, 4, 2, 4, 2, 4   ④ 2, 4, 2, 4, 2, 4, 3, 3, 3, 3

⑤ 3, 3, 3, 3, 3, 3, 3, 3, 3, 3

풀이 ≫ 평균값은 모두 3이다.

분산 $\sigma^2 = \dfrac{1}{10}\displaystyle\sum_{i=1}^{10}(xi - m)^2$이 가장 큰 것은 ①이다. ⋯답

참고 ⑤는 평균 $m = E(X) = 3$이고 편차는 0이다.

참고 분산은 편차의 제곱들의 평균이고, 표준편차는 분산의 양의 제곱근
이므로 항상 음이 아니다.

2. 이산확률분포

1. 이산확률분포

(1) 확률변수 : 변수 X가 취하는 값과 이들 값이 취하는 확률이 오른편 표와 같이 주어질 때, X를 확률변수라 한다.

X	x_1	x_2	x_3	$\cdots$	x_i	$\cdots$	계
$P(X)$	p_1	p_2	p_3	$\cdots$	p_i	$\cdots$	1

(2) 이산확률분포 : 확률변수 X가 유한개의 값을 갖고, 그 값과 그 값을 가진 확률과의 대응관계를 X의 **확률분포**라고 하고, 식으로 $P(X=x_i)=P_i(i=1, 2, 3, \cdots, n)$으로 나타낸다.

(3) **확률분포의 성질**

① $0 \leq P_i \leq 1 \ (i=1, 2, 3, \cdots, n)$

② $P_1+P_2+\cdots+P_n=1$ ③ $P(a \leq X \leq b)=\sum\limits_{x=a}^{b} P(X=x)$

2. 확률변수의 평균, 분산, 표준편차

$P(X=x_i)=P_i(i=1, 2, \cdots, n)$일 때

(1) 평균 $E(X)=m=\sum\limits_{i=1}^{n} x_i p_i$

(2) 분산 $V(X)=E\{(x-m)^2\}=\sum\limits_{i=1}^{n} (x_i-m)^2 p_i$

(3) 표준편차 $\sigma(X)=\sqrt{V(X)}$

┃ 예문 ┃ 오른쪽 표는 확률변수 X의 확률분포표이다.

확률변수 Y를 $Y=\dfrac{1}{5}(x-25)$로 정할 때, Y의 평균과 분산을 구하여라.

X	10	20	30	40
$P(X)$	$\dfrac{2}{5}$	$\dfrac{3}{10}$	$\dfrac{1}{5}$	$\dfrac{1}{10}$

풀이 》》 X의 평균 $E(X)=\sum\limits_{i=1}^{4} x_i p_i$

$=10 \times \dfrac{2}{5}+20 \times \dfrac{3}{10}+30 \times \dfrac{1}{5}+40 \times \dfrac{1}{10}=20$

분산 $V(X)=E(X^2)-\{E(X)\}^2$

$$=\left(10^2\times\frac{2}{5}+20^2\times\frac{3}{10}+30^2\times\frac{1}{5}+40^2\times\frac{1}{10}\right)-20^2=500-400=100$$

$$\text{따라서 } E(Y)=E\left(\frac{1}{5}X-5\right)=\frac{1}{5}E(X)-5=4-5=-1$$

$$V(Y)=V\left(\frac{1}{5}X-5\right)=\left(\frac{1}{5}\right)^2V(X)=\frac{100}{25}=4 \qquad \text{답} \ (-1, \ 4)$$

┃ 예문 ┃ 다음 물음에 답하여라.

(1) 확률변수 X의 확률분포가 $P(X=r)=\dfrac{_4C_{r-1}}{16}$ $(r=1, \ 2, \ 3, \ 4, \ 5)$과

같을 때, 무한급수 $\displaystyle\sum_{n=1}^{\infty}\left\{\frac{x(20-X^2)}{30}\right\}^n$ 이 수렴할 확률을 구하면?

(2) 확률변수 X는 n개의 값 1, 2, 3, $\cdots$, n을 취한다. 확률은 확률변수 X의 크기에 비례하고, 평균이 17일 때 n의 값은?

풀이 》》 (1) 무한급수가 수렴할 조건은 $\left|\dfrac{X(20-X^2)}{30}\right|<1$ 이고,

$r=1, \ 2, \ 3, \ 4, \ 5$를 대입하여 보면 만족하는 X는 1, 4, 5이므로

$$P(X=1)+P(X=4)+P(X=5)=\frac{_4C_0}{16}+\frac{_4C_3}{16}+\frac{_4C_4}{16}$$

$$=\frac{1}{16}+\frac{1}{4}+\frac{1}{16}=\frac{3}{8}\cdots\text{답}$$

(2) 확률의 합$=k+2k+\cdots+nk=\dfrac{n(n+1)}{2}k=1$ 에서 $k=\dfrac{2}{n(n+1)}$ 이므로

$$\text{평균 } E(X)=1\times\frac{2\times1}{n(n+1)}+2\times\frac{2\times2}{n(n+1)}+\cdots+n\times\frac{2\times n}{n(n+1)}$$

$$=\frac{2}{n(n+1)}\sum_{k=1}^{n}k^2$$

$$=\frac{2}{n(n+1)}\times\frac{n(n+1)(2n+1)}{6}=\frac{2n+1}{3}=17$$

$$\therefore \ n=25\cdots\text{답}$$

3. 이항분포

1. 이항분포

어떤 시행에서 사건 E가 일어날 확률이 p일 때, n회의 독립시행에서 사건 E가 일어나는 횟수를 확률변수 X라 하면 확률분포는 다음과 같다.

$P(X=r)={}_nC_r p^r(1-p)^{n-r}$ (단, $r=0,\ 1,\ 2,\ \cdots,\ n$)

이러한 분포를 이항분포라 하고, $B(n,\ p)$로 나타낸다.

2. 이항분포의 평균과 분산

x	0	1	$\cdots$	r	$\cdots$	n	계
$P(X=r)$	${}_nC_0 q^n$	${}_nC_1 pq^{n-1}$	$\cdots$	${}_nC_r p^n q^{n-r}$	$\cdots$	${}_nC_n p^n$	1

이항분포 $B(n,\ p)$: 독립시행의 확률에서 사건 E가 일어나는 횟수를 확률변수로 가질 때의 확률분포이다.

확률 변수 X가 이항분포 $B(n,\ p)$를 따르면

$E(X)=np,\quad V(X)=npq,\quad q=1-p$

| 예문 | 이항분포 $P(X=r)={}_{10}C_r\left(\dfrac{1}{5}\right)^r\left(\dfrac{4}{5}\right)^{10-r}$ 에 따르는 확률변수 X 의 분산은?

풀이 》》 시행횟수가 10, 매회 일어날 확률이 $\dfrac{1}{5}$임을 알 수 있다.

따라서 이항분포 $B\left(10,\ \dfrac{1}{5}\right)$에서 분산

$$V(X)=npq=10\times\dfrac{1}{5}\times\dfrac{4}{5}=\dfrac{8}{5}=1.6\cdots\boxed{답}$$

| 예문 | $B(8,\ p)$의 평균이 4일 때, 이항분포 $B(16,\ p)$의 평균은?

풀이 》》 $B(8,\ p)$의 평균 $m_1=8p=4$ $\quad\therefore\ p=\dfrac{1}{2}$

$$B(16,\ p)=B\left(16,\ \dfrac{1}{2}\right)의\ 평균\ m_2=16\times\dfrac{1}{2}=8\cdots\boxed{답}$$

4. 연속확률분포

1. 연속확률분포

변수 X가 어떤 구간 $[a,\ b]$안의 모든 값을 취하고, $f(x)$가 구간 $[a,\ b]$를 정의역으로 하는 함수로써 다음 세 조건

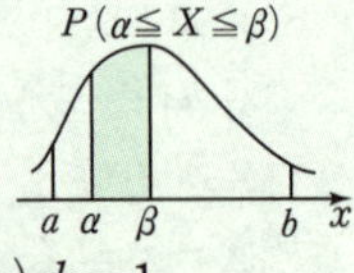

(1) $f(x) \geq 0$ (단, $0 \leq x \leq b$) (2) $\displaystyle\int_a^b f(x)\,dx = 1$

(3) $P(\alpha \leq x \leq \beta) = \displaystyle\int_\alpha^\beta f(x)\,dx$ (단, $a \leq \alpha \leq \beta \leq b$)를 만족할 때, 변수 X를 연속확률변수, $f(x)$를 **확률밀도함수**라 한다.

2. 연속확률변수의 평균, 분산, 표준편차

X가 구간 $[a,\ b]$의 모든 값을 취하고, 이 구간에서 정의된 확률밀도함수가 $f(x)$로 주어지면

(1) 평균 $m = E(X) = \displaystyle\int_a^b x f(x)\,dx$

(2) 분산 $V(X) = \displaystyle\int_a^b (x-m)^2 f(x)\,dx = \int_a^b x^2 f(x)\,dx - m^2$
$\qquad\qquad = E(X^2) - \{E(X)\}^2$

(3) 표준편차 $\sigma(X) = \sqrt{V(X)} = \sqrt{E(X^2) - \{E(X)\}^2}$

참고 이산확률분포와 연속확률분포의 비교

	이산확률분포	연속확률분포
평균	$m = E(X) = \displaystyle\sum_{i=1}^n x_i p_i$	$m = E(X) = \displaystyle\int_a^b x f(x)\,dx$
분산	$V(X) = \displaystyle\sum_{i=1}^n (x_i - m)^2 p_i$ $= \displaystyle\sum_{i=1}^n x_i^2 p_i - m^2$	$V(X) = \displaystyle\int_a^b (x-m)^2 f(x)\,dx$ $= \displaystyle\int_a^b x^2 f(x)\,dx - m^2$

| 예문 | 확률변수 X의 확률밀도함수가 $f(x) = 3x^2\,(0 \leq x \leq 1)$일 때, X의 평균과 분산을 구하여라.

$$\text{평균 } E(X)=\int_0^1 xf(x)\,dx=\int_0^1 x\cdot 3x^2\,dx=\left[\frac{3}{4}x^4\right]_0^1=\frac{3}{4}$$

$$\text{분산 } V(X)=\int_0^1 x^2f(x)\,dx-m^2=\int_0^1 x^2\cdot 3x^2\,dx-\left(\frac{3}{4}\right)^2=\left[\frac{3}{5}x^5\right]_0^1-\left(\frac{3}{4}\right)^2$$

$$=\frac{3}{5}-\frac{9}{16}=\frac{3}{80}$$

답 평균 : $\dfrac{3}{4}$, 분산 : $\dfrac{3}{80}$

예문 확률밀도함수의 그래프가 그림과 같고 분산이 $\dfrac{1}{6}$일 때, 양수 a의 값을 구하여라.

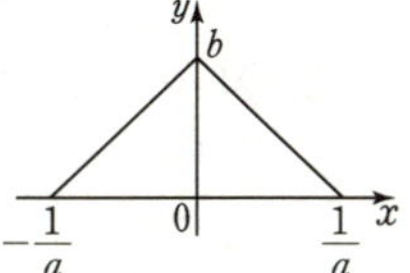

풀이 확률밀도함수의 정의에 의해

$$\int_{-\frac{1}{a}}^{\frac{1}{a}}f(x)\,dx=1 \qquad \therefore \ \frac{1}{2}\times\frac{2}{a}\times b=1, \ b=a$$

따라서 확률밀도함수 $f(x)$는

$$f(x)=\begin{cases} a^2x+a & \left(-\dfrac{1}{a}\leqq x\leqq 0\right) \\[2mm] -a^2x+a & \left(0<x\leqq\dfrac{1}{a}\right) \end{cases}$$

$$\text{평균 } E(X)=\int_{-\frac{1}{a}}^0 x(a^2x+a)\,dx+\int_0^{\frac{1}{a}} x(-a^2x+a)\,dx$$

$$=\left[\frac{a^2}{3}x^3+\frac{a}{2}x^2\right]_{-\frac{1}{a}}^0+\left[-\frac{a^2}{3}x^3+\frac{a}{2}x^2\right]_0^{\frac{1}{a}}$$

$$=0-\left(-\frac{1}{3a}+\frac{1}{2a}\right)+\left(-\frac{1}{3a}+\frac{1}{2a}\right)-0=0$$

$$\text{분산 } V(X)=E(X^2)-\{E(X)\}^2$$

$$=\int_{-\frac{1}{a}}^0 x^2(a^2x+a)\,dx+\int_0^{\frac{1}{a}} x^2(-a^2x+a)\,dx$$

$$=\left[\frac{a^2}{4}x^4+\frac{a}{3}x^3\right]_{-\frac{1}{a}}^0+\left[-\frac{a^2}{4}x^4+\frac{a}{3}x^2\right]_0^{\frac{1}{a}}$$

$$=0-\left(\frac{1}{4a^2}-\frac{1}{3a^2}\right)+\left(-\frac{1}{4a^2}+\frac{1}{3a^2}\right)-0$$

$$=\frac{1}{6a^2}=\frac{1}{6} \qquad \therefore \ a^2=1$$

$a>0$ 이므로 $\boldsymbol{a=1}$ … 답

5. 정규분포

1. 정규분포

확률변수 X가 평균이 m, 표준편차가 σ인 정규분포에 따를 때 $N(m,\ \sigma^2)$으로 나타내고,

확률밀도함수 $f(x)=\dfrac{1}{\sqrt{2\pi}\sigma}e^{-\frac{(x-m)^2}{2\sigma^2}}$ 또는

$exp\left(-\dfrac{(x-m)^2}{2\sigma^2}\right)$이다.

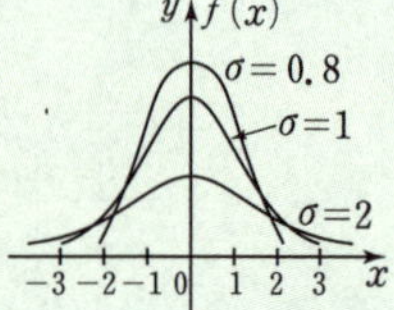

2. 정규분포곡선의 성질

(1) 직선 $x=m$에 대하여 대칭인 위로 볼록인 곡선이고, 점근선은 x축이다.

(2) $x=m$일 때, 최대값 $\dfrac{1}{\sqrt{2\pi}\sigma}$을 가진다.

(3) m이 일정할 때, 표준편차 σ가 커지면 곡선은 양쪽으로 퍼지고, σ가 작아지면 곡선은 뾰족하게 된다.

(4) σ가 일정할 때, m이 변하면 대칭축의 위치는 바뀌지만 곡선의 모양은 같다.

(5) 곡선과 x축 사이의 넓이는 1이다.

3. 표준정규분포

$N(m,\ \sigma^2)$일 때, $z=\dfrac{X-m}{\sigma}$이라 하면 $N(0,\ 1)$이 된다.

4. 이항분포

$B(n,\ p)$일 때, n이 충분히 크면 근사적으로 $N(m,\ \sigma^2)=N(np,\ npq)$를 따른다.

| 예문 | 어느 고등학교 3학년의 모의 시험에서 언어, 수리탐구 I, 수리탐구 II, 외국어영역의 학년 전체 성적과 A군의 성적이 아래 표와 같다고 한다.

영 역		언어	수리탐구 I	수리탐구 II	외국어
3학년	평균	70	36	68	48
	표준편차	10	12	18	10
A군의 성적		82	50	84	58

각 영역의 성적이 모두 정규분포를 이룬다고 할 때, A군은 어느 영역에 가중치를 주는 대학에 지원하는 것이 가장 유리한가?

풀이 ≫ 언어 성적 분포 $N(70,\ 10^2) \Rightarrow z_1=\dfrac{82-70}{10}=\dfrac{6}{5}$

수리탐구 I 의 성적 분포 $N(36,\ 12^2) \Rightarrow z_2=\dfrac{50-36}{12}=\dfrac{7}{6}$

수리탐구 II 의 성적 분포 $N(68,\ 18^2) \Rightarrow z_3=\dfrac{84-68}{18}=\dfrac{8}{9}$

외국어 성적 분포 $N(48,\ 10^2) \Rightarrow z_4=\dfrac{58-48}{10}=1$

답 언어

│ 예문 │ 정규분포 $N(20,\ 4^2)$을 따르는 확률변수 X와 $N(12,\ 3^2)$을 따르는 확률변수 Y에 대하여 $P(12\leqq X\leqq 24)=P(9\leqq Y\leqq a)$일 때 a값을 구하여라.

풀이 ≫ 각각의 정규분포를 표준정규분포를 변형하여 비교하면

$N(20,\ 4^2)$에서, $P(12\leqq X\leqq 24)=P(-2\leqq Z\leqq 1)$

$N(12,\ 3^2)$에서, $P(9\leqq Y\leqq a)=P\left(-1\leqq Z\leqq \dfrac{a-12}{3}\right)$

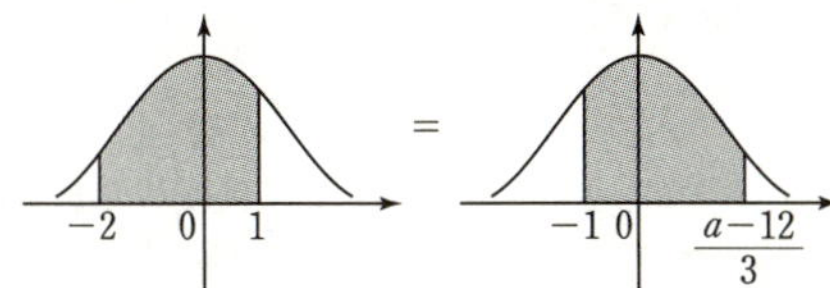

두 면적이 같아야 하므로 $\dfrac{a-12}{3}=2$

$\therefore\ a=18 \cdots$ **답**

6. 표본집단

1. 모집단과 표본
(1) 모집단 : 조사의 대상이 되는 자료 전체의 집합
(2) 표본 : 모집단에서 어떤 방법으로 일부를 통계의 자료로 선택한 부분

2. 표본평균과 분산
어떤 모집단에서 추출한 크기가 n인 임의의 표본을 X_1, X_2, $\cdots$, X_n이라고 할 때, $\overline{X}=\dfrac{1}{n}(X_1+X_2+\cdots+X_n)$을 표본평균

$S^2=\dfrac{1}{n}\displaystyle\sum_{i=1}^{n}(x_i-\overline{X})^2$을 표본분산이라고 한다.

3. 표본평균의 확률분포
(1) 모평균 m, 모분산 σ^2인 모집단에서 임의 추출된 크기 n의 표본의 표본평균 $\overline{x}$의 확률분포는 n이 클 때, 근사적으로 정규분포 $N\left(m, \dfrac{\sigma^2}{n}\right)$에 따른다.

(2) $E(\overline{X})=m$, $V(\overline{X})=\dfrac{\sigma^2}{n}$ $\sigma(\overline{X})=\dfrac{\sigma}{\sqrt{n}}$

(3) 모표준편차 σ가 알려져 있지 않을 때는 표본표준편차 S를 모표준편차로 대용한다.

| 예문 | 정규분포 $N(20, 2^2)$을 따르는 모집단에서 크기 64인 표본을 추출하여 그 표본평균을 $\overline{X}$라 한다. 이 때 $P(\overline{X}\geqq20.2)$을 구하면?

$$(단, \ P(0\leqq Z\leqq0.8)=0.2881)$$

풀이 >>> 표본의 평균 $E(\overline{X})=m=20$

표본의 표준편차 $\sigma(\overline{X})=\dfrac{\sigma(X)}{\sqrt{n}}=\dfrac{2}{\sqrt{64}}=\dfrac{1}{4}$ $\therefore Z=\dfrac{20.2-2}{\dfrac{1}{4}}=0.8$

$\therefore P(\overline{X}\geqq20.2)=P(Z\geqq0.8)=0.5-0.2881=\mathbf{0.2119}\cdots$ 답

┃ 예문 ┃ 정규분포 $N(53, 16)$을 따르는 모집단에서 크기 n인 표본을 임의로 뽑을 때, 그 표본평균 $\overline{X}$가 정규분포 $N(53, 2)$를 따른다고 한다. 이 때, 표본의 크기 n의 값은?

풀이 ≫ 표본 $\overline{X}$는 정규분포 $N\left(m, \dfrac{\sigma^2}{n}\right)$을 따르므로

$$\frac{\sigma^2}{n}=\frac{16}{n}=2 \text{에서} \qquad n=8 \cdots \text{답}$$

┃ 예문 ┃ 어느 회사에서 생산되는 제품의 무게는 평균이 mg, 표준편차가 $12\,g$인 정규분포를 따른다고 한다. 이 제품 중에서 36개를 임의추출하여 무게의 표본평균을 $\overline{X}$라 할 때, 부등식 $P(\overline{X}\geqq4)\leqq0.975$가 성립하기 위한 m의 최대값을 구하여라.

<표준정규분포표>

Z	$P(0\leqq Z\leqq z)$
1. 645	0. 450
1. 960	0. 475

풀이 ≫ 표본평균 $\overline{X}$의 분포는 평균 m, 표준편차 $\dfrac{12}{\sqrt{36}}=2$인 정규분포를 따른다. 이 정규분포를 표준정규분포로 변환하면

$$P(\overline{X}\geqq4)=P\left(Z\geqq\frac{4-m}{2}\right)\leqq0.975$$

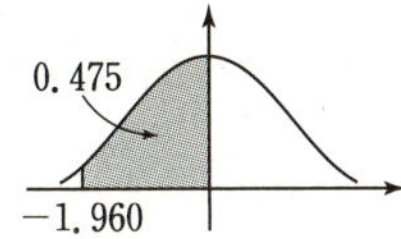

$$\therefore \frac{4-m}{2}\geqq-1.960$$

$$m\leqq7.92$$

따라서 최대값은 **7. 92** $\cdots$ 답

7. 모평균의 추정

1. 신뢰도와 신뢰구간
(1) 추정 : 표본에서 얻은 자료, 즉 표본의 평균값을 가지고 모평균
의 값의 범위를 추측하는 것
(2) 신뢰도 : 추정이 믿을 만한 확률, 보통 95%, 99% 등을 적용함.
(3) 신뢰구간 : 추정한 값이 존재하는 구간

2. 모평균의 추정
모평균 m, 모표준편차 σ인 모집단에서 임의 추출한 크기 n인
표본의 표본평균을 $\overline{X}$라 하면 n이 충분히 클 때, 모평균 m은

(1) 신뢰도 95%인 신뢰구간은 $\left[\overline{X}-1.96\dfrac{\sigma}{\sqrt{n}},\ \overline{X}+1.96\dfrac{\sigma}{\sqrt{n}}\right]$

(2) 신뢰도 99%인 신뢰구간은 $\left[\overline{X}-2.58\dfrac{\sigma}{\sqrt{n}},\ \overline{X}+2.58\dfrac{\sigma}{\sqrt{n}}\right]$

참고 (1) 99% 신뢰도로서의 구간은 너무 커서 별 의미가 없고, 95%인 신
뢰구간을 자료정리할 때 많이 사용한다.

(2) 신뢰도를 모를 때는 $\dfrac{\sigma}{\sqrt{n}}$의 계수를 k로 놓고 계산한다.

예문 전구를 생산하는 공장에서 어느 날 생산된 전구 중에서 100개의
전구를 임의 추출하여 수명을 조사한 결과 평균수명이 1000시간, 표준
편차가 40시간이었다. 신뢰도 95%로 모집단에서의 평균수명을 추정하
여라. (소수 둘째 자리에서 반올림할 것)

풀이 95% 신뢰도로 모평균의 추정구간은

$$\left[1000-1.96\times\frac{40}{\sqrt{100}},\ 1000+1.96\times\frac{40}{\sqrt{100}}\right]$$

$1.96\times4=7.84≒7.8$ $\therefore$ **[992.2, 1007.8]** … 답

참고

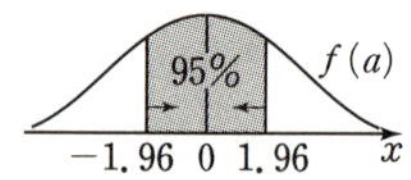

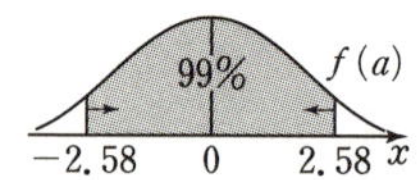

1. 분수방정식·무리방정식

1. 분수방정식 : 분모가 미지수에 대한 다항식을 포함하고 있는 방정식. 방정식과 분수방정식을 유리방정식이라고 한다.

2. 분수방정식의 풀이

(1) 분모의 최소공배수를 곱하여 다항방정식으로 고친다.

(2) 다항방정식을 푼다. (무연근을 반드시 제외해야 한다.)

3. 무리방정식 : 미지수에 대한 무리식을 포함한 방정식

4. 무리방정식의 풀이

(1) 주어진 무리식을 적당히 이항하고 양변 제곱으로 간단히 한다.

(2) 다항방정식을 풀어서

(3) 구한 근을 처음 무리방정식에 대입하여 등식을 성립시키는 근은 취하고, 나머지는 무연근으로 제외시킨다.

참고

(1) $\dfrac{A}{B}=0$ 의 $\begin{cases} \text{해집합} : A \cap B^c = A-B \\ \text{해를 갖지 않을 조건} : A-B=\phi \quad \therefore \ A \subset B \end{cases}$

(2) $AL=BL \Leftrightarrow A=B$ 또는 $L=0$

$\therefore \ A=B \cdots\cdots$ ㉮ $\quad AL=BL \cdots\cdots$ ㉯

따라서 ㉮⊂㉯ 이지만 ㉮≠㉯

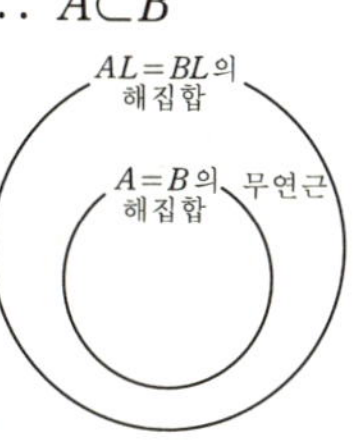

┃ 예문 ┃ 다음 문제를 풀어라.

(1) $\dfrac{1}{x+1}+\dfrac{1}{x-1}=\dfrac{x+a}{x^2-1}$ 이 근을 갖지 않을 조건은?

(2) $x^2+x+2\sqrt{x^2+x-2}=5$ 를 만족하는 모든 근의 곱을 구하여라.

풀이 ≫ (1) 분수 방정식의 양변에 x^2-1을 곱하여 $(x-1)+(x+1)=x+a$에서 $x=a$, 이것이 분모를 0이 되게 하는 값은 $a=1, \ a=-1$

(2) $\sqrt{x^2+x-2}=t\,(t \geqq 0)$라 놓으면 $x^2+x=t^2+2$

따라서 주어진 방정식은 $t^2+2+2t=5$에서 $t=-3, \ t=1$

$t \geqq 0$이므로 $t=1$, $x^2+x-2=1$에서 $x^2+x-3=0$

$\therefore$ 두 근의 곱은 $-3 \cdots$ 답

2. 고차부등식 · 분수부등식

1. 고차부등식 : 3차 이상의 부등식

2. 고차부등식의 풀이
(1) 모든 항을 좌변으로 이항하여 $f(x)>0$, $f(x)\geqq0$, $f(x)<0$, $f(x)\leqq0$ 꼴로 한다.

(2) 인수분해하여 그래프를
그린다. 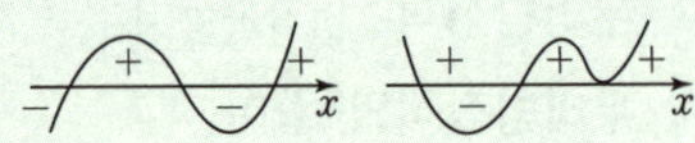

(3) 부등식에 만족하는 값의 범위를 구한다.

3. 분수부등식 : 분모에 미지수가 들어 있는 분수식을 포함한 부등식

4. 분수부등식의 풀이
(1) $f(x)\geqq0$, $f(x)<0$ 꼴로 변형하여

(2) $\dfrac{A}{B}\geqq0$, $\dfrac{A}{B}<0$ 을 풀 때 B의 값이 양, 음이 밝혀지지 않을 때
는 B^2을 양변에 곱하여 $AB\geqq0$, $AB<0$ 꼴로 변형

$$\dfrac{A}{B}>0 \leftrightarrow AB>0, \qquad \dfrac{A}{B}<0 \leftrightarrow AB<0$$

$$\dfrac{A}{B}\geqq0 \leftrightarrow AB\geqq0,\ B\neq0, \qquad \dfrac{A}{B}\leqq0 \leftrightarrow AB\leqq0,\ B\neq0$$

┃ 예문 ┃ 연립부등식 $\begin{cases} 7-x\geqq3|x-3| & \cdots① \\ \dfrac{1}{x-1}+\dfrac{1}{x-3}\geqq0 & \cdots② \end{cases}$ 을 만족시키는 x값의

범위는?

풀이 ≫ ①에서 $1\leqq x\leqq4\cdots\cdots$㉮

②에서 $\dfrac{2x-4}{(x-1)(x-3)}\geqq0$ 변형하여 인수분해하면

$2(x-1)(x-2)(x-3)\geqq0\,(x\neq1,\ x\neq3)$

$1<x\leqq2,\ x>3\cdots\cdots$㉯

㉮, ㉯에서 $1<\boldsymbol{x}\leqq\boldsymbol{2},\ 3<\boldsymbol{x}\leqq\boldsymbol{4}\cdots$답

┃ 예문 ┃ 두 부등식 $\dfrac{1}{x-3}\leqq\dfrac{1}{x-2}$ 과 $x^2-ax+b<0$의 해가 같을 때, 두

실수 $a,\ b$의 값을 구하여라.

풀이 ≫ 부등식을 정리하면 $\dfrac{x-2-(x-3)}{(x-3)(x-2)}=\dfrac{1}{(x-3)(x-2)}\leqq0$

$(x-3)(x-2)\leqq0\,(단,\ x\neq2,\ 3)$

$\therefore\ (x-3)(x-2)=x^2-5x+6<0$과

$x^2-ax+b<0$이 같으려면

$\boldsymbol{a}=\boldsymbol{5},\ \boldsymbol{b}=\boldsymbol{6}\cdots$답

1. 일차변환

1. 일차변환

변환 $f : (x,\ y) \longrightarrow (x',\ y')$이 상수항이 없는 $x,\ y$의 일차식
$$\begin{cases} x'=ax+by \\ y'=cx+dy \end{cases} (a,\ b,\ c,\ d\text{는 상수}) \cdots\cdots ①$$로 표시될 때
변환 f를 일차변환이라 한다.

2. 일차변환의 행렬 표현

$$\begin{cases} x'=ax+by \\ y'=cx+dy \end{cases} \Longleftrightarrow \begin{pmatrix} x' \\ y' \end{pmatrix} = \begin{pmatrix} a & b \\ c & d \end{pmatrix} \begin{pmatrix} x \\ y \end{pmatrix}$$

3. 여러 가지 일차변환

(1) 항등변환 $\begin{pmatrix} 1 & 0 \\ 0 & 1 \end{pmatrix}$ (2) 닮음 변환 $\begin{pmatrix} k & 0 \\ 0 & k \end{pmatrix}$

(3) 대칭변환

대칭이동	x축	y축	원점	직선 $y=x$	직선 $y=x$
대칭변환의 행렬	$\begin{pmatrix} 1 & 0 \\ 0 & -1 \end{pmatrix}$	$\begin{pmatrix} -1 & 0 \\ 0 & 1 \end{pmatrix}$	$\begin{pmatrix} -1 & 0 \\ 0 & -1 \end{pmatrix}$	$\begin{pmatrix} 0 & 1 \\ 1 & 0 \end{pmatrix}$	$\begin{pmatrix} 0 & -1 \\ -1 & 0 \end{pmatrix}$
변환식	$\begin{cases} x'=x \\ y'=-y \end{cases}$	$\begin{cases} x'=-x \\ y'=y \end{cases}$	$\begin{cases} x'=-x \\ y'=-y \end{cases}$	$\begin{cases} x'=y \\ y'=x \end{cases}$	$\begin{cases} x'=-y \\ y'=-x \end{cases}$

(4) 회전변환 $\begin{pmatrix} \cos\theta & -\sin\theta \\ \sin\theta & \cos\theta \end{pmatrix}$ (원점을 중심으로 θ만큼 회전)

┃ **예문** ┃ 오른쪽 그림과 같은 직각 삼각형이 일차변환에 의해 옮겨질 수 있는 도형을 <보기> 중에서 모두 고르면?

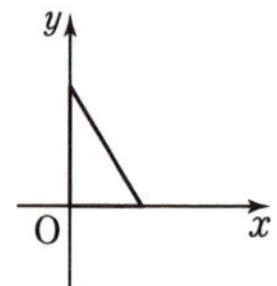

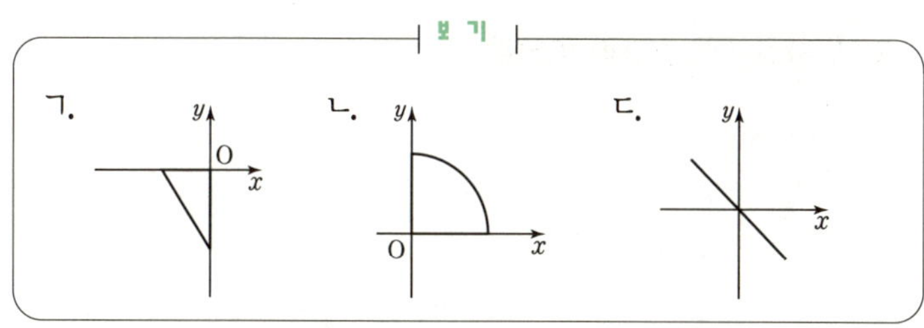

풀이 ≫ ㄱ은 180° 회전이동시켜서 얻어진다.

ㄷ은 $\begin{pmatrix} a & b \\ c & d \end{pmatrix}$ 에서 $ad-bc=0$ $(a^2+b^2+c^2+d^2\neq0)$인 행렬에 의해서 옮겨질 수 있다. (직선은 일차변환에 의해 직선이나 한 점으로 이동)

답 ㄱ, ㄷ

┃예문┃ 행렬 $\begin{pmatrix} a & b \\ -3 & 2 \end{pmatrix}$로 나타내어지는 일차변환 f에 의하여 직선

$y=x+1$은 이것과 직교하는 직선으로 옮기고, 점 A$(-1, 0)$, B$(0, 1)$의 상을 각각 A$'$, B$'$라 할 때, $\angle$OA$'$B$'$는 직각이 된다. 이 때 a, b의 값을 구하여라. (단, O는 원점)

풀이 ≫ A$' : \begin{pmatrix} a & b \\ -3 & 2 \end{pmatrix}\begin{pmatrix} -1 \\ 0 \end{pmatrix}=\begin{pmatrix} -a \\ 3 \end{pmatrix}$

B$' : \begin{pmatrix} a & b \\ -3 & 2 \end{pmatrix}\begin{pmatrix} 0 \\ 1 \end{pmatrix}=\begin{pmatrix} b \\ 2 \end{pmatrix}$

A, B가 모두 직선 $y=x+1$ 위에 있으므로 $\overline{A'B'}$의 기울기가 -1이 된다.

$$\frac{-1}{b+a}=-1 \qquad \therefore\ a+b=1$$

또 $\angle$OA$'$B$'$=90°이므로

$$\overline{OB'^2}=\overline{OA'^2}+\overline{A'B'^2}$$

$b^2+4=a^2+9+(a+b)^2+1$에서 $a=-3,\ b=4 \cdots$ **답**

2. 일차변환의 합성과 역변환

1. 합성변환

두 일차변환 f, g를 나타내는 행렬이 A, B일 때 합성변환 $g{\circ}f$
를 나타내는 행렬은 BA이다.

$$g{\circ}f : (x,\ y) \xrightarrow[A]{f} (x',\ y') \xrightarrow[B]{g} (x'',\ y'')$$

$$\underbrace{\hspace{5cm}}_{g{\circ}f}$$

2. 역변환

일차변환 f를 나타내는 행렬이 A일 때, 역변환 f^{-1}를 나타내는
행렬은 A^{-1}이다.

$$(x,\ y) \xrightarrow[A]{f} (x',\ y)$$

$$\underbrace{\hspace{3cm}}_{\substack{f^{-1} \\ A^{-1}}}$$

3. 합성변환의 역변환

두 일차변환 f, g를 나타내는 행렬이 각각 A, B이고 그 역행렬
A^{-1}, B^{-1}가 존재할 때
$(g{\circ}f)^{-1}=f^{-1}{\circ}g^{-1}$ 이고 행렬은 $(BA)^{-1}=A^{-1}B^{-1}$
$f{\circ}f^{-1}=f^{-1}{\circ}f=I$ (단, I는 항등행렬)이고 행렬은
$AA^{-1}=A^{-1}A=E$

┃ 예문 ┃ 좌표평면에서의 회전변환 f와 대칭변환 g를 나타내는 행렬이

각각 $\begin{pmatrix} 0 & -1 \\ 1 & 0 \end{pmatrix}$, $\begin{pmatrix} -1 & 0 \\ 0 & 1 \end{pmatrix}$이다.

두 변환 f와 g를 유한번 합성하여 얻을 수 있는 합성변환에 의해 점

$P\left(\dfrac{\sqrt{3}}{2},\ \dfrac{1}{2}\right)$이 옮겨질 수 있는 점은 P를 포함하여 모두 몇 개인가?

풀이 ≫ $f : \begin{pmatrix} 0 & -1 \\ 1 & 0 \end{pmatrix} = \begin{pmatrix} \cos 90° & -\sin 90° \\ \sin 90° & \cos 90° \end{pmatrix}$에서 f

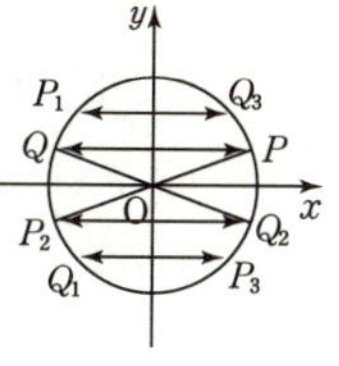

는 원점을 중심으로 $90°$ 만큼의 회전변환을 나타내고

$g : \begin{pmatrix} -1 & 0 \\ 0 & 1 \end{pmatrix}$은 y축에 대한 대칭변환이다.

또한 점 $P\left(\dfrac{\sqrt{3}}{2},\ \dfrac{1}{2}\right) = (\cos 30°,\ \sin 30°)$이므로

x축과 $30°$의 각을 이룬 단위원 위의 점이다.

따라서 위의 그림에서

$f(P) = P_1,\ f(P_1) = P_2,\ f(P_2) = P_3,\ f(P_3) = P$

$g(P) = Q,\ g(Q) = P,\ f(Q) = Q_1,\ f(Q_1) = Q_2,\ f(Q_2) = Q_3,\ f(Q_3) = Q$라

하면 f와 g의 유한번 합성에 의한 점 P의 상은 $P,\ P_1,\ P_2,\ P_3,\ Q,\ Q_1,$

$Q_2,\ Q_3$ 중 어느 하나가 된다.

답 8개

3. 일차변환과 도형

일차변환 f를 나타내는 행렬이 $A=\begin{pmatrix} a & b \\ c & d \end{pmatrix}$일 때

1. A^{-1}가 존재할 때

$$\begin{pmatrix} x' \\ y' \end{pmatrix}=\begin{pmatrix} a & b \\ c & d \end{pmatrix}\begin{pmatrix} x \\ y \end{pmatrix} \longrightarrow \begin{pmatrix} x \\ y \end{pmatrix}=\begin{pmatrix} a & b \\ c & d \end{pmatrix}^{-1}\begin{pmatrix} x' \\ y' \end{pmatrix}$$

$f : R^2 \longrightarrow R^2$은 일대일대응이다.

즉, 평면위의 점은 평면위의 점으로 일대일 대응된다.

2. $A \neq O$, A^{-1}가 존재하지 않는 경우

원점을 지나는 직선 또는 한 점으로 옮겨진다.

3. $A=O$일 때 평면 위의 모든 점은 원점$(0,\ 0)$이 대응된다.

4. 일차변환의 성질

일차변환 $f : X \longrightarrow X'$에서 임의의 실수 k에 대하여

$$f(kX)=kf(X),\ f(X_1+X_2)=f(X_1)+f(X_2)$$

▌예문▐ 두 일차변환 $f : \begin{pmatrix} x' \\ y' \end{pmatrix}=\begin{pmatrix} 2 & 1 \\ 3 & 2 \end{pmatrix}\begin{pmatrix} x \\ y \end{pmatrix}$, $g : \begin{pmatrix} x' \\ y' \end{pmatrix}=\begin{pmatrix} -1 & 5 \\ 2 & 7 \end{pmatrix}\begin{pmatrix} x \\ y \end{pmatrix}$가 있다. $f \circ h \circ f^{-1}=g$를 만족하는 일차변환 h에 의해 점 $(-2,\ 4)$는 어떤 점으로 옮겨지는가?

풀이 ≫ $f \circ h \circ f^{-1}=g \Rightarrow f^{-1}\circ(f \circ h \circ f^{-1})\circ f=f^{-1}\circ g \circ f \qquad \therefore\ h=f^{-1}\circ g \circ f$

$$h : \begin{pmatrix} x' \\ y' \end{pmatrix}=\begin{pmatrix} 2 & 1 \\ 3 & 2 \end{pmatrix}^{-1}\begin{pmatrix} -1 & 5 \\ 2 & 7 \end{pmatrix}\begin{pmatrix} 2 & 1 \\ 3 & 2 \end{pmatrix}\begin{pmatrix} x \\ y \end{pmatrix}$$

$\begin{pmatrix} x' \\ y' \end{pmatrix}=\begin{pmatrix} 2 & -1 \\ -3 & 2 \end{pmatrix}\begin{pmatrix} -1 & 5 \\ 2 & 7 \end{pmatrix}\begin{pmatrix} 2 & 1 \\ 3 & 2 \end{pmatrix}\begin{pmatrix} x \\ y \end{pmatrix}$에 $x=-2,\ y=4$를 대입하여

$$\therefore\ \begin{pmatrix} x' \\ y' \end{pmatrix}=\begin{pmatrix} 2 & -1 \\ -3 & 2 \end{pmatrix}\begin{pmatrix} -1 & 5 \\ 2 & 7 \end{pmatrix}\begin{pmatrix} 2 & 1 \\ 3 & 2 \end{pmatrix}\begin{pmatrix} -2 \\ 4 \end{pmatrix}=\begin{pmatrix} 2 & -1 \\ -3 & 2 \end{pmatrix}\begin{pmatrix} 10 \\ 14 \end{pmatrix}=\begin{pmatrix} 6 \\ -2 \end{pmatrix}$$

답 $(6,\ -2)$

참고 일차변환은 상수항이 없는 $x,\ y$의 일차 연립방정식꼴만 가능하다.

$$x'=ax+bx,\ y'=cx+dy$$

1. 삼각함수의 덧셈정리

1. 삼각함수의 덧셈정리

$$\sin(\alpha\pm\beta)=\sin\alpha\cos\beta\pm\cos\alpha\sin\beta$$
$$\cos(\alpha\pm\beta)=\cos\alpha\cos\beta\mp\sin\alpha\sin\beta\ \text{(복부호 동순)}$$
$$\tan(\alpha\pm\beta)=\frac{\tan\alpha\pm\tan\beta}{1\mp\tan\alpha\tan\beta}\ \text{(복부호 동순)}$$

2. 삼각함수의 합성

$$a\sin\theta+b\cos\theta=\sqrt{a^2+b^2}\sin(\theta+\alpha)=\sqrt{a^2+b^2}\cos(\theta-\beta)$$
$$\left(\text{단, }\ \sin\alpha=\cos\beta=\frac{b}{\sqrt{a^2+b^2}},\ \cos\alpha=\sin\beta=\frac{a}{\sqrt{a^2+b^2}}\right)$$

3. 두 직선이 이루는 각

두 직선 $y=mx+b$와 $y=m'x+b'$이 이루는 각을 θ라 하면

(1) $mm'=-1$일 때 $\theta=90°$

(2) $mm'\neq-1$일 때 $\tan\theta=\left|\dfrac{m-m'}{1+mm'}\right|$

4. 배각의 공식

$$\sin 2\alpha=2\sin\alpha\cos\alpha$$
$$\cos 2\alpha=\cos^2\alpha-\sin^2\alpha=2\cos^2\alpha-1=1-2\sin^2\alpha$$
$$\tan 2\alpha=\frac{2\tan\alpha}{1-\tan^2\alpha}$$

5. 반각의 공식

$$\sin^2\frac{\alpha}{2}=\frac{1-\cos\alpha}{2},\ \cos^2\frac{\alpha}{2}=\frac{1+\cos\alpha}{2},\ \tan^2\frac{\alpha}{2}=\frac{1-\cos\alpha}{1+\cos\alpha}$$

┃ 예문 ┃ $\angle C$가 직각이고 $\angle B$의 크기가 $\dfrac{\pi}{3}$인 직각삼각형 ABC의 변 BC위에 점 D를 잡고, $\angle BAD$의 크기를 θ라 할 때, $\dfrac{\overline{BD}}{\overline{AB}}$를 $\sin\theta$, $\cos\theta$를 사용한 식으로 나타내어라.

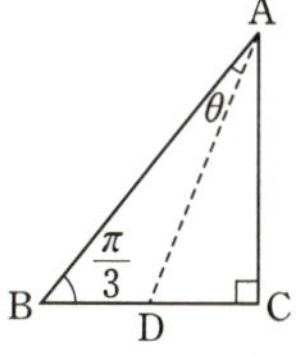

 $\overline{BC}=k$, $\overline{BD}=x$ 라 하면 $\overline{AB}=2k$, $\overline{AC}=\sqrt{3}\,k$

$\triangle ACD$에서 $\dfrac{k-x}{\sqrt{3}\,k}=\tan\left(\dfrac{\pi}{6}-\theta\right)=\dfrac{\tan\dfrac{\pi}{6}-\tan\theta}{1+\tan\dfrac{\pi}{6}\tan\theta}=\dfrac{\dfrac{1}{\sqrt{3}}-\tan\theta}{1+\dfrac{1}{\sqrt{3}}\tan\theta}$

$1-\dfrac{x}{k}=\dfrac{\sqrt{3}-3\tan\theta}{\sqrt{3}+\tan\theta}$ $\qquad$ $\dfrac{x}{k}=\dfrac{4\tan\theta}{\sqrt{3}+\tan\theta}$

$\tan\theta=\dfrac{\sin\theta}{\cos\theta}$ 로 놓으면 $\dfrac{\overline{BD}}{\overline{AB}}=\dfrac{x}{2k}=\dfrac{2\sin\theta}{\sqrt{3}\cos\theta+\sin\theta}$ $\cdots$ 답

| 예문 | 직선 $y=\dfrac{1}{2}x$ 를 원점 둘레에 양의 방향으로 $\dfrac{\pi}{4}$ 만큼 회전해서 생기는 직선의 방정식을 구하여라.

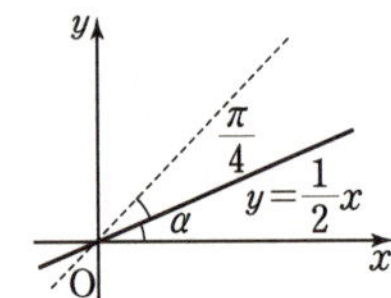

$\tan\alpha=\dfrac{1}{2}$ 이고, $\tan\left(\alpha+\dfrac{\pi}{4}\right)=\dfrac{\tan\alpha+\tan\dfrac{\pi}{4}}{1-\tan\alpha\tan\dfrac{\pi}{4}}=\dfrac{\dfrac{1}{2}+1}{1-\dfrac{1}{2}\times1}=3$

$\therefore\ y=3x\cdots$ 답

| 예문 | 어떤 삼각형의 세 변의 길이 a, b, c가
$(b+c):(c+a):(a+b)=4:5:6$일 때 다음을 구하여라.
(1) $\cos 2A$ $\qquad\qquad\qquad\qquad$ (2) $\sin B$

$b+c=4k$, $c+a=5k$, $a+b=6k$에서 (k는 0이 아닌 실수)

$a=\dfrac{7}{2}k$, $b=\dfrac{5}{2}k$, $c=\dfrac{3}{2}k$

(1) $\cos A=\dfrac{b^2+c^2-a^2}{2bc}=-\dfrac{1}{2}$ $\qquad$ $\therefore\ \cos 2A=2\cos^2 A-1=-\dfrac{1}{2}\cdots$ 답

(2) $\cos B=\dfrac{c^2+a^2-b^2}{2ca}=\dfrac{11}{14}$ $\qquad$ $\therefore\ \sin B=\dfrac{5}{14}\sqrt{3}\cdots$ 답

 옆 그림 이용

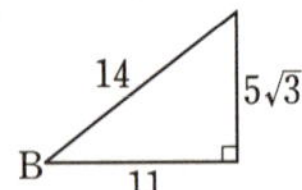

2. 곱을 합·차로, 합·차를 곱으로 고치는 공식

1. 곱을 합·차로 고치는 공식

$$\sin\alpha\cos\beta=\frac{1}{2}\{(\sin(\alpha+\beta)+\sin(\alpha-\beta)\},$$

$$\cos\alpha\cos\beta=\frac{1}{2}\{\cos(\alpha+\beta)+\cos(\alpha-\beta)\}$$

$$\cos\alpha\sin\alpha=\frac{1}{2}\{\sin(\alpha+\beta)-\sin(\alpha-\beta)\},$$

$$\sin\alpha\sin\beta=-\frac{1}{2}\{\cos(\alpha+\beta)-\cos(\alpha-\beta)\}$$

2. 합·차를 곱으로 고치는 공식

$$\sin A+\sin B=2\sin\frac{A+B}{2}\cos\frac{A-B}{2},$$

$$\sin A-\sin B=2\cos\frac{A+B}{2}\sin\frac{A-B}{2}$$

$$\cos A+\cos B=2\cos\frac{A+B}{2}\cos\frac{A-B}{2},$$

$$\cos A-\cos B=-2\sin\frac{A+B}{2}\sin\frac{A-B}{2}$$

3. 삼각형의 일반해

삼각형의 특수해가 α일 때, n이 임의의 정수이면

$\sin x=a(|a|\leqq1)$의 일반해는 $x=n\pi+(-1)^{n}\alpha$

$\cos x=a(|a|\leqq1)$의 일반해는 $x=2n\pi\pm\alpha$

$\tan x=a$의 일반해는 $x=n\pi+\alpha$

┃ 예문 ┃ $0\leqq\theta\leqq2\pi$일 때, $\dfrac{1}{3+4\sin^2\theta}+\dfrac{1}{3+4\cos^2\theta}$의 최소값은?

풀이 ≫ $\sin^2\theta=\dfrac{1-\cos2\theta}{2}$, $\cos^2\theta=\dfrac{1+\cos2\theta}{2}$ 이므로

주어진 식$=\dfrac{1}{3+4\cdot\dfrac{1-\cos2\theta}{2}}+\dfrac{1}{3+4\cdot\dfrac{1+\cos2\theta}{2}}$

$$= \frac{1}{5-2\cos 2\theta} + \frac{1}{5+2\cos 2\theta} = \frac{10}{25-4\cos^2 2\theta}$$

$\therefore$ 최소값은 $\cos^2 2\theta = 0$일 때 $\dfrac{2}{5}$ … 답

| 예문 | 방정식 $\cos^2 x - \sin^2 2x = 0$을 만족하는 $0 \leq x \leq 2\pi$인 서로 다른 실근의 개수는?

풀이 ≫ $\sin 2x = 2\sin x \cos x$이므로

$$\cos^2 x - \sin^2 2x = \cos^2 x - 4\sin^2 x \cos^2 x = 0$$

$$\cos^2 x (1 - 4\sin^2 x) = 0, \quad \cos^2 x = 0, \quad \sin x = \pm \frac{1}{2}$$

$$\therefore x = \frac{\pi}{2}, \ \frac{3}{2}\pi, \ \frac{\pi}{6}, \ \frac{5}{6}\pi, \ \frac{7}{6}\pi, \ \frac{11}{6}\pi$$

답 **6개**

| 예문 | $0 \leq x \leq \dfrac{\pi}{2}$일 때 다음 삼각방정식의 해를 구하여라.

$$\sin^2 x + \sin^2 2x + \sin^2 3x = \frac{3}{2}$$

풀이 ≫ 2배각 공식을 이용하여 변형하면

$$\frac{1}{2}(1-\cos 2x) + \frac{1}{2}(1-\cos 4x) + \frac{1}{2}(1-\cos 6x) = \frac{3}{2}$$

$\cos 2x + \cos 4x + \cos 6x = 0$에서

$$(\cos 2x + \cos 6x) + \cos 4x$$
$$= 2\cos 4x \cos 2x + \cos 4x$$
$$= \cos 4x (2\cos 2x + 1) = 0$$

$$\therefore \cos 4x = 0, \quad \cos 2x = -\frac{1}{2}$$

$0 \leq x \leq \dfrac{\pi}{2}$에서 $0 \leq 4x \leq 2\pi, \ 0 \leq 2x \leq \pi$

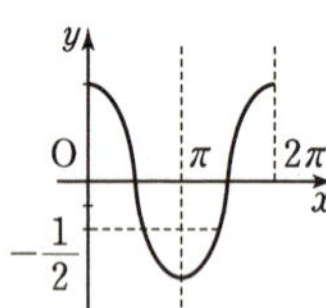

$$\therefore 4x = \frac{\pi}{2}, \ \frac{3}{2}\pi \qquad 2x = \frac{2}{3}\pi$$

$\therefore$ 준식의 해는 $x = \dfrac{\pi}{8}, \ \dfrac{3}{8}\pi, \ \dfrac{\pi}{3}$ … 답

3. 복소수의 극형식

1. 복소평면

(1) 좌표평면 위의 임의의 점 $P(a,\ b)$와 $a+bi$ ($a,\ b$는 실수, $i=\sqrt{-1}$)인 모양의 수를 **복소수**라고 한다.

(2) 실수를 수직선 위의 점과 대응시켜서 나타내는 것과 같이 복소수를 평면 위의 점과 대응시켜 나타낼 수 있다. 즉, 모든 복소수와 평면 위의 점으로써 복소수를 나타낼 때, 이 평면을 **복소평면** 또는 **가우스평면**이라고 한다.

2. 복소수의 극형식

복소수 $a+bi=z$라 할 때, 복소수 z를 나타내는 점을 $P(z)$ 또는 점 z라 한다.

$\overline{OP}$의 길이를 r, $\overrightarrow{OP}$가 x축의 양의 방향과 이루는 각을 θ라고 하면 $a=r\cos\theta,\ b=r\sin\theta$

$\therefore\ z=a+bi=r(\cos\theta+i\sin\theta)$

이것을 복소수의 극형식이라 하고 r을 절대값, θ를 편각이라고 하며 $r=|z|=\sqrt{a^2+b^2},\ \theta=\arg z$

┃예문┃ 복소수 z가 $z+\overline{z}=2$, $\arg(z)=\dfrac{\pi}{3}$을 만족시킬 때, z^3의 값은?

(단, $\overline{z}$는 z의 켤레복소수이며, $\arg(z)$는 z의 편각임.)

풀이 >>> $z=r\left(\cos\dfrac{\pi}{3}+i\sin\dfrac{\pi}{3}\right)$라 하면 $\overline{z}=r\left(\cos\dfrac{\pi}{3}-i\sin\dfrac{\pi}{3}\right)$

$\therefore\ z+\overline{z}=2r\cos\dfrac{\pi}{3}=r=2$

따라서 복소수 z는 극형식을 써서 $z=2\left(\cos\dfrac{\pi}{3}+i\sin\dfrac{\pi}{3}\right)$

$z^3=2^3(\cos\pi+i\sin\pi)=-8\cdots$ 답

참고 극좌표는 복소수의 크기 r, 편각 θ 즉 $(r,\ \theta)$가 주어지면 결정되고, 직각 좌표에서는 $(x,\ y)$ 좌표가 주어질 때 점의 위치가 결정된다.

4. 복소수의 계산

1. 복소수의 합과 차

두 복소수 $z_1 = a + bi$, $z_2 = c + di$에 대하여

(1) z_1, z_2가 나타내는 점을 각각 P_1, P_2, $z = z_1 + z_2 = (a + c) + (b + d)i$가 나타내는 점을 P라고 하면 오른쪽 그림과 같이 되어서 P는 $\overline{OP_1}$과 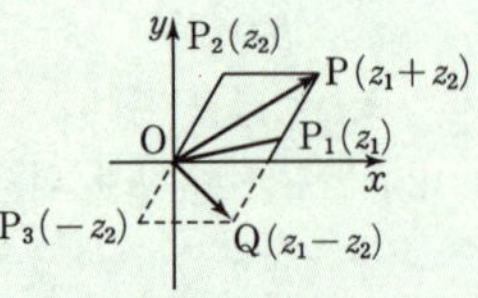
$\overline{OP_2}$를 이웃으로 하는 평행사변형의 제4의 꼭지점이 된다.

(2) $P_3(-z_2)$라 할 때 $z = z_1 - z_2 = z_1 + (-z_2)$를 나타내는 점을 Q라고 하면 $Q(z)$는 $\overline{OP_1}$과 $\overline{OP_3}$을 이웃으로 하는 평행사변형의 제4의 꼭지점이다.

2. 복소수의 곱과 몫

$z_1 = r_1(\cos\theta_1 + i\sin\theta_1)$, $z_2 = r_2(\cos\theta_2 + i\sin\theta_2)$에 대하여

(1) $z_1 z_2 = r_1 r_2 \{\cos(\theta_1 + \theta_2) + i\sin(\theta_1 + \theta_2)\}$

$|z_1 z_2| = r_1 r_2 = |z_1||z_2|$, $\arg P(z_1 z_2) = \theta_1 + \theta_2 = \arg(z_1) + \arg(z_2)$

(2) $\dfrac{z_1}{z_2} = \dfrac{r_1}{r_2} = \dfrac{|z_1|}{|z_2|}$, $\arg\left(\dfrac{z_1}{z_2}\right) = \theta_1 - \theta_2 = \arg(z_1) - \arg(z_2)$

3. 드 모아브르 정리

n이 정수일 때 $(\cos\theta + i\sin\theta)^n = \cos n\theta + i\sin n\theta$

| 예문 | 복소평면 위의 다음 곡선 중, 그 위의 어떠한 두 점 P(z_1),

Q(z_2)에 대하여도 복소수 $\dfrac{z_1}{z_2}$이 순허수가 될 수 <u>없는</u> 것은?

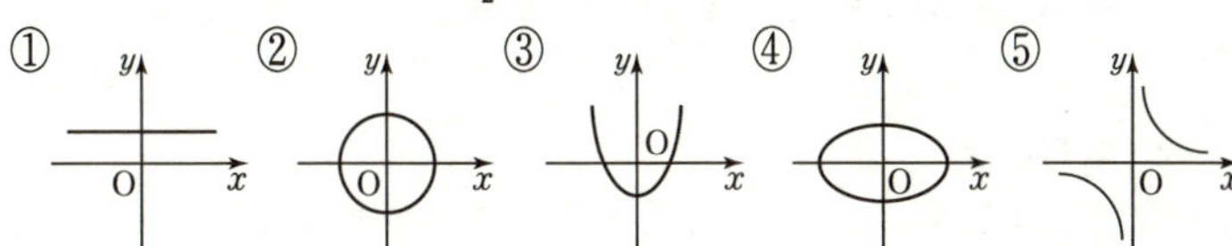

풀이 $\dfrac{z_1}{z_2}=r(\cos\theta+i\sin\theta)\,(r>0)$으로 놓자. $\dfrac{z_1}{z_2}$가 순허수가 되려면

$$\cos\theta=0,\ \therefore\ \theta=2n\pi\pm\frac{\pi}{2}\ (n\text{은 정수})$$

$$\therefore\ \arg z_1-\arg z_2=2n\pi\pm\frac{\pi}{2}\ (n\text{은 정수})$$

곡선 위의 적당한 두 점 P(z_1), Q(z_2)을 잡아서 $\angle POQ$의 크기가 $\pm\dfrac{\pi}{2}$
되게 할 수 없는 것은 ⑤ 이다.

답 ⑤

| 예문 | 방정식 $z^3=-2i$를 풀어라. (단, $i=\sqrt{-1}$)

풀이 $z=r(\cos\theta+i\sin\theta)$로 놓으면 $z^3=r^3(\cos3\theta+i\sin3\theta)$

또 $-2i=2(-i)=2\left(\cos\dfrac{3}{2}\pi+i\sin\dfrac{3}{2}\pi\right)$

$$\therefore\ r^3(\cos3\theta+i\sin3\theta)=2\left(\cos\frac{3}{2}\pi+i\sin\frac{3}{2}\pi\right)$$

$$r=\sqrt[3]{2},\ 3\theta=\frac{3}{2}\pi+2n\pi\ (n\text{은 정수})$$

$$\therefore\ z=\sqrt[3]{2}\left\{\cos\left(\frac{\pi}{2}+\frac{2}{3}n\pi\right)+i\sin\left(\frac{\pi}{2}+\frac{2}{3}n\pi\right)\right\}\cdots①$$

①에 $n=0,\ 1,\ 2$를 대입하면 $z_0=\sqrt[3]{2}\left(\cos\dfrac{\pi}{2}+i\sin\dfrac{\pi}{2}\right)=\sqrt[3]{2}\,i$

$$z_1=\sqrt[3]{2}\left(\cos\frac{7}{6}\pi+i\sin\frac{7}{6}\pi\right)=\sqrt[3]{2}\left(-\frac{\sqrt{3}}{2}-\frac{1}{2}i\right)=-\sqrt[3]{2}\left(\frac{\sqrt{3}}{2}+\frac{1}{2}i\right)$$

$$z_2=\sqrt[3]{2}\left(\cos\frac{11}{6}\pi+i\sin\frac{11}{6}\pi\right)=\sqrt[3]{2}\left(\frac{\sqrt{3}}{2}-\frac{1}{2}i\right)$$

5. 복소수와 도형

1. 점의 평행이동 : 점 z를 α만큼 평행이동한 점 w는
$$w=z+\alpha$$

2. 회전이동
(1) 점 z를 원점을 중심으로 θ만큼 회전이동한 점 w는
$$w=z(\cos\theta+i\sin\theta)$$
(2) 점 z를 α를 중심으로 θ만큼 회전이동한 점 w는
$$w=\alpha+(z-\alpha)(\cos\theta+i\sin\theta)$$

6. 도형의 방정식

1. 원의 방정식 : 점 α를 중심으로 하고 실수 r을 반지름으로 하는 원의 방정식은
$$|z-\alpha|=r$$

2. 타원의 방정식 : 두 점 α, β를 초점으로 하고 장축의 길이를 a로 하는 타원의 방정식은
$$|z-\alpha|+|z-\beta|=a(\text{일정})$$

3. 선분의 수직이등분 : 점 α, β를 잇는 선분의 수직이등분선은
$$|z-\alpha|=|z-\beta|$$

참고 원의 방정식에서
$z=x+yi(x,\ y\text{는 실수}),\ \alpha=a+bi(a,\ b\text{는 실수})$
$|z-\alpha|=r \Rightarrow |z-\alpha|^2=r^2$
$|(x+yi)-(a+bi)|^2=r^2$
$\Rightarrow (x-a)^2+(y-b)^2=r^2$
공통수학 방법과 일치한다.

▌예문▐ $z=2+3i$, $\alpha=1+2i$라 할 때, 점 z를 α를 중심으로 $60°$만큼 회전이동한 점을 나타내는 복소수 β를 구하여라.

풀이 ≫

$$\beta=\alpha+(z-\alpha)(\cos 60°+i\sin 60°)$$

$$=(1+2i)+(1+i)\left(\frac{1}{2}+\frac{\sqrt{3}}{2}i\right)$$

$$=(1+2i)+\left(\frac{1-\sqrt{3}}{2}+\frac{1+\sqrt{3}}{2}i\right)$$

$$=\frac{3-\sqrt{3}}{2}+\frac{5+\sqrt{3}}{2}i\cdots\text{답}$$

▌예문▐ 복소수 z가 $1+i$를 중심으로 하는 반지름 1인 원둘레 위를 움직일 때, $w=\dfrac{1-iz}{1+iz}$는 어떤 도형을 그리는가 ?

풀이 ≫ 복소수 z가 원위의 점이므로

$$|z-(1+i)|=1\cdots①$$

또 $w=\dfrac{1-iz}{1+iz}$를 z에 관해 정리하면

$$z=\frac{1-w}{i(1+w)}=\frac{i(w-1)}{w+1}\cdots②$$

①, ②에서 z를 소거하면

$$\left|\frac{i(w-1)}{w+1}-(1+i)\right|=1$$

$$\therefore\ |i(w-1)-(1+i)(w+1)|=|w+1|$$

정리하면 $|-w-(1+2i)|=|w+1|$

$$\therefore\ |w+(1+2i)|=|w+1|$$

그러므로 점 w는 복소평면 위에서 점 -1, 점 $-1-2i$에서의 거리가 같은 점의 자취인 직선이다.

즉, 점 $-i$를 지나고 실축에 평행한 직선$\cdots$답

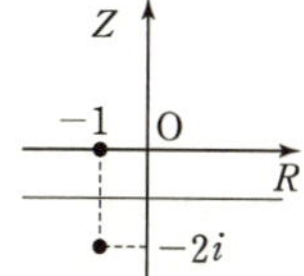

1. 포물선

1. 포물선의 정의

평면위의 정점 F와 F를 지나지 않는 정직선 l이 주어져 있을 때, 점 P에서 F와 직선 l에 이르는 거리가 같은 점 P의 집합 즉 $\overline{PF}=\overline{PH}$(H는 점 P에서 직선 l에 내린 수선의 발)

2. 포물선의 방정식

(1) 초점이 F(p, 0), 준선이 $x=-p$인 포물선의 방정식은 $y^2=4px$

(2) 초점이 F(0, p), 준선이 $y=-p$인 포물선의 방정식은 $x^2=4py$

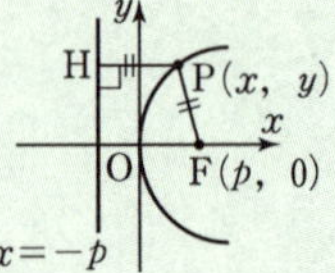

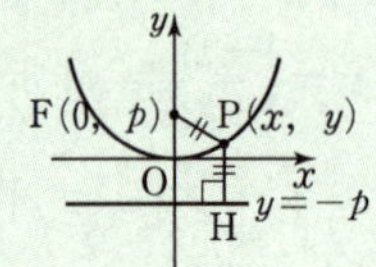

3. 포물선의 접선의 방정식

(1) 기울기 m인 접선의 방정식 : $y=mx+\dfrac{p}{m}$

(2) 포물선 위의 점 $(x_1,\ y_1)$에서의 접선의 방정식은 $y_1y=2p(x+x_1)$

▎예문 ▎ $y^2+2y-4x+5=0$의 초점과 준선의 방정식은?

풀이 》》 $(y+1)^2=4x-4 \Rightarrow (y+1)^2=4(x-1)$은 $y^2=4x$를 x축으로 1만큼, y축으로 -1만큼 평행이동한 것이므로 $y^2=4x$의 초점 $(1, 0)$, 준선 $x=-1$을 평행이동하여 초점 $(2, -1)$, 준선 : $\boldsymbol{x=0}\cdots$답

▎예문 ▎ 포물선 $y^2=8x$ 위의 점 $(2, 4)$에서의 접선과 이 포물선의 초점과의 거리는?

풀이 》》 접선의 방정식은 $y_1y=2p(x+x_1)$을 적용하여 $4y=4(x+2)$ 즉 $x-y+2=0$과 초점 $(2, 0)$ 사이의 거리 $\dfrac{|2-0+2|}{\sqrt{1^2+(-1)^2}}=\dfrac{4}{\sqrt{2}}$

답 $\boldsymbol{2\sqrt{2}}$

2. 타원

1. 타원의 정의

평면 위의 두 정점에서의 거리의 합이 일정한 점집합을 타원이라고 한다. $\overline{PF}+\overline{PF'}=2a$(또는 $2b$)

2. 타원의 방정식

$$\frac{x^2}{a^2}+\frac{y^2}{b^2}=1\,(0<b<a)$$

장축 : $2a$, 단축 : $2b$

초점의 좌표$(\pm\sqrt{a^2-b^2},\ 0)$

$$\frac{x^2}{a^2}+\frac{y^2}{b^2}=1\,(0<a<b)$$

장축 : $2b$, 단축 : $2a$

초점의 좌표$(0,\ \pm\sqrt{b^2-a^2})$

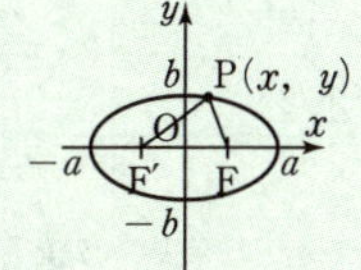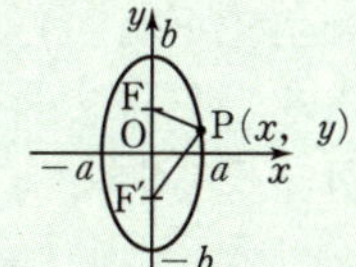

3. 타원 $\dfrac{x^2}{a^2}+\dfrac{y^2}{b^2}=1$ 인 접선의 방정식

(1) 기울기가 m인 접선의 방정식 : $y=mx\pm\sqrt{a^2m^2+b^2}$

(2) 타원 위의 점 $(x_1,\ y_1)$에서의 접선의 방정식 : $\dfrac{x_1x}{a^2}+\dfrac{y_1y}{b^2}=1$

┃ 예문 ┃ 이차곡선 $x^2-4x+9y^2-5=0$과 중심이 $(2,\ 0)$이고 반지름의 길이가 a인 원이 서로 다른 네 점에서 만나도록 a값의 범위를 정하여라.

풀이 ≫ 주어진 이차곡선은 $\dfrac{(x-2)^2}{9}+y^2=1$로 변형

되므로 오른쪽 그림에서 구하는 원의 반지름 a의 범위는 $1<a<3\cdots$ 답

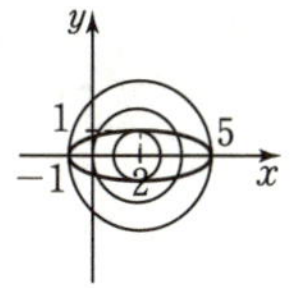

┃ 예문 ┃ 두 정점 $A(2,\ 0)$, $B(-2,\ 0)$에서의 거리의 합이 8인 점 $P(x,\ y)$의 방정식은?

풀이 ≫ $\dfrac{x^2}{a^2}+\dfrac{y^2}{b^2}=1$에서 $2a=8$, 즉 $a=4$, $\sqrt{a^2-b^2}=2$에서 $b^2=12$

$\therefore$ 구하는 타원의 방정식은 $\dfrac{x^2}{16}+\dfrac{y^2}{12}=1\cdots$ 답

3. 쌍곡선

1. 쌍곡선의 정의 : 평면 위에서 두 정점으로부터의 거리의 차가 일정한 점 집합

2. 쌍곡선의 방정식

(1) 두 초점 $F(c,\ 0)$, $F'(-c,\ 0)$으로부터의 거리의 차가 일정한 값 $2a(c>a>0)$인 쌍곡선의 방정식은

$$\frac{x^2}{a^2}-\frac{y^2}{b^2}=1(\text{단},\ b^2=c^2-a^2)$$

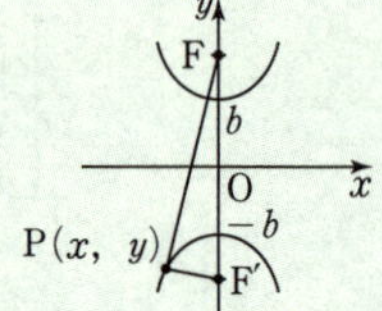

(2) 두 초점 $F(0,\ c)$, $F'(0,\ -c)$로부터의 거리의 차가 일정한 값 $2b(c>b>0)$인 쌍곡선의 방정식은

$$\frac{y^2}{b^2}-\frac{x^2}{a^2}=1(\text{단},\ a^2=c^2-b^2)$$

3. 쌍곡선의 접선의 방정식

(1) 기울기가 m인 쌍곡선 $\dfrac{x^2}{a^2}-\dfrac{y^2}{b^2}=1$의 접선의 방정식은

$$y=mx\pm\sqrt{a^2m^2-b^2}\left(\text{단},\ m\neq\pm\frac{b}{a}\right)$$

(2) 쌍곡선 $\dfrac{x^2}{a^2}-\dfrac{y^2}{b^2}=1$ 위의 한 점 $(x_1,\ y_1)$에서의 접선의 방정식은 : $\dfrac{x_1x}{a^2}-\dfrac{y_1y}{b^2}=1$

4. 쌍곡선의 점근선

쌍곡선 $\dfrac{x^2}{a^2}-\dfrac{y^2}{b^2}=1$의 점근선의 방정식은 $y=\pm\dfrac{b}{a}x$

▌예문▐ 쌍곡선 $\dfrac{x^2}{9}-\dfrac{y^2}{16}=1$ 위의 점 $(a,\ b)$에서의 접선과 x축, y축으로 둘러싸인 삼각형의 넓이는? (단, $a>0,\ b>0$)

풀이 ≫ 접선의 방정식은 $\dfrac{ax}{9}-\dfrac{by}{16}=1$, x축, y축의

교점의 좌표는 $\left(\dfrac{9}{a},\ 0\right),\ \left(0,\ -\dfrac{16}{b}\right)$

따라서 삼각형의 넓이는 $S=\dfrac{1}{2}\times\dfrac{9}{a}\times\dfrac{16}{b}=\dfrac{72}{ab}$

답 $\dfrac{72}{ab}$

▌예문▐ 쌍곡선 $x^2-\dfrac{y^2}{4}=1$에 접하고, 중심이 y축 위에 있는 원이 있다.

점 $A(\sqrt{5},\ 0)$에서 원에 그은 접선의 접점을 B, 원의 중심을 C라 할 때, △ABC에서 $\sin A$의 값을 구하여라.

풀이 ≫

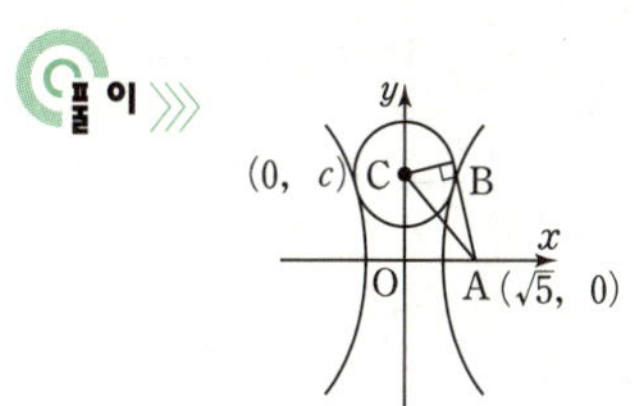

원의 중심 $C(0,\ c)$, 반지름의 길이를 r 이라하면

원의 방정식은 $x^2+(y-c)^2=r^2\cdots$①

①에 쌍곡선의 식을 대입하여 x^2을 소거하면

$\dfrac{y^2}{4}+1+(y-c)^2=r^2$

$5y^2-8cy+4(1+c^2-r^2)=0\cdots$②

원과 쌍곡선이 접하므로 ②는 중근을 갖는다.

$\therefore\ D/4=16c^2-20(1+c^2-r^2)=0$

$\quad\therefore\ 5r^2=c^2+5$

△ABC에서 $\angle B=90°$이므로

$\sin A=\dfrac{\overline{CB}}{\overline{CA}}=\dfrac{r}{\sqrt{5+c^2}}=\dfrac{r}{\sqrt{5}\,r}=\dfrac{1}{\sqrt{5}}\cdots$답

1. 평면의 결정 조건

1. 평면의 결정 조건

두 점을 지나는 평면은 무수히 많으나, 다음과 같은 경우에는 평면이 하나로 결정된다.

(1) 같은 직선 위에 있지 않은 세 점

(2) 한 직선과 그 위에 있지 않은 한 점

(3) 서로 만나는 두 직선

(4) 평행한 두 직선

(1)  (2) 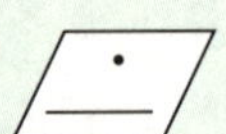 (3)  (4) 

2. 두 직선의 위치 관계

공간에 있는 두 직선의 위치 관계에는 다음의 세 가지 경우가 있다.

(1) 만난다   (2) 평행하다   (3) 꼬인 위치에 있다

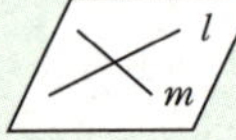   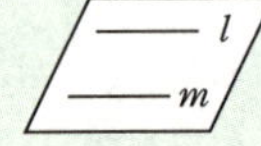   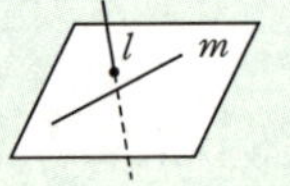

┃ 예문 ┃ 오른쪽 정육면체의 다음 두 선분이 이루는 각의 크기를 구한 것 중에서 옳은 것을 모두 골라라.

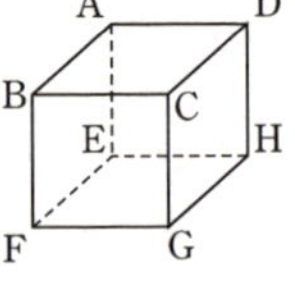

ㄱ. $\overline{AB}$, $\overline{CG}$: $90°$ ㄴ. $\overline{AB}$, $\overline{EG}$: $45°$

ㄷ. $\overline{AB}$, $\overline{FG}$: $90°$ ㄹ. $\overline{AE}$, $\overline{AG}$: $60°$

풀이 ≫ $\overline{AB} /\!/ \overline{DC}$ 이고 $\overline{DC}$ 와 $\overline{CG}$ 는 $90°$ 이므로 ㄱ은 옳음

$\overline{AB} /\!/ \overline{EF}$ 이고 사각형 EFGH는 정사각형이므로 ㄴ은 옳음

$\overline{BC} /\!/ \overline{FG}$ 이고 사각형 ABCD는 정사각형이므로 ㄷ은 옳음

$\overline{AE} : \overline{AG} = 1 : \sqrt{3}$ 이므로 이루는 각은 $60°$ 가 아님 ㄹ은 틀림

답 ㄱ, ㄴ, ㄷ

2. 직선과 평면·두 평면의 위치 관계

1. 직선의 평면의 위치관계

(1) 포함된다　　　(2) 만난다　　　(3) 평행하다

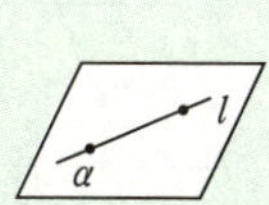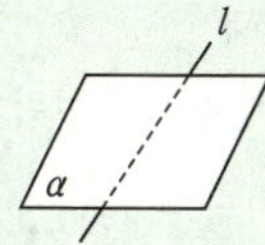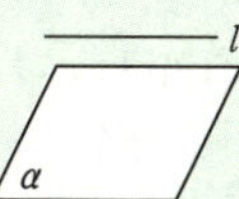

2. 두 평면의 위치 관계

(1) 만난다　　　　　　　　(2) 평행하다

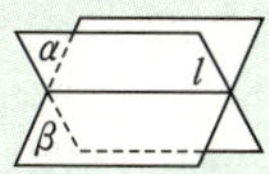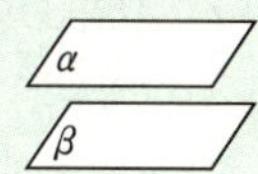

3. 직선과 평면의 수직 관계

직선 l이 평면 α 위의 모든 직선과 수직일 때, 직선 l과 평면 α는 직교한다 또는 수직이라 하고, 기호로 다음과 같이 나타낸다.

$$l \perp \alpha$$

┃ 예문 ┃ 오른쪽 그림과 같은 정육면체에서 두 평면 ABCD와 ABGH가 이루는 각의 크기는?

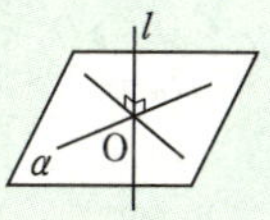

풀이 ≫ 두 평면의 교선은 $\overline{AB}$ 이고 $\overline{AB} /\!/ \overline{GH}$, $\overline{BC} \perp \overline{AB}$ 이므로 두 평면 ABCD와 ABGH가 이루는 각은 $\angle CBG = \angle DAH$ 이다. △CBG가 직각이등변삼각형이므로 $\angle CBG = 45° \cdots$ **답**

┃ 예문 ┃ 정사면체 ABCD의 두 변이 이루는 각의 크기를 θ 라고 할 때, $\cos \theta$ 의 값을 구하면?

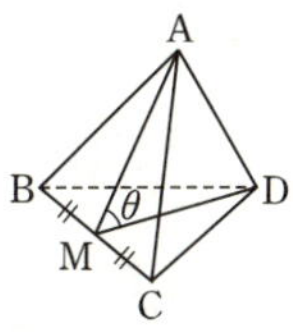

풀이 ≫ 한 변의 길이를 $2a$ 라고 하면, △AMD에서 $\overline{AM} = \overline{MD} = \sqrt{3}\, a$ 이므로

$$(2a)^2 = (\sqrt{3}\, a)^2 + (\sqrt{3}\, a)^2 - 2(\sqrt{3}\, a)^2 \cos \theta$$ 정리해서 $\cos \theta = \dfrac{1}{3} \cdots$ **답**

3. 삼수선의 정리

a를 평면, A를 이 평면 위에 있지 않은 점이라
고 하자. 또, a를 평면 α 위의 직선, B를 직선
a 위의 점, O를 평면 α 위에 있고 직선 a 위에
없는 점이라고 하자. 이 때, 다음이 성립한다.
이것을 **삼수선의 정리**라고 한다.

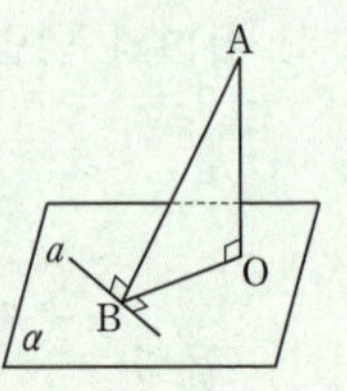

(1) $\overline{AO}\perp\alpha$, $\overline{OB}\perp a$이면　　　　$\overline{AB}\perp a$
(2) $\overline{AO}\perp\alpha$, $\overline{AB}\perp a$이면　　　　$\overline{OB}\perp a$
(3) $\overline{AB}\perp a$, $\overline{OB}\perp a$, $\overline{AO}\perp\overline{OB}$ 이면 $\overline{AO}\perp\alpha$

(1) 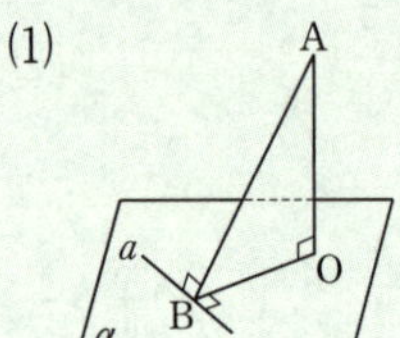 (2) 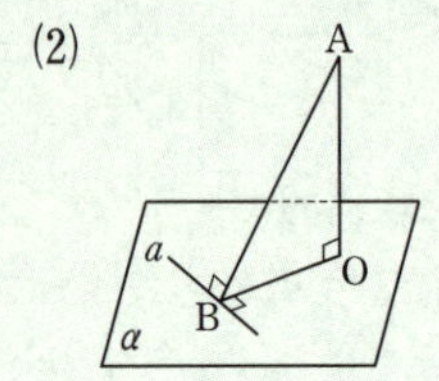 (3) 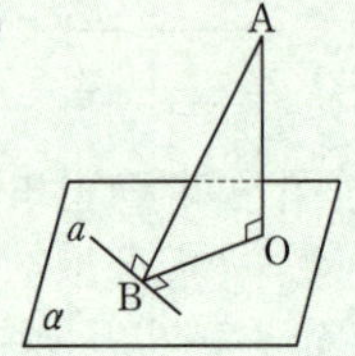

참고 위의 삼수선의 정리 (1)을 증명하여 보자.
$\overline{AO}\perp\alpha$이고, a는 α 위에 있으므로 $\overline{AO}\perp a$, 또, 가정에서 $\overline{OB}\perp a$
그러므로 직선 a는 두 직선 AO, OB에 의하여 결정되는 평면
ABO에 수직이다. (즉, 평면 ABO$\perp a$) 그런데 선분 AB는 평면
ABO에 포함되므로 $\overline{AB}\perp a$.

예문 직육면체 ABCD−EFGH에서 $\overline{AB}=\overline{AE}=2$,
$\overline{AD}=1$이다. 점 D에서 선분 EG에 내린 수선의 발
을 K라 할 때, 선분 DK의 길이는?

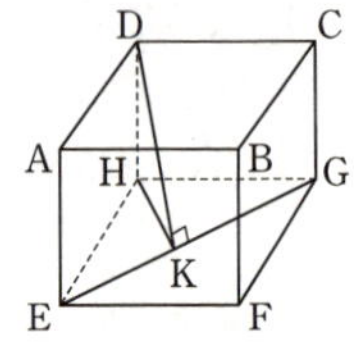

풀이 ▷▷▷ $\triangle$EGH의 넓이는 $S=\dfrac{1}{2}\cdot\overline{EH}\cdot\overline{HG}$

$=\dfrac{1}{2}\times1\times2=\dfrac{1}{2}\times\sqrt{1^2+2^2}\times\overline{HK}$ (∵ 삼수선의 정리에 의해 $\overline{HK}\perp\overline{EG}$)

$\therefore \overline{HK}=\dfrac{2}{\sqrt{5}}$ 그러므로 $\overline{DK^2}=\overline{DH^2}+\overline{HK^2}=4+\dfrac{4}{5}=\dfrac{24}{5}$

$\therefore \overline{DK}=\dfrac{2\sqrt{30}}{5}\cdots$답

4. 정사영

1. 한 평면 α 밖에 그림과 같은 도형 F를 평면 α에 수직으로 평행 광선을 비출 때, 생기는 그림자를 평면 α 위로의 정사영이라 한다.

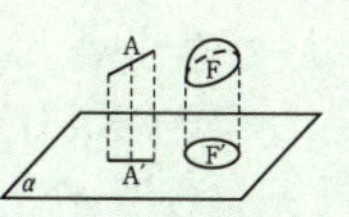

2. 직선 l이 평면 α와 수직이 아닐 때, 직선 l의 평면 α 위로의 정사영을 l'이라고 하자. 이 때, l과 l'이 이루는 각을 직선 l과 평면 α가 이루는 각이라고 한다.

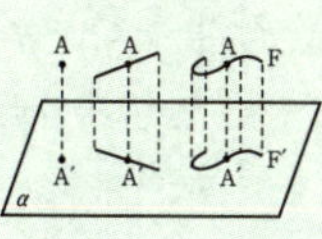

3. $\triangle ABC$의 평면 α 위로의 정사영을 $\triangle A'B'C'$이라 하자. $\triangle ABC$를 포함하는 평면과 α가 이루는 각의 크기를 θ라고 하자. 또, $\triangle ABC$와 $\triangle A'B'C'$의 넓이를 각각 S, S'이라고 하면
$$S' = S \cos \theta$$

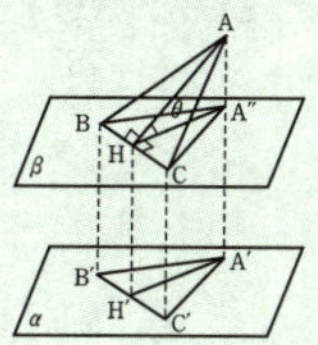

▌예문▐ 한 변의 길이가 $4\,\mathrm{cm}$인 정삼각형 ABC를 포함하는 평면과 $60°$의 각을 이루는 평면을 α라 할 때, $\triangle ABC$의 α 위로의 정사영의 넓이는?

풀이 ≫ $\triangle ABC$의 넓이 $S = \dfrac{1}{2}\cdot 4\cdot 4\cdot\sin 60° = 4\sqrt{3}$

$\triangle ABC$의 α 위로의 정사영의 넓이 $S' = S\times\cos 60° = 4\sqrt{3}\times\dfrac{1}{2} = 2\sqrt{3}\,\cdots$ 답

▌예문▐ 반지름이 2, 높이가 10인 직원기둥이 오른쪽 그림과 같이 평면 α와 $60°$의 각을 이루고 비스듬히 놓여 있다. 이 직원 기둥의 평면 α 위로의 정사영의 넓이는?

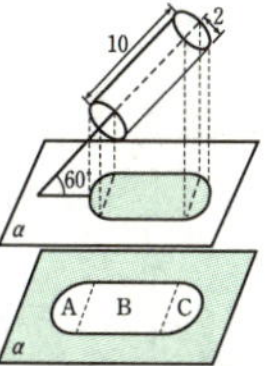

풀이 ≫ 오른쪽 그림의 정사영에서 B부분의 넓이는

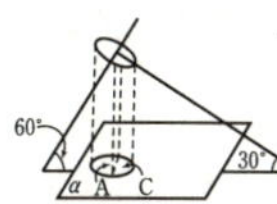

$S_B = (10\times 4)\cos 60° = 20$

또, A부분과 C부분의 넓이의 합은 α와 $30°$의 각을 이루는 반지름이 2인 원의 α 위로의 정사영의 넓이와 같다.

$\therefore S_A + S_C = (\pi\times 2^2)\cos 30° = 2\sqrt{3}\,\pi$

따라서, 구하는 넓이는 $S = S_B + (S_A + S_C) = 20 + 2\sqrt{3}\,\pi\cdots$ 답

5. 공간의 점의 좌표

1. 공간의 한 정점 O에서 서로 직교하는 세 수직선 **OX, OY, OZ**를 **직교좌표축**이라 하며, 점 O를 원점, 세 수직선 OX, OY, OZ를 각각 x축, y축 z축이라 하고 또 x축과 y축, y축과 z축, z축과 x축으로 결정되는 평면을 각각 xy평면, yz평면, zx평면 이라고 한다.

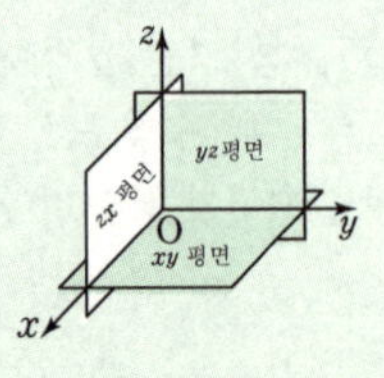

2. 공간의 한 점 P를 지나 평면 YOZ, ZOX, XOY에 각각 평행인 평면을 만들어 이들과 $\overrightarrow{OX}$, $\overrightarrow{OY}$, $\overrightarrow{OZ}$과의 교점을 각각 A, B, C라 하고, 각 수직선에서의 그 좌표를 각각 x, y, z라고 하자. 실수의 순서쌍 $(x,\ y,\ z)$를 점 P의 **공간좌표**라 하고, 기호로 P$(x,\ y,\ z)$와 같이 나타낸다. 이 때, x, y, z를 각각 점 P의 x좌표, y좌표, z좌표라고 한다.

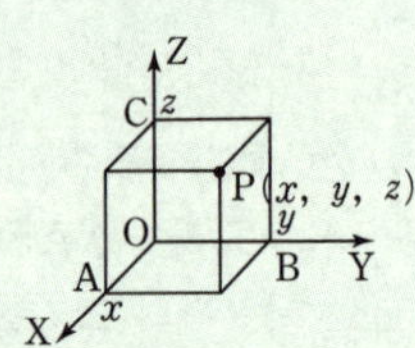

3. 두 점 사이의 거리

좌표공간 위의 두 점 P$(x_1,\ y_1,\ z_1)$, Q$(x_2,\ y_2,\ z_2)$ 사이의 거리는 $\overline{PQ}=\sqrt{(x_2-x_1)^2+(y_2-y_1)^2+(z_2-z_1)^2}$

특히 원점 O와 점 P$(x,\ y,\ z)$ 사이의 거리는

$$\overline{OP}=\sqrt{x^2+y^2+z^2}$$

| 예문 | 두 점 A$(2, 0, 1)$, B$(-1, 3, 2)$에서의 같은 거리에 있는 x축 위의 점의 좌표를 구하면?

풀이 ≫ 구하는 x축 위의 점 P의 좌표를 $(x, 0, 0)$라고 하면

$$\overline{AP}=\sqrt{(x-2)^2+0^2+1^2}=\sqrt{x^2-4x+5}$$

$$\overline{BP}=\sqrt{(x+1)^2+3^2+2^2}=\sqrt{x^2+2x+14}$$

$\therefore\ x^2-4x+5=x^2+2x+14$, 따라서 P의 좌표는 $\left(-\dfrac{3}{2},\ 0,\ 0\right)\cdots$답

6. 선분의 내분점과 외분점

두 점 $A(x_1,\ y_1,\ z_1)$, $B(x_2,\ y_2,\ z_2)$를 이은 선분 $\overline{AB}$를

1. $m : n(m>0,\ n>0)$으로 내분하는 점 P의 좌표는

$$P\left(\frac{mx_2+nx_1}{m+n},\ \frac{my_2+ny_1}{m+n},\ \frac{mz_2+nz_1}{m+n}\right)$$

2. $m : n(m>0,\ m\neq n)$으로 외분하는 점 Q의 좌표는

$$Q\left(\frac{mx_2-nx_1}{m-n},\ \frac{my_2-ny_1}{m-n},\ \frac{mz_2-nz_1}{m-n}\right)$$

7. 구의 방정식

1. 구의 방정식의 표준형

중심이 $C(a,\ b,\ c)$이고 반지름의 길이가 r인 구의 방정식은

$$(x-a)^2+(y-b)^2+(z-c)^2=r^2$$

2. 구의 방정식의 일반형

$A^2+B^2+C^2-4D>0$일 때

$x^2+y^2+z^2+Ax+By+Cz+D=0$은 중심

$\left(-\dfrac{A}{2},\ -\dfrac{B}{2},\ -\dfrac{C}{2}\right)$, 반지름의 길이 $\dfrac{\sqrt{A^2+B^2+C^2-4D}}{2}$인 구이다.

┃ 예문 ┃ 구 $(x-1)^2+(y-2)^2+(z-4)^2=1$ 위의 점에서 xy평면에 이르는 거리의 최대값은?

▶ 풀이 ≫ 구의 중심 $C(1,\ 2,\ 4)$에서 xy평면에 내린 수선의 발을 H라 하면 H의 좌표는 $(1,\ 2,\ 0)$이고 중심에서 xy평면에 이르는 거리 $\overline{CH}$는 점 C의 z좌표인 4와 같다. 또, 반지름의 길이 $r=1$이므로 구 위의 점에서 xy평면에 이르는 거리의 최대값은

$\overline{CH}+r=4+1=5$

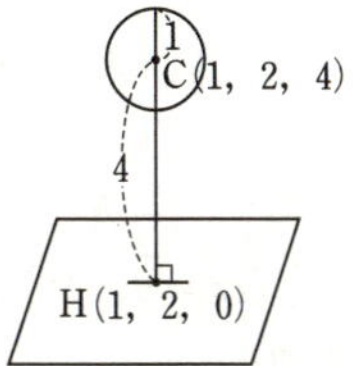

답 5

1. 벡터의 정의와 연산

1. 벡터

크기와 방향을 갖는 양을 벡터라 하고 그림으로는 화살표가 붙은 유향 성분을 이용한다.

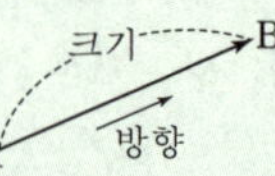

$\overrightarrow{AB}$: 점 A를 벡터 $\overrightarrow{AB}$의 시점, 점 B를 벡터 $\overrightarrow{AB}$의 종점. $\overrightarrow{AB}$, $\overrightarrow{CD}$의 크기와 방향이 같을 때, $\overrightarrow{AB}=\overrightarrow{CD}$

2. 벡터의 연산

(1) 벡터의 덧셈 : $\overrightarrow{AB}+\overrightarrow{BC}=\overrightarrow{AC}$

$\overrightarrow{AB}=\vec{a}$, $\overrightarrow{BC}=\vec{b}$ 라 하면

교환법칙 : $\vec{a}+\vec{b}=\vec{b}+\vec{a}$,

결합법칙 : $(\vec{a}+\vec{b})+\vec{c}=\vec{a}+(\vec{b}+\vec{c})$

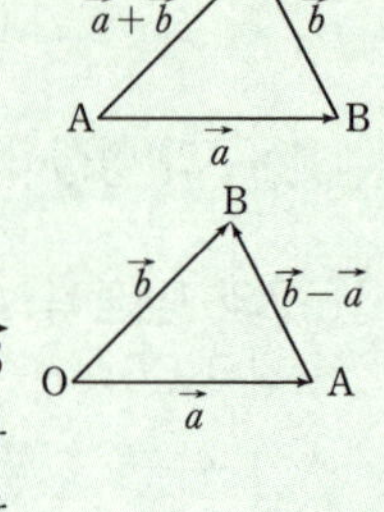

(2) 벡터의 뺄셈 : $\overrightarrow{OB}-\overrightarrow{OA}=\overrightarrow{AB}$

(3) 벡터의 스칼라배 : 실수 k에 대하여 $k\overrightarrow{AB}$는 $k>0$일 때, $\overrightarrow{AB}$와 방향이 같고 크기가 k배인 벡터, $k<0$일 때, $\overrightarrow{AB}$와 방향이 반대이고 크기가 $|k|$배인 벡터

(4) 실수 h, k와 벡터 $\vec{a}$, $\vec{b}$에 대하여

① 결합법칙 : $(hk)\vec{a}=h(k\vec{a})$

② 분배법칙 : $(h+k)\vec{a}=h\vec{a}+k\vec{a}$, $k(\vec{a}+\vec{b})=k\vec{a}+k\vec{b}$

| 예문 | △PQR의 PQ, PR의 중점을 각각 M, N 이라 하고 $\overrightarrow{PQ}=\vec{a}$, $\overrightarrow{PR}=\vec{b}$라고 할 때 $\overrightarrow{MN}$을 $\vec{a}$, $\vec{b}$를 사용하여 나타내어라.

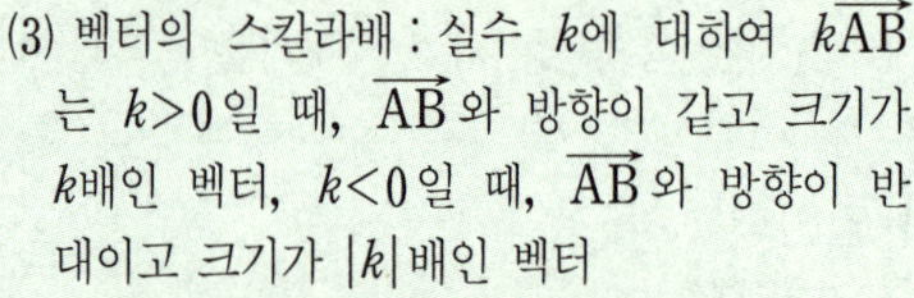

풀이 ≫ $\overrightarrow{MN}=\overrightarrow{MP}+\overrightarrow{PN}$

$$=\frac{1}{2}\overrightarrow{QP}+\frac{1}{2}\overrightarrow{PR}=-\frac{1}{2}\overrightarrow{PQ}+\frac{1}{2}\overrightarrow{PR}=-\frac{1}{2}\vec{a}+\frac{1}{2}\vec{b} \cdots \boxed{답}$$

| 예문 | 한 변의 길이가 a인 정사각형 ABCD에서 $\overrightarrow{AB}=\vec{a}$, $\overrightarrow{AC}=\vec{b}$, $\overrightarrow{AD}=\vec{c}$일 때 $\vec{a}+\vec{b}+\vec{c}$의 크기는?

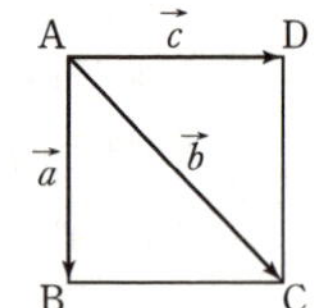

풀이 ≫ $\vec{a}+\vec{b}+\vec{c}=(\vec{a}+\vec{c})+\vec{b}=\vec{b}+\vec{b}=2\vec{b}$

∴ 크기는 $2\sqrt{2}\,a \cdots \boxed{답}$

2. 공간벡터

1. 위치벡터

평면 또는 공간 위에서 한 점 O가 정해지면 O를 시점으로 하는 $\overrightarrow{OA}=\vec{a}$를 점 A의 위치벡터라고 한다.

2. 벡터의 성분표시의 크기

$\vec{a}=(a_1,\ a_2,\ a_3)$에 대하여 $\vec{a}$의 크기 $|\vec{a}|=\sqrt{a_1^2+a_2^2+a_3^2}$

단위벡터 $\vec{e_1}=(1,\ 0,\ 0),\ \vec{e_2}=(0,\ 1,\ 0),\ \vec{e_3}=(0,\ 0,\ 1)$

$|\vec{e_1}|=|\vec{e_2}|=|\vec{e_3}|=1$

3. 벡터의 연산 법칙

$\vec{a}=(a_1,\ a_2,\ a_3),\ \vec{b}=(b_1,\ b_2,\ b_3)$일 때

(1) 덧셈 : $(a_1,\ a_2,\ a_3)+(b_1,\ b_2,\ b_3)=(a_1+b_1,\ a_2+b_2,\ a_3+b_3)$

(2) 뺄셈 : $(a_1,\ a_2,\ a_3)-(b_1,\ b_2,\ b_3)=(a_1-b_1,\ a_2-b_2,\ a_3-b_3)$

(3) 실수배 : $k(a_1,\ a_2,\ a_3)=(ka_1,\ ka_2,\ ka_3)$

(4) $A(a_1,\ a_2,\ a_3),\ B(b_1,\ b_2,\ b_3)$에 대하여

$\overrightarrow{AB}$의 성분 표시 $\overrightarrow{AB}=(b_1-a_1,\ b_2-a_2,\ b_3-a_3)$

$\overrightarrow{AB}$의 크기 $|\overrightarrow{AB}|=\sqrt{(b_1-a_1)^2+(b_2-a_2)^2+(b_3-a_3)^2}$

예문 $\vec{a}=(1,\ -3,\ 2),\ \vec{b}=(2,\ 3,\ -1)$일 때, $\vec{a}+3\vec{b}$를 성분으로 나타내어라.

풀이 》》 $\vec{a}+3\vec{b}=(1,\ -3,\ 2)+3(2,\ 3,\ -1)$

$=(1+6,\ -3+9,\ 2-3)=(7,\ 6,\ -1)\ \cdots$ 답

예문 두 점 $A(3,\ 2,\ 1),\ B(1,\ 3,\ 0)$가 있다. $\overrightarrow{AB}$를 성분으로 나타내고 $|\overrightarrow{AB}|$를 구하여라.

풀이 》》 $\overrightarrow{AB}=(1-3,\ 3-2,\ 0-1)=(-2,\ 1,\ -1)\ \cdots$ 답

$|\overrightarrow{AB}|=\sqrt{(-2)^2+1^2+(-1)^2}=\sqrt{6}\ \cdots$ 답

3. 벡터의 내분점 · 외분점

1. 두 점 $A(a_1,\ a_2,\ a_3)$,
$B(b_1,\ b_2,\ b_3)$을 이은 선분 AB를
$m:n$으로 내분하는 점 P의 좌표는

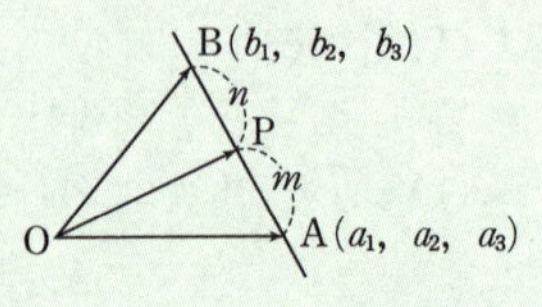

$$\left(\frac{mb_1+na_1}{m+n},\ \frac{mb_2+na_2}{m+n},\ \frac{mb_3+na_3}{m+n}\right)$$

외분할 때는 n 대신 $-n$을 대입한다.
특히 중점의 좌표 M은

$$M\left(\frac{a_1+b_1}{2},\ \frac{a_2+b_2}{2},\ \frac{a_3+b_3}{2}\right)$$

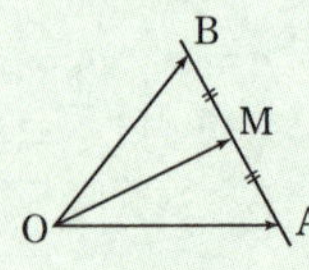

2. 무게중심의 위치벡터
ABC의 무게중심 G의 위치벡터 $\overrightarrow{OG}$ 는

$$\overrightarrow{OG}=\frac{\vec{a}+\vec{b}+\vec{c}}{3}$$

단, $\vec{a},\ \vec{b},\ \vec{c}$ 는 각각 꼭지점 A, B, C의 위치
벡터이다.

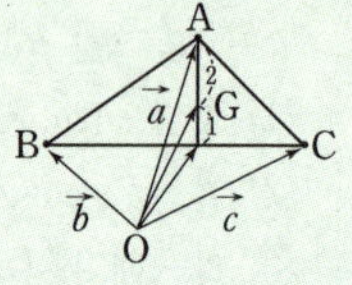

│ 예문 │ 삼각형 OAB에서 선분 AB의 중점을 M, 선분 OM을 $2:1$로
내분하는 점을 G라 한다. $\overrightarrow{OA}=\vec{a}$, $\overrightarrow{OB}=b$라 할 때, 실수 m, n에 대
하여 $\overrightarrow{OG}=m\vec{a}+n\vec{b}$ 로 나타낼 때, m, n의 값을 구하여라.

풀이 》》 $\overrightarrow{OG}=\dfrac{2}{3}\overrightarrow{OM}=\dfrac{2}{3}\left(\dfrac{\vec{a}+\vec{b}}{2}\right)=\dfrac{1}{3}\vec{a}+\dfrac{1}{3}\vec{b}$ $\quad\therefore\ m=n=\dfrac{1}{3}\cdots$ 답

│ 예문 │ $A(4,\ 4,\ 3)$, $B(3,\ 8,\ -3)$, $C(2,\ 4,\ 6)$에 대하여 $\triangle ABC$의 무
게중심 G의 좌표를 구하여라.

풀이 》》 $\overrightarrow{OG}=\dfrac{\overrightarrow{OA}+\overrightarrow{OB}+\overrightarrow{OC}}{3}$

$$=\frac{(4,\ 4,\ 3)+(3,\ 8,\ -3)+(2,\ 4,\ 6)}{3}=\left(3,\ \frac{16}{3},\ 2\right)$$

답 $G\left(3,\ \dfrac{16}{3},\ 2\right)$

4. 벡터의 내적

1. 두 개의 벡터 $\vec{a}$, $\vec{b}$가 이루는 각을 θ라고 하면

내적 : $\vec{a} \cdot \vec{b} = |\vec{a}||\vec{b}| \cos \theta \,(0° \leq \theta \leq 180°)$

$\vec{a} = 0$ 또는 $\vec{b} = 0$일 때는 $\vec{a} \cdot \vec{b} = 0$

2. 내적의 성분 표시

$\vec{a} = (a_1, \ a_2, \ a_3)$, $\vec{b} = (b_1, \ b_2, \ b_3)$일 때

$\vec{a} \cdot \vec{b} = a_1 b_1 + a_2 b_2 + a_3 b_3$

3. $\vec{a} = (a_1, \ a_2, \ a_3)$, $\vec{b} = (b_1, \ b_2, \ b_3)$이 이루는 각을 θ라 하면

$$\cos \theta = \frac{\vec{a} \cdot \vec{b}}{|\vec{a}||\vec{b}|}$$

$$= \frac{a_1 b_1 + a_2 b_2 + a_3 b_3}{\sqrt{a_1{}^2 + a_2{}^2 + a_3{}^2}\sqrt{b_1{}^2 + b_2{}^2 + b_3{}^2}}$$

$$(0° \leq \theta \leq 180°)$$

▎예문▎ $\vec{a} = (-1, \ -2, \ 3)$, $\vec{b} = (-3, \ 1, \ 2)$일 때, 두 벡터 $\vec{a}$, $\vec{b}$가 이루는 각 θ의 크기를 구하여라.

풀이》 $\cos \theta = \dfrac{(-1) \cdot (-3) + (-2) \cdot 1 + 3 \cdot 2}{\sqrt{(-1)^2 + (-2)^2 + 3^2}\sqrt{(-3)^2 + 1^2 + 2^2}}$

$$= \frac{7}{14} = \frac{1}{2}$$

$$\therefore \ \boldsymbol{\theta = 60°} \cdots 답$$

▎예문▎ 두 벡터 $\vec{a}$, $\vec{b}$에 대하여

$|\vec{a}| = 2$, $|\vec{b}| = 3$, $|\vec{a} - 2\vec{b}| = 6$일 때, 내적 $\vec{a} \cdot \vec{b}$의 값은?

풀이》 $|\vec{a} - 2\vec{b}|^2 = (\vec{a} - 2\vec{b}) \cdot (\vec{a} - 2\vec{b})$

$$= \vec{a} \cdot \vec{a} - 4\vec{a} \cdot \vec{b} + 4\vec{b} \cdot \vec{b}$$

$$= |\vec{a}|^2 - 4\vec{a} \cdot \vec{b} + 4|\vec{b}|^2 = 36$$

$36 = 4 - 4\vec{a} \cdot \vec{b} + 36 \qquad \therefore \ \vec{a} \cdot \vec{b} = 1$

$$\vec{a} \cdot \vec{b} = 1 \cdots 답$$

참고 $\vec{a} \cdot \vec{b} = \vec{b} \cdot \vec{a}$

5. 두 벡터의 수직 · 평행

1. 0이 아닌 두 벡터 $\vec{a}$, $\vec{b}$에 대하여
   (1) $\vec{a}$, $\vec{b}$가 평행이면 $|\vec{b}|=t|\vec{a}|$ (t는 실수)
   (2) $\vec{a}$와 $\vec{b}$가 수직이면 $\vec{a} \cdot \vec{b}=0$
   $\vec{a}=(a_1, a_2, a_3)$, $\vec{b}=(b_1, b_2, b_3)$일 때
   $\vec{a} \cdot \vec{b}=a_1 b_1 + a_2 b_2 + a_3 b_3 = 0$

$\cos 0°=1$, $\cos 180°=-1$

$\cos 90°=0$

2. **직선의 방향코사인**

원점 O를 지나는 직선 l 위의 한 점 $P(a_1, a_2, a_3)$에 대하여 $\vec{a}=\overrightarrow{OP}$라 하고, $\overrightarrow{OP}$가 x축, y축, z축의 양의 방향과 이루는 각의 크기를 각각 α, β, γ라 하면 $\cos\alpha$, $\cos\beta$, $\cos\gamma$를 벡터 $\vec{a}$의 **방향코사인**이라 한다. $\cos^2\alpha + \cos^2\beta + \cos^2\gamma = 1$, $\cos\alpha : \cos\beta : \cos\gamma$를 벡터 $\vec{a}$의 **방향비**라 한다.

▌**예문** ▌ $\vec{a}=(5, 3, 2)$, $\vec{b}=(x, 3, 3)$일 때 $\vec{a}$와 $\vec{b}$가 수직되도록 실수 x의 값을 구하여라.

풀이 ≫ $\vec{a} \cdot \vec{b}=0$이 되려면 $5x+3\times3+2\times3=0$ ∴ $x=-3$ ⋯ 답

▌**예문** ▌ 벡터 $\vec{a}=(-3, 2, -6)$의 방향코사인을 구하여라.

풀이 ≫ $|\vec{a}|=\sqrt{(-3)^2+2^2+(-6)^2}=\sqrt{49}=7$

∴ 방향코사인은 $\cos\alpha=-\dfrac{3}{7}$, $\cos\beta=\dfrac{2}{7}$, $\cos\gamma=-\dfrac{6}{7}$ ⋯ 답

참고 $\cos^2\alpha+\cos^2\beta+\cos^2\gamma=\left(-\dfrac{3}{7}\right)^2+\left(\dfrac{2}{7}\right)^2+\left(-\dfrac{6}{7}\right)^2=\dfrac{9+4+36}{7^2}=1$

6. 직선의 방정식

1. 한 점 $A(x_1,\ y_1,\ z_1)$을 지나고 $\vec{u}(l,\ m,\ n)$에 평행인

(1) 직선의 방정식은

$$\frac{x-x_1}{l}=\frac{y-y_1}{m}=\frac{z-z_1}{n}\ (=t)$$

이 때 $\vec{u}(l,\ m,\ n)$을 직선의 방향벡터라 한다.

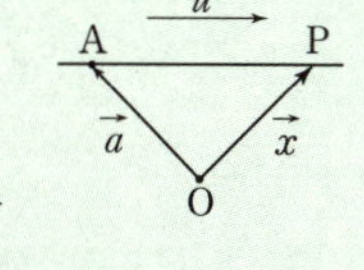

(2) 직선 위의 한 점 P, $\overrightarrow{OP}=\vec{x}$, $\overrightarrow{OA}=\vec{a}$라 하면 $\overrightarrow{AP}=t\vec{u}$이므로 $\vec{x}=\vec{a}+t\vec{u}$로도 나타낸다.

2. 서로 다른 두 점 $A(x_1,\ y_1,\ z_1)$, $B(x_2,\ y_2,\ z_2)$를 지나는 직선의

방정식은 : $\dfrac{x-x_1}{x_2-x_1}=\dfrac{y-y_1}{y_2-y_1}=\dfrac{z-z_1}{z_2-z_1}$(단, 분모$\neq 0$)

참고

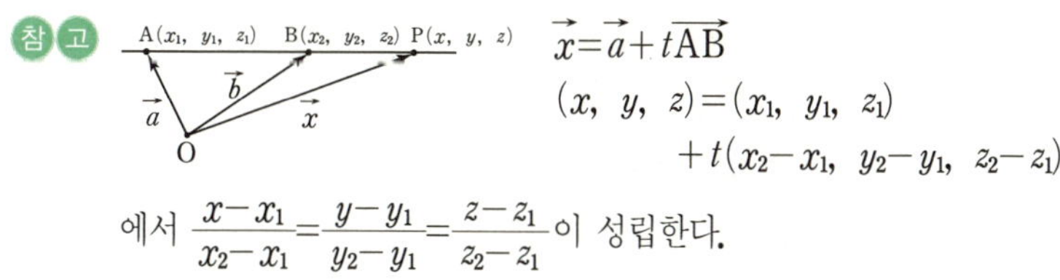

$$\vec{x}=\vec{a}+t\overrightarrow{AB}$$
$$(x,\ y,\ z)=(x_1,\ y_1,\ z_1)$$
$$+t(x_2-x_1,\ y_2-y_1,\ z_2-z_1)$$

에서 $\dfrac{x-x_1}{x_2-x_1}=\dfrac{y-y_1}{y_2-y_1}=\dfrac{z-z_1}{z_2-z_1}$이 성립한다.

│ 예문 │ 좌표공간에서 $A(1,\ -2,\ 3)$을 지나고 x축, y축과 $60°$을 이루는 직선의 방정식은? (단, z축과 이루는 각은 예각이다.)

풀이 》》 방향벡터에서 $\cos^2\alpha+\cos^2\beta+\cos^2\gamma=1$

$\cos^2 60°+\cos^2 60°+\cos^2\gamma=1$에서 $\cos\gamma=\dfrac{1}{\sqrt{2}}\ (\because 0°<\gamma<90°)$

따라서 구하는 직선의 방정식은

$$\frac{x-1}{\frac{1}{2}}=\frac{y+2}{\frac{1}{2}}=\frac{z-3}{\frac{1}{\sqrt{2}}},\quad x-1=y+2=\frac{z-3}{\sqrt{2}}\cdots \boxed{답}$$

참고 직선 $\dfrac{x-x_1}{l}=\dfrac{y-y_1}{m}=\dfrac{z-z_1}{n}\ (=t)$ 위의 임의의 점의 좌표는

$$x=lt+x_1,\quad y=mt+y_1,\quad z=nt+z_1$$

7. 두 직선의 수직 · 평행

1. 두 직선 $g_1 : \dfrac{x-x_1}{l} = \dfrac{y-y_1}{m} = \dfrac{z-z_1}{n}$, 방향벡터 $(l,\ m,\ n)$

   $g_2 : \dfrac{x-x_2}{p} = \dfrac{y-y_2}{q} = \dfrac{z-z_2}{r}$, 방향벡터 $(p,\ q,\ r)$에 대하여

   $g_1 \perp g_2 \Leftrightarrow$ 두 방향벡터가 $(l,\ m,\ n) \perp (p,\ q,\ r)$ 수직

   즉 $lp + mq + nr = 0$

2. $g_1 /\!/ g_2 \Leftrightarrow$ 두 방향벡터가 평행

   즉 $\dfrac{l}{p} = \dfrac{m}{q} = \dfrac{n}{r}$

참고 두 직선이 수직, 평행, 이루는 각의크기는 두 직선의 방향벡터의 내적 또는 비로 구할 수 있다.

│ 예문 │ 두 직선 $\dfrac{x+4}{-2} = \dfrac{y+1}{5} = \dfrac{z}{k+1}$, $\dfrac{x-3}{k} = -y = \dfrac{2z+3}{3}$이 서로 수직이 되도록 상수 k의 값을 정하여라.

풀이 ≫ 두 직선의 방향벡터 $(-2,\ 5,\ k+1)$과 $\left(k,\ -1,\ \dfrac{3}{2}\right)$의 내적이 0이 되어야 한다. $-2k - 5 + \dfrac{3}{2}(k+1) = 0$　　∴ $k = -7 \cdots$ 답

│ 예문 │ $(2,\ 0,\ -1)$을 지나고 직선 $\dfrac{x-1}{2} = \dfrac{y+1}{-3} = z$에 평행한 직선의 방정식을 구하여라.

풀이 ≫ $(2,\ 0,\ -1)$을 지나고 벡터 $(2,\ -3,\ 1)$에 평행인 직선은 구하는 것이므로 $\dfrac{x-2}{2} = \dfrac{y}{-3} = z+1 \cdots$ 답

8. 두 직선이 이루는 각

두 직선 $g_1 : \dfrac{x-x_1}{l} = \dfrac{y-y_1}{m} = \dfrac{z-z_1}{n}$, 방향벡터 $\vec{u_1} = (l,\ m,\ n)$

$\qquad g_2 : \dfrac{x-x_2}{l'} = \dfrac{y-y_2}{m'} = \dfrac{z-z_2}{n'}$, 방향벡터 $\vec{u_2} = (l',\ m',\ n')$

두 직선이 이루는 각을 θ라 하면

$$\cos\theta = \frac{\vec{u_1} \cdot \vec{u_2}}{|\vec{u_1}||\vec{u_2}|} = \frac{ll' + mm' + nn'}{\sqrt{l^2+m^2+n^2}\sqrt{l'^2+m'^2+n'^2}}$$

$\cos\theta > 0$일 때는 g_1과 g_2가 이루는 각은 θ이고

$\cos\theta < 0$일 때는 g_1과 g_2가 이루는 각은 $180° - \theta$

| 예문 | 두 직선 $g_1 : \dfrac{x-1}{3} = \dfrac{y+1}{3} = \dfrac{z-2}{\sqrt{2}}$ 와

$g_2 : \dfrac{x+3}{2} = \dfrac{y-2}{2} = \dfrac{1-z}{\sqrt{2}}$ 가 이루는 각의 크기를 구하여라.

풀이 》》 두 직선의 방향벡터 $\vec{u_1} = (3,\ 3,\ \sqrt{2})$, $\vec{u_2} = (2,\ 2,\ -\sqrt{2})$ 이므로

$$\cos\theta = \frac{3\cdot2 + 3\cdot2 + \sqrt{2}\cdot(-\sqrt{2})}{\sqrt{3^2+3^2+(\sqrt{2})^2}\sqrt{2^2+2^2+(-\sqrt{2})^2}} = \frac{10}{10\sqrt{2}} = \frac{1}{\sqrt{2}}$$

$\therefore\ \theta = 45°\ \cdots$ 답

| 예문 | 두 직선 $x-4 = y+2 = -2(2+3)$과 $x+3 = -(z-1)$, $y=2$가 이루는 각의 크기가 θ일 때, $\cos\theta$를 구하여라.

풀이 》》 두 직선의 방향벡터 $\vec{u_1} = \left(1,\ 1,\ -\dfrac{1}{2}\right)$, $\vec{u_2} = (1,\ 0,\ -1)$

따라서 $\cos\theta = \dfrac{1\cdot1 + 1\cdot0 - \dfrac{1}{2}\cdot(-1)}{\sqrt{1^2+1^2+\dfrac{1}{4}}\sqrt{1^2+1^2}} = \dfrac{\dfrac{3}{2}}{\dfrac{3}{2}\sqrt{2}} = \dfrac{1}{\sqrt{2}} = \dfrac{\sqrt{2}}{2}$　　　답 $\dfrac{\sqrt{2}}{2}$

9. 평면의 방정식

점 $A(x_1,\ y_1,\ z_1)$을 지나고 벡터
$\vec{v}\,(a,\ b,\ c)$에 수직인 평면의 방정식은 :
$$a(x-x_1)+b(y-y_1)+c(z-z_1)=0$$
정리해서 $ax+by+cz+d=0$으로도 나타낸다.

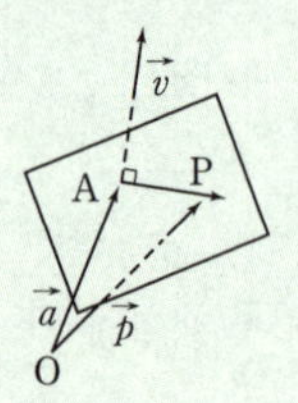

참고 그림에서 평면위의 임의의 한 점을 P라 하고
$\overrightarrow{OA}=\vec{a},\ \overrightarrow{OP}=\vec{p}$라 하면 $\vec{v}\perp\overrightarrow{AP}$이므로
$\vec{v}\cdot\overrightarrow{AP}=0\Leftrightarrow(a,\ b,\ c)\cdot(\vec{p}-\vec{a})=0$에서
$\vec{p}=(x,\ y,\ z),\ \vec{a}=(x_1,\ y_1,\ z_1)$이므로
$(a,\ b,\ c)\cdot(x-x_1,\ y-y_1,\ z-z_1)$
$=a(x-x_1)+b(y-y_1)+c(z-z_1)=0$
평면에 수직인 $\vec{v}$를 평면의 법선벡터라고 한다.

10. 두 평면의 위치관계

두 평면의 법선벡터가 $\vec{v_1}=(a_1,\ b_1,\ c_1),\ \vec{v_2}=(a_2,\ b_2,\ c_2)$일 때

1. 두 평면이 이루는 각의 크기 θ에 대하여
$$\cos\theta=\frac{\vec{v_1}\cdot\vec{v_2}}{|\vec{v_1}|\,|\vec{v_2}|}$$

2. 두 평면의 평행조건 $-a_1:b_1:c_2=a_2:b_2:c_2$
두 평면의 수직조건 $-a_1a_2+b_1b_2+c_1c_2=0$

| 예문 | 점 $(1,\ 2,\ 3)$을 지나고 직선 $\dfrac{2-x}{3}=\dfrac{y-1}{2}=z+3$에 수직인 평면의 방정식은?

풀이 》》 점 $(1,\ 2,\ 3)$을 지나고 평면에 수직인 벡터가 $\vec{v}=(-3,\ 2,\ 1)$인 평면의 방정식은 : $-3(x-1)+2(y-2)+1(z-3)=0$
$-3x+2y+z=4\cdots$ 답

1. 직선과 평면이 이루는 각

직선과 평면이 이루는 각 θ는 직선의 방향벡터가
$\vec{u}=(l,\ m,\ n)$, 평면의 법선 벡터가 $\vec{v}=(a,\ b,\ c)$일 때

$$\cos\left(\frac{\pi}{2}-\theta\right)=\sin\theta=\frac{\vec{u}\cdot\vec{v}}{|\vec{u}||\vec{v}|}$$

2. 점 $P(x_0,\ y_0,\ z_0)$에서 평면 $ax+by+cz+d=0$ 까지의

거리 $d=\dfrac{|\,ax_0+by_0+cz_0+d\,|}{\sqrt{a^2+b^2+c^2}}$

3. 구의 방정식

점 $A(a,\ b,\ c)$를 중심으로 하고 반지름 r인
구의 벡터 방정식은

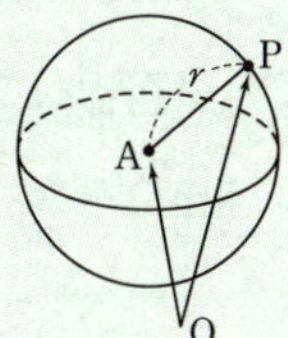

$$|\vec{p}-\vec{a}|=r \ \ 또는 \ \ (\vec{p}-\vec{a})\cdot(\vec{p}-\vec{a})=r^2$$
$$(x-a)^2+(y-b)^2+(z-c)^2=r^2$$

▌예문▐ 좌표공간에서 중심이 $(1,\ 1,\ 1)$이고 평면 $x+2y-2z=31$에 접하는 구의 반지름의 길이를 구하여라.

풀이 ≫ 구가 평면에 접하므로 중심에서 평면에 이르는 거리가 반지름의 길이와 같다.

$$r=\frac{|\,1\cdot1+1\cdot2+1\cdot(-2)-31\,|}{\sqrt{1^2+2^2+(-2)^2}}=\frac{30}{3}=10\cdots\boxed{답}$$

▌예문▐ 직선 $x+1=\dfrac{y-1}{3}=z-2$와 평면 $x-3y+2z+8=0$의 교점의 좌표를 구하여라.

풀이 ≫ $x+1=\dfrac{y-1}{3}=z-2=t$라 놓으면 점 $x=t-1,\ y=3t+1,$

$z=t+2$은 평면 위의 점이므로 $x-3y+2z+8=0$에 대입하여

$$t-1-3(3t+1)+2(t+2)+8=0, \quad -6t+8=0$$

$t=\dfrac{4}{3}$에서 $x=\dfrac{1}{3},\ y=5,\ z=\dfrac{10}{3}$ $\qquad\boxed{답}\ \left(\dfrac{1}{3},\ 5,\ \dfrac{10}{3}\right)$

1. 삼각함수, 지수, 로그함수의 극한

1. 삼각함수의 극한(값)

$$\lim_{x\to0}\frac{\sin x}{x}=1\,(단,\ x의\ 단위는\ 라디안)$$

2. 지수, 로그함수의 극한(값)

(1) $\displaystyle\lim_{x\to+\infty}a^x=\begin{cases}+\infty\ (a>1)\\1\ (a=1)\\0\ (0<a<1)\end{cases}$ $\displaystyle\lim_{x\to-\infty}a^x=\begin{cases}0\ (a>1)\\1\ (a=1)\\+\infty\ (0<a<1)\end{cases}$

(2) $\displaystyle\lim_{x\to+0}\log_a x=\begin{cases}-\infty\ (a>1)\\+\infty\ (0<a<1)\end{cases}$

3. 극한값 e의 정의

$$\lim_{x\to\infty}\left(1+\frac{1}{x}\right)^x=e,\ \lim_{x\to0}(1+x)^{\frac{1}{x}}=e\ \ 단,\ e=2.7182\cdots\ 무리수$$

참고 1. $\dfrac{0}{0}$ 꼴의 삼각함수의 극한값

$$\lim_{x\to0}\frac{\sin x}{x}=1,\ \lim_{x\to0}\frac{\tan x}{x}=1,\ \lim_{x\to0}\frac{\sin bx}{ax}=\frac{b}{a}$$

$$(a\neq0,\ a,\ b는\ 상수)$$

2. $\displaystyle\lim_{x\to0}\frac{\ln(1+x)}{x}=1,\ \lim_{x\to0}\frac{e^x-1}{x}=1$

| 예문 | $\displaystyle\lim_{x\to0}\frac{\ln(1+x)}{2x}$ 의 값은?

풀이 >>> $\displaystyle\lim_{x\to0}\frac{\ln(1+x)}{2x}=\lim_{x\to0}\frac{\ln(1+x)^{\frac{1}{x}}}{2}=\frac{1}{2}$ 답 $\dfrac{1}{2}$

예문 $\displaystyle\lim_{x\to 0}\frac{\tan 3x}{\tan 2x}$의 값은?

풀이 $\tan\theta=\dfrac{\sin\theta}{\cos\theta}$에서 $\text{(준식)}=\displaystyle\lim_{x\to 0}\frac{\dfrac{\sin 3x}{\cos 3x}}{\dfrac{\sin 2x}{\cos 2x}}=\lim_{x\to 0}\frac{\cos 2x\cdot\sin 3x}{\cos 3x\cdot\sin 2x}$

$\displaystyle\lim_{x\to 0}\frac{\sin 3x}{\sin 2x}=\lim_{x\to 0}\frac{\dfrac{\sin 3x}{3x}}{\dfrac{\sin 2x}{2x}}\times\frac{3}{2}$ 이고 $\displaystyle\lim_{x\to 0}\frac{\cos 2x}{\cos 3x}=1$ 이므로

구하는 값은 $\dfrac{3}{2}$ … **답**

예문 x가 60분법에서의 각의 도수를 나타낼 때, $\displaystyle\lim_{x\to 0}\frac{\sin x}{x}$ 를 구하여라.

풀이

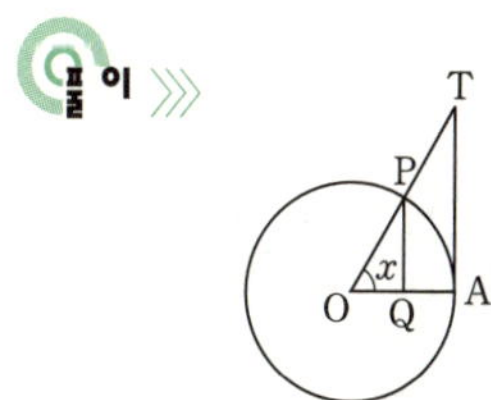

$\displaystyle\lim_{x\to 0}\frac{\sin x}{x}=1$은 x가 호도법을 단위로 한 각의 크기일 때의 정리이다. x가 60분법일 경우 반지름의 길이가 1인 원 O에서 $0<x<\dfrac{\pi}{2}$인 중심각(60분법)에 대한 호를 $\overset{\frown}{\text{AP}}$라 하고, T를 $\overline{\text{OP}}$의 연장과 A에서의 접선의 교점, P에서 $\overline{\text{OA}}$에 내린 수선의 발을 Q 라 하면 비례관계에서, $\overset{\frown}{\text{AP}}=\dfrac{\pi x}{180}$, 또 $\overline{\text{QP}}<\overset{\frown}{\text{AP}}<\overline{\text{AT}}$ 이므로

$\sin x<\dfrac{\pi x}{180}<\tan x \qquad \therefore\ 1<\dfrac{\pi}{180}\cdot\dfrac{x}{\sin x}<\dfrac{1}{\cos x}$

그러므로 $\dfrac{180}{\pi}<\dfrac{x}{\sin x}<\dfrac{1}{\cos x}\cdot\dfrac{180}{\pi}$

역수를 취하면 $\dfrac{\pi}{180}>\dfrac{\sin x}{x}>\cos x\cdot\dfrac{\pi}{180}$

각항에 $x\to 0$의 극한을 취하면

$\dfrac{\pi}{180}>\displaystyle\lim_{x\to 0}\frac{\sin x}{x}>\frac{\pi}{180}\lim_{x\to 0}\cos x=\frac{\pi}{180} \quad\therefore\ \lim_{x\to 0}\frac{\sin x}{x}=\frac{\pi}{180}$ … **답**

1. 도함수(II)

1. 몫의 미분법

두 함수 $f(x)$, $g(x)$가 미분가능하고 $g(x) \neq 0$일 때

$$\left\{\frac{f(x)}{g(x)}\right\}' = \frac{f'(x)g(x) - f(x)g'(x)}{\{g(x)\}^2}, \quad \left(\frac{1}{x}\right)' = -\frac{1}{x^2}$$

2. 함성합수의 미분

$g\{f(x)\}$의 도함수 $\dfrac{d}{dx}g\{f(x)\} = g'(f(x))f'(x)$

$$\frac{d}{dx}(ax+b)^n = n(ax+b)^{n-1}(ax+b)'$$

$$= an(ax+b)^{n-1}$$

참고 $\dfrac{\Delta y}{\Delta x} = \dfrac{\Delta y}{\Delta u} \cdot \dfrac{\Delta u}{\Delta x}$ ($y=f(u)$, $u=g(x)$에서 x의 증분 Δx에 대한 u의

증분을 Δu라 하고, Δu에 대한 y의 증분을 Δy라 할 때)

$\Delta x \rightarrow 0$일 때 $\Delta u \rightarrow 0$이 되므로

$$\frac{dy}{dx} = \lim_{\Delta x \to 0} \frac{\Delta y}{\Delta x} = \lim_{\Delta x \to 0} \frac{\Delta y}{\Delta u} \cdot \frac{\Delta u}{\Delta x} = \lim_{\Delta u \to 0} \frac{\Delta y}{\Delta u} \cdot \lim_{\Delta x \to 0} \frac{\Delta u}{\Delta x} = \frac{dy}{du} \cdot \frac{du}{dx}$$

| 예문 | $f(x) = \dfrac{x-1}{x+1}$에서 미분계수 $f'(1)$을 구하면?

풀이 ⟫ $f'(x) = \dfrac{(x-1)'(x+1) - (x-1)(x+1)'}{(x+1)^2}$

$$= \frac{(x+1) - (x-1)}{(x+1)^2} = \frac{2}{(x+1)^2}$$

따라서 $f'(1) = \dfrac{2}{2^2} = \dfrac{1}{2}$ ⋯답

| 예문 | $f(1)=2$, $f'(1)=1$일 때 $y=\{f(x)\}^2$의 $x=1$에서의 미분계수는?

풀이 ⟫ $y' = 2f(x) \cdot f'(x)$ $y'_{x=1} = 2f(1) \cdot f'(1) = 2 \times 2 \times 1 = 4$ 답 4

참고 $\dfrac{\Delta y}{\Delta x}$는 분수이고, $\dfrac{dy}{dx}$는 y를 x로 미분한다는 표시이고 분수로 읽

어서는 안 됨.

2. 함수의 미분법(II)

1. 음함수 $f(x, y)=0$ 의 미분법

각항을 x에 대하여 미분한 다음, $\dfrac{dy}{dx}$를 구한다.

$y=f(x)$: 양함수, $f(x, y)=0$ 꼴 : 음함수

2. 역함수의 미분법

일대일대응인 함수 $f(x)$가 미분가능할 때, 그 역함수 $y=f'(x)$의

도함수는 $\dfrac{dy}{dx}=\dfrac{1}{\dfrac{dx}{dy}}\left(\text{단, }\dfrac{dx}{dy}\neq0\right)$

즉 $f'(x)=\dfrac{1}{(f^{-1})'(y)}$

3. 매개 변수로 표시된 함수의 미분법

$x=f(t),\ y=g(t)$로 표시될 때

$$\dfrac{dy}{dx}=\dfrac{\dfrac{dy}{dt}}{\dfrac{dx}{dt}}=\dfrac{g'(t)}{f'(t)}(\text{단, }f'(t)\neq0)$$

| 예문 | 곡선 $x^3-xy^2=10$ 위의 점 $(-2, 3)$에서의 접선의 기울기는?

풀이 》》》 양변을 x로 미분하면 $3x^2-1\cdot y^2-x\cdot2y\cdot y'=0$

$y'=\dfrac{3x^2-y^2}{2xy}$ $x=-2,\ y=3$을 대입하면 $y'_{x=-2}=-\dfrac{1}{4}\cdots$답

| 예문 | 함수 $f(x)=x^3+x^2+x$의 역함수를 $g(x)$라 할 때 $g'(3)$의 값을 구하여라.

풀이 》》》 $g(3)=x$로 놓으면 $f(x)=3$(역함수 정의에서)

$x^3+x^2+x-3=0$에서 실수 $x=1$ $\therefore\ g(3)=1,\ f'(g(3))=f'(1)=6$

$g'(3)=\dfrac{1}{f'(g(3))}=\dfrac{1}{f'(1)}=\dfrac{1}{6}\cdots$답

3. 삼각함수, 지수 · 로그함수의 도함수

1. 삼각함수의 미분법

$$y=\sin x \Rightarrow y'=\cos x \qquad y=\cos x \Rightarrow y'=-\sin x$$

$$y=\tan x \Rightarrow y'=\sec^2 x \qquad y=\cot x \Rightarrow y'=-\operatorname{cosec}^2 x$$

$$y=\sec x \Rightarrow y'=\sec x \tan x \qquad y=\operatorname{cosec} x \Rightarrow y'=-\operatorname{cosec} x \cot x$$

2. 로그함수와 지수함수의 미분법

$a>0,\ a\neq1$일 때

$$y=\ln x \Rightarrow y'=\frac{1}{x} \qquad y=\log_a x \Rightarrow y'=\frac{1}{x \ln a}$$

$$y=\ln|f(x)| \Rightarrow y'=\frac{f'(x)}{f(x)} \qquad y=\log_a |f(x)| \Rightarrow y'=\frac{f'(x)}{f(x)\ln a}$$

$$y=e^x \Rightarrow y'=e^x \qquad y=a^x \Rightarrow y'=a^x \ln a$$

$$y=x^n\ (n \text{은 실수}) \Rightarrow y'=nx^{n-1}(x>0)$$

▎예문▎ $y=\cot^2 3x$ 의 도함수를 구하여라.

풀이 ⫸ $y'=2\cot 3x(\cot 3x)'=2\cot 3x(-\operatorname{cosec}^2 3x)(3x)'$

$$=-6\cot 3x \operatorname{cosec}^2 3x \cdots \boxed{\text{답}}$$

▎예문▎ $f(x)=\dfrac{x(x+1)}{(x-1)^2}$ 을 미분하여 미분계수 $f'(2)$를 구하면 ?

$$(\text{단, } x>1)$$

풀이 ⫸ 주어진 식의 양변에 자연로그를 취하면

$$\ln f(x)=\ln|x|+\ln|x+1|-2\ln|x-1|$$

양변을 x에 관하여 미분하면 $\dfrac{f'(x)}{f(x)}=\dfrac{1}{x}+\dfrac{1}{x+1}-\dfrac{2}{x-1}$

$$\therefore f'(x)=f(x)\cdot\frac{-3x-1}{x(x+1)(x-1)} \quad \text{따라서 } f'(2)=f(2)\cdot\frac{-7}{2\cdot3\cdot1}=-7\cdots\boxed{\text{답}}$$

참고 $y=x^{\ln x}(x>0)$의 미분은 양변에 자연로그를 취하여

$$\ln y=(\ln x)^2 \text{으로 고쳐서 양변을 } x\text{에 대하여 미분하면}$$

$$\frac{y'}{y}=2\ln x(\ln x)' \quad \therefore y'=x^{\ln x}\cdot\frac{2}{x}\ln x$$

4. 평균값의 정리

함수 $y=f(x)$가 폐구간 $[a, b]$에서 연속이고 개구간 (a, b)에서 미분가능할 때

1. 롤의 정리

$f(a)=f(b)$이면 $f'(c)=0$인 c가 a와 b 사이에 적어도 하나 존재한다.

2. 평균값의 정리

(1) $\dfrac{f(b)-f(a)}{b-a}=f'(c)$인 c가 a와 b 사이에 적어도 하나 존재한다.

(2) $f(a+h)=f(a)+hf'(a+\theta h)$ $(0<\theta<1)$인 θ가 적어도 하나 존재한다.

│ 예문 │ 구간 $[1, 3]$에서 함수 $f(x)=(x-1)(x-3)$에 대하여 $f'(c)=0$인 c의 값을 구하여라. (단, $1<x<3$)

풀이 》》 $f(1)=f(3)$이므로 롤의 정리에 의하여 $f'(c)=0$인 c가 존재한다. $f'(x)=x-3+x-1=2x-4$ $\therefore f'(c)=2c-4=0$ $\therefore c=2\cdots$ 답

│ 예문 │ 함수 $f(x)=\ln x$에 대하여 구간 $[1, e]$에서 평균값의 정리를 만족시키는 상수 c의 값을 구하여라.

풀이 》》 $[1, e]$에서 $f(x)=\ln x$는 연속이고, $(1, e)$에서 미분가능하므로 $f'(c)=\dfrac{1}{c}$과 $\dfrac{\ln e-\ln 1}{e-1}=\dfrac{1}{e-1}$이 같은, 즉 $\dfrac{1}{c}=\dfrac{1}{e-1}$인

c의 값은 $c=e-1$이고 $1<e-1<e$이므로 답 $c=e-1$

참 고 1. 롤의 정리는 $f(a)=f(b)$라는 특별한 조건이 붙고 평균값의 정리는 평균변화율과 같은 접선의 기울기인 미분계수가 구간내에 존재한다는 의미를 나타낸다.

2. 로피탈의 정리는 두 함수 $f(x)$, $g(x)$가 $x=a$를 포함하는 구간에서 미분가능하고

$f(a)=0$, $g(a)=0$, $g'(x)\neq 0$일 때 $\displaystyle\lim_{x\to a}\frac{f(x)}{g(x)}=\lim_{x\to a}\frac{f'(x)}{g'(x)}$가 성립함을 나타낸다.

5. 고계도함수와 응용

1. 고계도함수

$y=f(x)$의 도함수를 다시 x로 미분한 것을 이계도함수라 하고, y'', $f''(x)$, $\dfrac{d^2y}{dx^2}$, $\dfrac{d^2}{dx^2}f(x)$로 나타낸다. 이계도함수 이상의 도함수를 고계도함수라고 한다.

2. 이계도함수 $f''(x)$에 의한 극값 판정

함수 $f(x)$에서 $f'(a)=0$일 때 $f''(a)$의 부호를 조사하여 $y=f(x)$의 극값을 다음과 같이 판정한다.

(1) $f'(a)=0$이고 $f''(a)>0$이면 $f(x)$는 $x=a$에서 극소이고 극소값 $f(a)$를 갖는다.

(2) $f'(a)=0$이고 $f''(a)<0$이면 $f(x)$는 $x=a$에서 극대이고 극대값 $f(a)$를 갖는다.

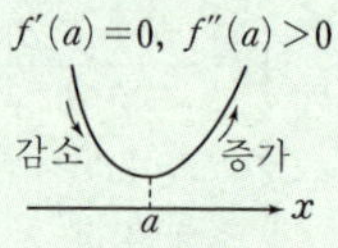

3. 곡선의 오목볼록

함수 $f(x)$가 어떤 구간에서 항상

$f''(x)>0$이면 곡선 $y=f(x)$는 이 구간에서 아래로 볼록하다.

$f''(x)<0$이면 곡선 $y=f(x)$는 이 구간에서 위로 볼록하다.

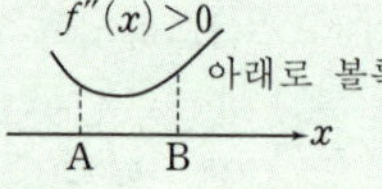

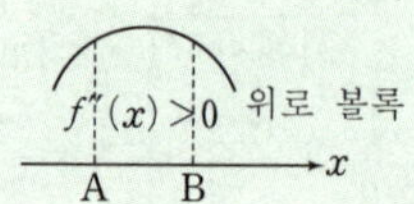

｜예문｜ 함수 $f(x)=e^x\sin x$의 구간 $[0,\ 2\pi]$에서의 극대값은?

풀이 ≫ $\quad f'(x)=e^x\sin x+e^x\cos x=e^x(\sin x+\cos x)$

$f''(x)=e^x(\sin x+\cos x)+e^x(\cos x-\sin x)=2e^x\cos x$

$f'\left(\dfrac{3}{4}\pi\right)=0,\ f'\left(\dfrac{7}{4}\pi\right)=0$이고

$f''\left(\dfrac{3}{4}\pi\right)<0,\ f''\left(\dfrac{7}{4}\pi\right)>0$이므로 극대값은 $f\left(\dfrac{3}{4}\pi\right)=\dfrac{\sqrt{2}}{2}\cdot e^{\frac{3}{4}\pi}$ … 답

6. 변곡점

1. 변곡점 판정

함수 $y=f(x)$에서 $f''(a)=0$이고 $x=a$의 좌우에서 $f''(x)$의 부호가 바뀌면 점 $(a,\ f(a))$는 곡선 $y=f(x)$의 변곡점이다.

2. 함수의 그래프

$y=f(x)$의 그래프를 그리기 위해 다른 사항을 조사한다.

① 정의역, 치역　　　② 대칭축, 주기의 유무

③ 좌표축과의 교점　　④ $x\to\pm\infty$일 때나 점근선의 유무

⑤ $f'(x)$를 구하여 함수의 증감, 극값을 조사

⑥ $f''(x)$에서 변곡점과 오목, 볼록 조사

⑦ 불연속점, 미분불가능한 점 조사

| 예문 | 곡선 $y=\dfrac{2x}{x^2+1}$의

(1) 변곡점과 점근선을 구하여라.　　　(2) 개형을 그려라.

풀이 ≫　$y'=\dfrac{2(1-x^2)}{(x^2+1)^2}$, $y''=\dfrac{4x(x^2-3)}{(x^2+1)^3}$ 이므로, y', y''의 부호를 조사하여 증감, 오목·볼록을 표로 만들면 다음과 같다.

x	$\cdots$	$-\sqrt{3}$	$\cdots$	-1	$\cdots$	0	$\cdots$	1	$\cdots$	$\sqrt{3}$	$\cdots$
y'	$-$	$-$	$-$	0	$+$	$+$	$+$	0	$-$	$-$	$-$
y''	$-$	0	$+$	$+$	$+$	0	$-$	$-$	$-$	0	$+$
y	$\searrow$	$-\dfrac{\sqrt{3}}{2}$	$\searrow$	-1	$\nearrow$	0	$\nearrow$	1	$\searrow$	$\dfrac{\sqrt{3}}{2}$	$\searrow$

(1) 변곡점 $\left(-\sqrt{3},\ -\dfrac{\sqrt{3}}{2}\right)$, $(0,\ 0)$, $\left(\sqrt{3},\ \dfrac{\sqrt{3}}{2}\right)$

점근선 $\lim\limits_{x\to\pm\infty}y=0$이므로 점근선 : $y=0(x$축)

(2) 개형

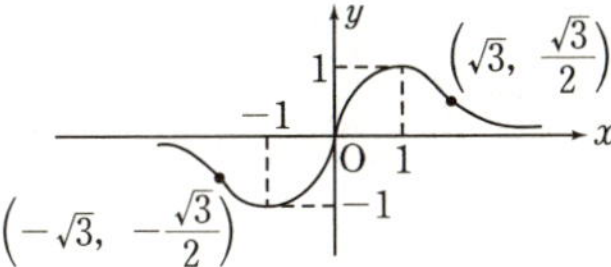

7. 속도와 가속도(II)

평면 위의 운동

좌표평면 위를 움직이는 동점 P의 시각 t에서의 좌표 $(x,\ y)$가

$$\begin{cases} x=f(t) \\ y=g(t) \end{cases}$$ 로 주어질 때, 벡터

$\vec{v}=\left(\dfrac{dx}{dt},\ \dfrac{dy}{dt}\right)=(f'(t),\ g'(t))$ 를 동점 P의 속도 또는 속도벡터라

하고, 벡터 $\vec{a}=\left(\dfrac{d^2x}{dt^2},\ \dfrac{d^2y}{dt^2}\right)=(f''(t),\ g''(t))$ 를 동점 P의 가속도

또는 가속도벡터라고 한다. 이 때, 속도벡터와 가속도벡터의 크기

$|\vec{v}|=\sqrt{\left(\dfrac{dx}{dt}\right)^2+\left(\dfrac{dy}{dt}\right)^2}$, $|\vec{a}|=\sqrt{\left(\dfrac{d^2x}{dt^2}\right)^2+\left(\dfrac{d^2y}{dt^2}\right)^2}$ 을 각각 동점 P의

속력, 가속력이라고 한다.

┃ 예문 ┃ 원 $x^2+y^2=r^2$ 의 둘레를 움직이는 점 P의 좌표 $(x,\ y)$가 시각 t의 함수로서 $x=r\cos wt,\ y=r\sin wt\,(r>0,\ w>0)$로 주어질 때, 점 P의 속도 $\vec{v}$, 속력 $|\vec{v}|$ 및 가속도 $\vec{a}$ 를 구하여라.

풀이 ≫ $\dfrac{dx}{dt}=-rw\sin wt=-wy,\ \dfrac{dy}{dt}=rw\cos wt=wx$

이므로 점 P의 속도는 $\vec{v}=(-wy,\ wx)\cdots$ 답

또, 점 P의 속력은 $|\vec{v}|=\sqrt{(-wy)^2+(wx)^2}=wr\cdots$ 답

$\dfrac{d^2x}{dt^2}=-rw^2\cos wt=-w^2x$

$\dfrac{d^2y}{dt^2}=-rw^2\sin wt=-w^2y$ 이므로

점 P의 가속도는 $\vec{a}=(-w^2x,\ -w^2y)\cdots$ 답

1. 적분법 (II)

1. x^a 의 부정적분

$$\int x^a dx = \frac{x^{a+1}}{a+1} + C \,(\text{단},\ a \neq -1),\quad \int \frac{1}{x} dx = \ln|x| + C$$

2. 삼각함수, 지수함수의 부정적분

$$\int \sin x\, dx = -\cos x + C,\quad \int \cos x\, dx = \sin x + C$$

$$\int \sec^2 x\, dx = \tan x + C,\quad \int \mathrm{cosec}^2 x\, dx = -\cot x + C$$

$$\int e^x dx = e^x + C,\quad \int a^x dx = \frac{a^x}{\ln a} + C$$

┃ 예문 ┃ 다음 부정적분을 구하여라.

(1) $\displaystyle\int \frac{(\sqrt{x}-1)^2}{x} dx$ (2) $\displaystyle\int (2-\tan x)\cos x\, dx$ (3) $\displaystyle\int \cos^2 \frac{x}{2} dx$

(4) $\displaystyle\int \tan^2 x\, dx$ (5) $\displaystyle\int 10^{x+3}\, dx$ (6) $\displaystyle\int \sin^2 \frac{x}{2} dx$

풀이 >>>

(1) $\displaystyle\int \frac{(\sqrt{x}-1)^2}{x} dx = \int \left(1 - 2x^{-\frac{1}{2}} + \frac{1}{x}\right) dx$

$\displaystyle = \int dx - 2\int x^{-\frac{1}{2}} dx + \int \frac{1}{x} dx = \boldsymbol{x - 4\sqrt{x} + \ln x + C} \cdots$ 답

(2) $\displaystyle\int (2-\tan x)\cos x\, dx = 2\int \cos x\, dx - \int \sin x\, dx = \boldsymbol{2\sin x + \cos x + C}$

$\cdots$ 답

(3) $\displaystyle\int \cos^2 \frac{x}{2} dx = \frac{1}{2}\int (1+\cos x)\, dx = \boldsymbol{\frac{1}{2}x + \frac{1}{2}\sin x + C} \cdots$ 답

(4) $\displaystyle\int \tan^2 x\, dx = \int (\sec^2 x - 1)\, dx = \boldsymbol{\tan x - x + C} \cdots$ 답

(5) $\displaystyle\int 10^{x+3}\, dx = \frac{10^{x+3}}{(x+3)'\ln 10} + C = \boldsymbol{\frac{1}{\ln 10} \cdot 10^{x+3} + C} \cdots$ 답

(6) $\displaystyle\int \sin^2 \frac{x}{2} dx = \frac{1}{2}\int (1-\cos x)\, dx = \boldsymbol{\frac{1}{2}x - \frac{1}{2}\sin x + C} \cdots$ 답

2. 치환적분, 부분적분법

1. 치환적분법

$y=f(x)$에서 $x=g(t)$로 놓으면

$$\int f(x)\,dx=\int f(x)\frac{dx}{dt}dt=\int f(g(t))\,g'(t)\,dt$$

2. 분수함수의 부정적분 : $\displaystyle\int \frac{f'(x)}{f(x)}dx=\ln|f(x)|+C$

3. 부분적분법 : $\displaystyle\int f(x)\,g'(x)\,dx=f(x)\,g(x)-\int f'(x)\,g(x)\,dx$

┃ 예문 ┃ 다음 부정적분을 구하여라.

$$(1)\ \int(3x+2)^4dx \qquad (2)\ \int\sin^2 x\cos x\,dx \qquad (3)\ \int xe^{x^2}dx$$

풀이 ≫ (1) $3x+2=t$로 놓으면 $x=\dfrac{t-2}{3}$, $\dfrac{dx}{dt}=\dfrac{1}{3}$

$$\therefore\ \int(3x+2)^4dx=\int t^4\cdot\frac{1}{3}dt=\frac{1}{15}t^5+C=\frac{1}{15}(3x+2)^5+C\cdots\boxed{답}$$

(2) $(\sin x)'=\cos x$ 이므로 $\sin x=t$로 놓으면

$$\int\sin^2 x\cos x\,dx=\int\sin^2 x\cdot(\sin x)'\,dx=\int t^2\,dt=\frac{1}{3}t^3+C$$

$$=\frac{1}{3}\sin^3 x+C\cdots\boxed{답}$$

(3) $(x^2)'=2x$ 이므로 $x^2=t$로 놓으면

$$\int xe^{x^2}\,dx=\frac{1}{2}\int e^{x^2}\cdot(x^2)'\,dx=\frac{1}{2}\int e^t dt=\frac{1}{2}e^t+C=\frac{1}{2}e^{x^2}+C\cdots\boxed{답}$$

┃ 예문 ┃ 부정적분 $\displaystyle\int x\sin 2x\,dx$ 를 구하여라.

풀이 ≫ $f(x)=x$, $g'(x)=\sin 2x$ 이면 $f'(x)=1$, $g(x)=-\dfrac{1}{2}\cos 2x$

$$\int x\sin 2x\,dx=x\left(-\frac{1}{2}\cos 2x\right)-\int 1\cdot\left(-\frac{1}{2}\cos 2x\right)dx$$

$$=-\frac{1}{2}x\cos 2x+\frac{1}{2}\int\cos 2x\,dx=-\frac{1}{2}x\cos 2x+\frac{1}{4}\sin 2x+C\cdots\boxed{답}$$

3. 정적분의 치환·부분적분

1. 정적분의 치환적분법

$x=g(t)$로 놓으면 $a=g(\alpha)$, $b=g(\beta)$일 때

$$\int_a^b f(x)\,dx=\int_\alpha^\beta f(x)\frac{dx}{dt}dt=\int_\alpha^\beta f(g(t))\,g'(t)\,dt$$

2. 정적분의 부분적분법

$$\int_a^b f(x)\,g'(x)\,dx=\Big[f(x)\,g(x)\Big]_a^b-\int_a^b f'(x)\,g(x)\,dx$$

┃ 예문 ┃ 다음 정적분을 구하여라.

$$(1)\ \int_0^1 x\sqrt{x^2+3}\,dx \qquad\qquad (2)\ \int_1^e \frac{(\ln x)^2}{x}\,dx$$

풀이 ≫ (1) $x^2+3=t$로 놓으면 $2x\,dx=dt$, $x=0$이면 $t=3$, $x=1$이면

$t=4$ $\therefore \int_0^1 x\sqrt{x^2+3}\,dx=\frac{1}{2}\int_3^4 t^{\frac{1}{2}}\,dt=\frac{1}{2}\cdot\frac{2}{3}\Big[t^{\frac{3}{2}}\Big]_3^4=\frac{1}{3}(8-3\sqrt{3})\cdots$ **답**

(2) $\ln x=t$로 놓으면 $\frac{1}{x}\,dx=dt$

따라서 $\int_1^e \frac{(\ln x)^2}{x}\,dx=\int_0^1 t^2\,dt=\Big[\frac{1}{3}t^3\Big]_0^1=\frac{1}{3}\cdots$ **답**

┃ 예문 ┃ 정적분 $\int_0^{\frac{\pi}{2}} x\sin x\,dx$의 값을 구하여라.

풀이 ≫ $\int_0^{\frac{\pi}{2}} x\sin x\,dx=\int_0^{\frac{\pi}{2}} x(-\cos x)'\,dx$

$=\Big[-x\cos x\Big]_0^{\frac{\pi}{2}}-\int_0^{\frac{\pi}{2}} (x)'(-\cos x)\,dx$

$=0+\int_0^{\frac{\pi}{2}}\cos x\,dx=\Big[\sin x\Big]_0^{\frac{\pi}{2}}=1\cdots$ **답**

참고 부분적분법에서 $\int_a^b f(x)\,g'(x)\,dx$에서 무엇을 $g'(x)$로 놓을

것인가 ?

$e^x=(e^x)'$, $\sin x=(-\cos x)'$, $\cos x=(\sin x)'$, $\frac{1}{x}=(\ln x)'$

정적분의 특별한 경우

┃ 예문 ┃ 삼각치환

$a>0$일 때

(1) $\displaystyle\int_0^a \sqrt{a^2-x^2}\,dx$의 값을 구하여라.

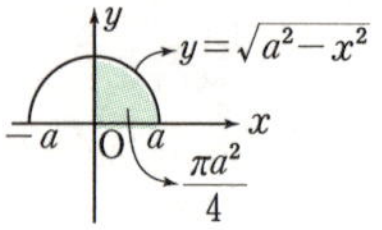

풀이 ⟫ $x=a\sin\theta$로 놓으면

$$dx=a\cos\theta\,d\theta$$

$$\therefore \int_0^a \sqrt{a^2-x^2}\,dx=\int_0^{\frac{\pi}{2}} \sqrt{a^2\cos^2\theta}\cdot a\cos\theta\,d\theta$$

$$=a^2\int_0^{\frac{\pi}{2}}\cos^2\theta\,d\theta=a^2\int_0^{\frac{\pi}{2}}\frac{1+\cos 2\theta}{2}\,dt$$

$$=\frac{a^2}{2}\left[\theta+\frac{1}{2}\sin 2\theta\right]_0^{\frac{\pi}{2}}=\frac{a^2}{2}\left[\frac{\pi}{2}-0\right]=\frac{\pi a^2}{4}\cdots\boxed{답}$$

(2) $\displaystyle\int_0^a \frac{1}{a^2+x^2}\,dx$의 값을 구하여라.

풀이 ⟫ $x=a\tan\theta$로 놓으면 $dx=a\sec^2\theta\,d\theta$

$$\therefore \int_0^a \frac{1}{a^2+x^2}\,dx=\int_0^{\frac{\pi}{4}}\frac{1}{a^2\sec^2\theta}\cdot a\sec^2\theta\,d\theta=\frac{1}{a}\int_0^{\frac{\pi}{4}}d\theta$$

$$=\frac{1}{a}\left[\theta\right]_0^{\frac{\pi}{4}}=\frac{\pi}{4a}\cdots\boxed{답}$$

┃ 예문 ┃ 곱을 합·차로 고쳐서 적분하기

$\displaystyle\int_0^{2\pi}\sin mx\sin nx\,dx$(단, m, n은 서로 다른 양의 정수)

풀이 ⟫ $\displaystyle\frac{1}{2}\int_0^{2\pi}\{\cos(m-n)x-\cos(m+n)x\}\,dx$

$$=\frac{1}{2}\left[\frac{1}{m-n}\sin(m-n)x-\frac{1}{m+n}\sin(m+n)x\right]_0^{2\pi}=0\cdots\boxed{답}$$

┃ 예문 ┃ 기함수, 우함수

$\displaystyle\int_{-\frac{\pi}{2}}^{\frac{\pi}{2}}\{\cos x+x\,e^{x^2}-x\ln(x^2+1)\}\,dx$의 적분

풀이 ⟫ $x\,e^{x^2}$, $x\ln(x^2+1)$은 기함수이므로

$$\int_{-\frac{\pi}{2}}^{\frac{\pi}{2}}\cos x\,dx=2\int_0^{\frac{\pi}{2}}\cos x\,dx=2\left[\sin x\right]_0^{\frac{\pi}{2}}=2\cdots\boxed{답}$$

4. 정적분의 응용 (II)

1. 평면위의 운동

시각 t에서의 위치 $\mathrm{P}(x,\ y)$가 $x=f(t)$, $y=g(t)$인 동점의 $t=a$ 에서 $t=b$까지의 경과 거리를 l이라 하면

$$l=\int_a^b \sqrt{\left(\frac{dx}{dt}\right)^2+\left(\frac{dy}{dt}\right)^2}\,dt=\int_a^b \sqrt{\{f'(t)\}^2+\{g'(t)\}^2}\,dt$$

2. 곡선의 호의 길이

곡선 $y=f(x)$ 위의 두 점 $\mathrm{A}(a,\ f(a))$, $\mathrm{B}(b,\ f(b))$ 사이의 곡선의 길이 l은 $a<b$일 때

$$l=\int_a^b \sqrt{1+\{f'(x)\}^2}\,dx \text{이다.}$$

예문 점 P의 좌표 $(x,\ y)$가 시각 t의 함수로서 $x=a(t-\sin t)$, $y=a(1-\cos t)$일 때, 점 P가 시각 $t=0$에서 $t=2\pi$ 사이에 움직인 거리를 구하면? (단, $a>0$)

풀이 $\dfrac{dx}{dt}=a(1-\cos t)$, $\dfrac{dy}{dt}=a\sin t$이므로 거리 l은

$$l=\int_0^{2\pi} \sqrt{a^2(1-\cos t)^2+a^2\sin^2 t}\,dt=a\int_0^{2\pi} \sqrt{2-2\cos t}\,dt$$

$$=a\int_0^{2\pi} \sqrt{4\sin^2 \frac{t}{2}}\,dt=2a\int_0^{2\pi} \sin \frac{t}{2}\,dt$$

$$=2a\left[-2\cos \frac{t}{2}\right]_0^{2\pi}=8a \cdots \boxed{답}$$

참고

(1) $\sqrt{2-2\cos t}=\sqrt{\dfrac{1-\cos t}{2}\times 4}=2\sqrt{\sin^2 \dfrac{t}{2}}=2\sin \dfrac{t}{2}$

(2) $x=f(t)$, $y=g(t)$로 주어질 때

$\dfrac{dy}{dx}=\dfrac{dy/dt}{dx/dt}$로 계산하고, x, y를 t의 매개변수의 함수라고

한다. $\left(\dfrac{dx}{dt}\neq 0\right)$

1. 삼각형의 넓이

오른쪽 그림의 삼각형 ABC에서 4개의 삼각형의 넓이를 각각 S_1, S_2, S_3, S_4라 하면
$$S_1 : S_2 = S_4 : S_3, \quad S_1 S_3 = S_2 S_4$$
이 성립한다.

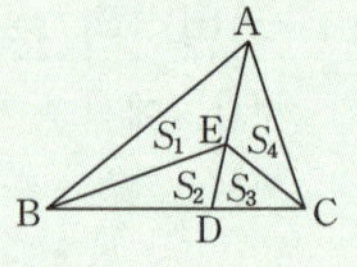

설명》》 $S_1 : S_2 = \overline{AE} : \overline{ED}$, $S_4 : S_3 = \overline{AE} : \overline{ED}$ 이므로
$S_1 : S_2 = S_4 : S_3$ $\quad \therefore S_1 S_3 = S_2 S_4$

2. 이등변삼각형의 성질

1. 이등변삼각형의 두 밑각의 크기는 서로 같다.

2. 이등변삼각형의 꼭지각의 이등분선은 밑변을 수직이등분한다.

설명》》 이등변삼각형의 성질은 선분의 수직이등분선의 성질, 원에서 현의 성질 등을 증명하는데 이용된다.

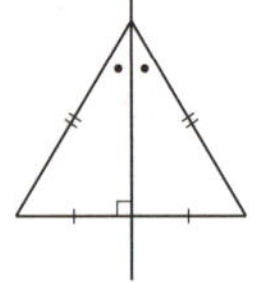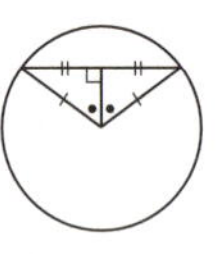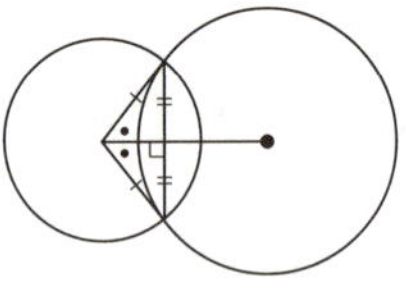

3. 닮은도형의 성질

닮음비가 $m : n$인 두 닮은도형에 대하여
(1) 대응하는 변의 길이의 비는 $m : n$이다.
(2) 넓이의 비는 $m^2 : n^2$이다.
(3) 부피의 비는 $m^3 : n^3$이다.

설명 ≫ 삼각형의 넓이에 관하여 다음을 혼동하지 말자.

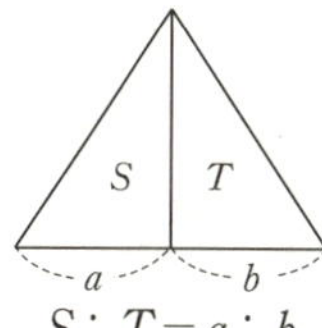

$$S : T = a : b$$

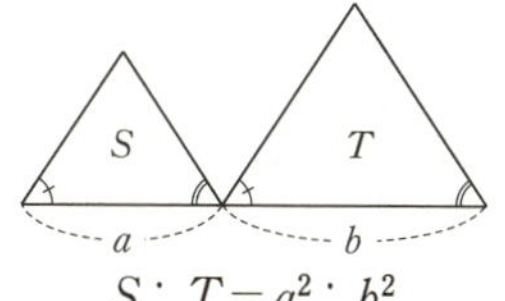

$$S : T = a^2 : b^2$$

4. 삼각형과 평행선

$\triangle ABC$에서 점 D, E가 $\overline{AB}$, $\overline{AC}$ 위에 있거나 그 연장선 위에 있을 때, $\overline{BC} /\!/ \overline{DE}$이면

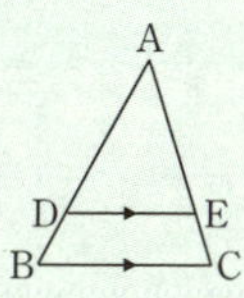

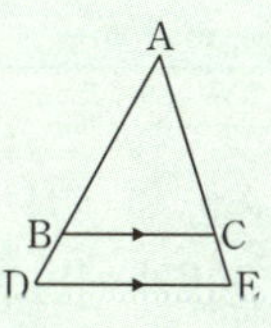

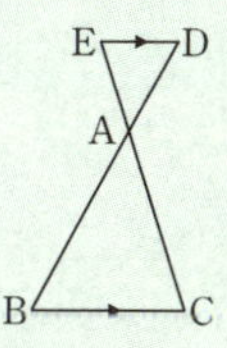

(1) $\dfrac{\overline{AD}}{\overline{AB}} = \dfrac{\overline{AE}}{\overline{AC}} = \dfrac{\overline{DE}}{\overline{BC}}$

(2) $\dfrac{\overline{AD}}{\overline{DB}} = \dfrac{\overline{AE}}{\overline{EC}}$

5. 삼각형의 중점연결 정리

1. 삼각형의 두 변의 중점을 연결한 선분은 나머지 변과 평행하고, 그 길이는 나머지 변의 길이의 $\dfrac{1}{2}$이다.

2. 삼각형의 한 변의 중점을 지나서 다른 한 변에 평행한 직선은 나머지 한 변의 중점을 지난다.

설명 ≫ 1. $\overline{AM}=\overline{BM}$, $\overline{AN}=\overline{CN}$ 이면

$\overline{MN}\,/\!/\,\overline{BC}$, $\overline{MN}=\dfrac{1}{2}\overline{BC}$

2. $\overline{AM}=\overline{BM}$, $\overline{MN}\,/\!/\,\overline{BC}$ 이면
$\overline{AN}=\overline{CN}$

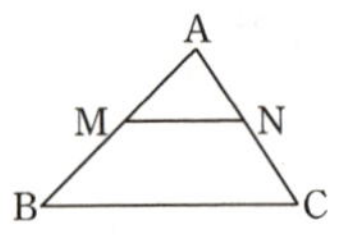

6. 삼각형의 각의 이등분선

삼각형 ABC의 ∠A의 이등분선이 변 BC와 만나는 점을 D라 하면
$$\overline{AB}:\overline{AC}=\overline{BD}:\overline{CD}$$

증명 ≫ $\overline{BA}$의 연장선을 긋고 점 C를 지나 $\overline{DA}$에
평행한 직선을 그어 그 교점을 E라 하면

∠BAD=∠AEC(동위각)

∠DAC=∠ACE(엇각)

∴ ∠AEC=∠ACE

따라서, $\overline{AE}=\overline{AC}$

즉, $\overline{BA}:\overline{AE}=\overline{BD}:\overline{DC}$ ∴ $\overline{BA}:\overline{AC}=\overline{BD}:\overline{CD}$

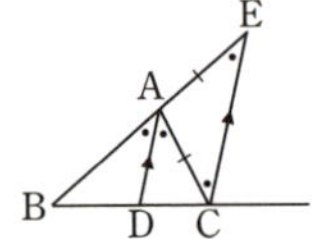

7. 직각삼각형에서 변의 길이의 비

∠A=90°인 직각삼각형 ABC의 꼭지점 A에서
빗변 BC에 수선 AH를 그으면
(1) $\overline{AB}^2=\overline{BH}\cdot\overline{BC}$, $\overline{AC}^2=\overline{CH}\cdot\overline{CB}$
(2) $\overline{AH}^2=\overline{BH}\cdot\overline{HC}$

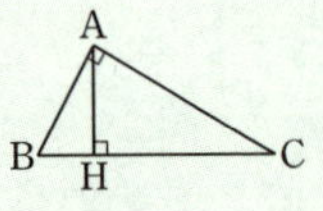

8. 삼각형의 내심

1. 삼각형의 세 내각의 이등분선은 한 점에서 만나고, 이 점(내심)에서 삼각형의 세 변까지의 거리는 같다.

2. $\triangle ABC$의 세 변의 길이가 a, b, c이고 넓이가 S일 때, $\triangle ABC$의 내접원의 반지름의 길이 r는 $r=\dfrac{2S}{a+b+c}$

설명 ≫ $\triangle ABC$의 넓이는 세 삼각형 $\triangle ABI$, $\triangle BCI$, $\triangle CAI$의 넓이의 합과 같다.

$$S=\frac{1}{2}ar+\frac{1}{2}br+\frac{1}{2}cr=\frac{1}{2}(a+b+c)\,r$$

$$\therefore\ r=\frac{2S}{a+b+c}$$

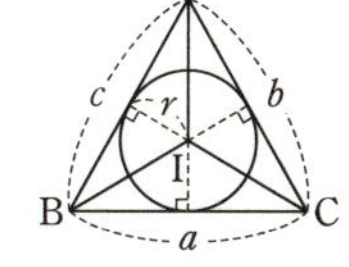

9. 원에서의 비례 관계

1. 한 원의 두 현 AB, CD 또는 그 연장선의 교점을 P라 하면
$$\overline{PA}\cdot\overline{PB}=\overline{PC}\cdot\overline{PD}$$

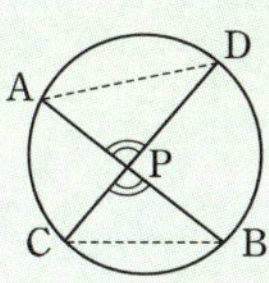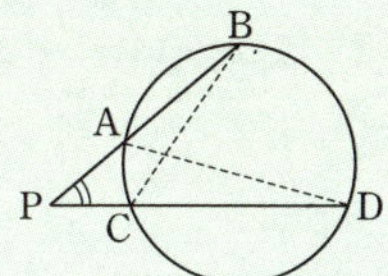

2. 원의 외부의 한 점 P에서 이 원에 그은 접선과 할선이 만나는 점을 각각 T, A, B라 하면 $\overline{PT^2}=\overline{PA}\cdot\overline{PB}$

설명 ≫ 2. $\triangle PAT$와 $\triangle PBT$에서
$\angle PTA=\angle PBT$, $\angle P$는 공통
즉, $\triangle PAT\backsim\triangle PTB$
$\therefore\ \overline{PA}:\overline{PT}=\overline{PT}:\overline{PB}$
$\therefore\ \overline{PT^2}=\overline{PA}\cdot\overline{PB}$

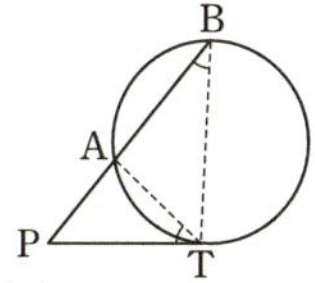

10. 원의 접선

1. 원의 접선은 접점을 끝점으로 하는 반지름에 수직이다.

2. 원 밖의 한 점에서 원에 그은 두 접선의 길이는 같다.

설명 2. 점 P에서 원 O에 두 접선 PA, PB를 그으면 △PAO와 △PBO에서

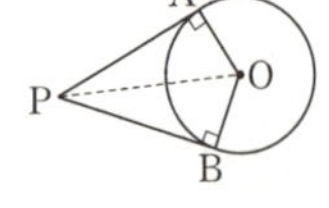

$\overline{PO}$는 공통, $\overline{OA}=\overline{OB}$

$\angle PAO = \angle PBO = 90°$

∴ △PAO≡△PBO(RHS 합동)

즉, $\overline{PA}=\overline{PB}$

11. 원주각

1. 한 호에 대한 원주각의 크기는 일정하며, 그 호에 대한 중심각의 크기의 $\dfrac{1}{2}$과 같다.

2. 원의 접선 AT와 현 AB가 이루는 각의 크기는 현 AB에 대한 원주각의 크기와 같다. 즉,

$$\angle BAT = \angle APB$$

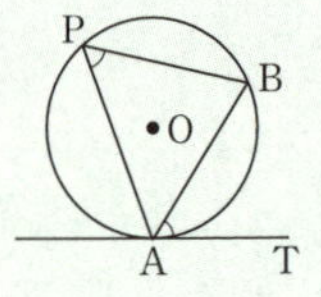

설명 1. 오른쪽 그림에서

$\angle AOC = \angle OAP + \angle OPA = 2\angle OPA$

$\angle BOC = \angle OBP + \angle OPB = 2\angle OPB$

이므로

$\angle AOC + \angle BOC = 2(\angle OPA + \angle OPB)$

∴ $\angle AOB = 2\angle APB$

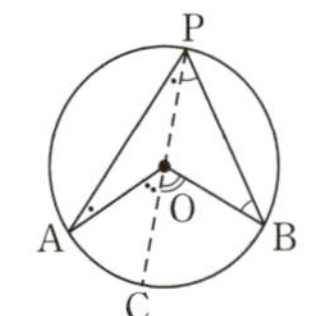

2. 오른쪽 그림과 같이 원의 지름 AQ를 그으
   면 ∠APB=∠AQB
   그런데 ∠ABQ=90°, ∠QAT=90°
   이므로 ∠AQB=∠BAT
   ∴ ∠APB=∠BAT

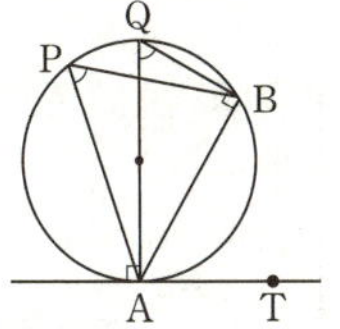

12. 원과 사각형

1. 사각형 ABCD가 원 O에 내접하기 위한 필요충분조건은
   ∠A+∠C=180° 또는 ∠B+∠D=180°

2. 사각형 ABCD가 원 O에 외접할 때
   $$\overline{AB}+\overline{DC}=\overline{AD}+\overline{BC}$$

상 용 로 그 표 (1)

수	0	1	2	3	4	5	6	7	8	9	1	2	3	4	5	6	7	8	9
											비 례 부 분								
1.0	.0000	.0043	.0086	.0128	.0170	.0212	.0253	.0294	.0334	.0374	4	8	12	17	21	25	29	33	37
1.1	.0414	.0453	.0492	.0531	.0569	.0607	.0645	.0682	.0719	.0755	4	8	11	15	19	23	26	30	34
1.2	.0792	.0828	.0864	.0899	.0934	.0969	.1004	.1038	.1072	.1106	3	7	10	14	17	21	24	28	31
1.3	.1139	.1173	.1206	.1239	.1271	.1303	.1335	.1367	.1399	.1430	3	6	10	13	16	19	23	26	29
1.4	.1461	.1492	.1523	.1553	.1584	.1614	.1644	.1673	.1703	.1732	3	6	9	12	15	18	21	24	27
1.5	.1761	.1790	.1818	.1847	.1875	.1903	.1931	.1959	.1987	.2014	3	6	8	11	14	17	20	22	25
1.6	.2041	.2068	.2095	.2122	.2148	.2175	.2201	.2227	.2253	.2279	3	5	8	11	13	16	18	21	24
1.7	.2304	.2330	.2355	.2380	.2405	.2430	.2455	.2480	.2504	.2529	2	5	7	10	12	15	17	20	22
1.8	.2553	.2577	.2601	.2625	.2648	.2672	.2695	.2718	.2742	.2765	2	5	7	9	12	14	16	19	21
1.9	.2788	.2810	.2833	.2856	.2878	.2900	.2923	.2945	.2967	.2989	2	4	7	9	11	13	16	18	20
2.0	.3010	.3032	.3054	.3075	.3096	.3118	.3139	.3160	.3181	.3201	2	4	6	8	11	13	15	17	19
2.1	.3222	.3243	.3263	.3284	.3304	.3324	.3345	.3365	.3385	.3404	2	4	6	8	10	12	14	16	18
2.2	.3424	.3444	.3464	.3483	.3502	.3522	.3541	.3560	.3579	.3598	2	4	6	8	10	12	14	15	17
2.3	.3617	.3636	.3655	.3674	.3692	.3711	.3729	.3747	.3766	.3784	2	4	6	7	9	11	13	15	17
2.4	.3802	.3820	.3838	.3856	.3874	.3892	.3909	.3927	.3945	.3962	2	4	5	7	9	11	12	14	16
2.5	.3979	.3997	.4014	.4031	.4048	.4065	.4082	.4099	.4116	.4133	2	3	5	7	9	10	12	14	15
2.6	.4150	.4166	.4183	.4200	.4216	.4232	.4249	.4265	.4281	.4298	2	3	5	7	8	10	11	13	15
2.7	.4314	.4330	.4346	.4362	.4378	.4393	.4409	.4425	.4440	.4456	2	3	5	6	8	9	11	13	14
2.8	.4472	.4487	.4502	.4518	.4533	.4548	.4564	.4579	.4594	.4609	2	3	5	6	8	9	11	12	14
2.9	.4624	.4639	.4654	.4669	.4683	.4698	.4713	.4728	.4742	.4757	1	3	4	6	7	9	10	12	13
3.0	.4771	.4786	.4800	.4814	.4829	.4843	.4857	.4871	.4886	.4900	1	3	4	6	7	9	10	11	13
3.1	.4914	.4928	.4942	.4955	.4969	.4983	.4997	.5011	.5024	.5038	1	3	4	6	7	8	10	11	12
3.2	.5051	.5065	.5079	.5092	.5105	.5119	.5132	.5145	.5159	.5172	1	3	4	5	7	8	9	11	12
3.3	.5185	.5198	.5211	.5224	.5237	.5250	.5263	.5276	.5289	.5302	1	3	4	5	6	8	9	10	12
3.4	.5315	.5328	.5340	.5353	.5366	.5378	.5391	.5403	.5416	.5428	1	3	4	5	6	8	9	10	11
3.5	.5441	.5453	.5465	.5478	.5490	.5502	.5514	.5527	.5539	.5551	1	2	4	5	6	7	9	10	11
3.6	.5563	.5575	.5587	.5599	.5611	.5623	.5635	.5647	.5658	.5670	1	2	4	5	6	7	8	10	11
3.7	.5682	.5694	.5705	.5717	.5729	.5740	.5752	.5763	.5775	.5786	1	2	3	5	6	7	8	9	10
3.8	.5798	.5809	.5821	.5832	.5843	.5855	.5866	.5877	.5888	.5899	1	2	3	5	6	7	8	9	10
3.9	.5911	.5922	.5933	.5944	.5955	.5966	.5977	.5988	.5999	.6010	1	2	3	4	5	7	8	9	10
4.0	.6021	.6031	.6042	.6053	.6064	.6075	.6085	.6096	.6107	.6117	1	2	3	4	5	7	8	9	10
4.1	.6128	.6138	.6149	.6160	.6170	.6180	.6191	.6201	.6212	.6222	1	2	3	4	5	6	7	8	9
4.2	.6232	.6243	.6253	.6263	.6274	.6284	.6294	.6304	.6314	.6325	1	2	3	4	5	6	7	8	9
4.3	.6335	.6345	.6355	.6365	.6375	.6385	.6395	.6405	.6415	.6425	1	2	3	4	5	6	7	8	9
4.4	.6435	.6444	.6454	.6464	.6474	.6484	.6493	.6503	.6513	.6522	1	2	3	4	5	6	7	8	9
4.5	.6532	.6542	.6551	.6561	.6571	.6580	.6590	.6599	.6609	.6618	1	2	3	4	5	6	7	8	9
4.6	.6628	.6637	.6646	.6656	.6665	.6675	.6684	.6693	.6702	.6712	1	2	3	4	5	6	7	7	8
4.7	.6721	.6730	.6739	.6749	.6758	.6767	.6776	.6785	.6794	.6803	1	2	3	4	5	5	6	7	8
4.8	.6812	.6821	.6830	.6839	.6848	.6857	.6866	.6875	.6884	.6893	1	2	3	4	4	5	6	7	8
4.9	.6902	.6911	.6920	.6928	.6937	.6946	.6955	.6964	.6972	.6981	1	2	3	4	4	5	6	7	8
5.0	.6990	.6998	.7007	.7016	.7024	.7033	.7042	.7050	.7059	.7067	1	2	3	3	4	5	6	7	8
5.1	.7076	.7084	.7093	.7101	.7110	.7118	.7126	.7135	.7143	.7152	1	2	3	3	4	5	6	7	8
5.2	.7160	.7168	.7177	.7185	.7193	.7202	.7210	.7218	.7226	.7235	1	2	2	3	4	5	6	7	7
5.3	.7243	.7251	.7259	.7267	.7275	.7284	.7292	.7300	.7308	.7316	1	2	2	3	4	5	6	6	7
5.4	.7324	.7332	.7340	.7348	.7356	.7364	.7372	.7380	.7388	.7396	1	2	2	3	4	5	6	6	7

상 용 로 그 표 (2)

수	0	1	2	3	4	5	6	7	8	9	1	2	3	4	5	6	7	8	9
5.5	.7404	.7412	.7419	.7427	.7435	.7443	.7451	.7459	.7466	.7474	1	2	2	3	4	5	5	6	7
5.6	.7482	.7490	.7497	.7505	.7513	.7520	.7528	.7536	.7543	.7551	1	2	2	3	4	5	5	6	7
5.7	.7559	.7566	.7574	.7582	.7589	.7597	.7604	.7612	.7619	.7627	1	2	2	3	4	5	5	6	7
5.8	.7634	.7642	.7649	.7657	.7664	.7672	.7679	.7686	.7694	.7701	1	1	2	3	4	4	5	6	7
5.9	.7709	.7716	.7723	.7731	.7738	.7745	.7752	.7760	.7767	.7774	1	1	2	3	4	4	5	6	7
6.0	.7782	.7789	.7796	.7803	.7810	.7818	.7825	.7832	.7839	.7846	1	1	2	3	4	4	5	6	6
6.1	.7853	.7860	.7868	.7875	.7882	.7889	.7896	.7903	.7910	.7917	1	1	2	3	4	4	5	6	6
6.2	.7924	.7931	.7938	.7945	.7952	.7959	.7966	.7973	.7980	.7987	1	1	2	3	3	4	5	6	6
6.3	.7993	.8000	.8007	.8014	.8021	.8028	.8035	.8041	.8048	.8055	1	1	2	3	3	4	5	5	6
6.4	.8062	.8069	.8075	.8082	.8089	.8096	.8102	.8109	.8116	.8122	1	1	2	3	3	4	5	5	6
6.5	.8129	.8136	.8142	.8149	.8156	.8162	.8169	.8176	.8182	.8189	1	1	2	3	3	4	5	5	6
6.6	.8195	.8202	.8209	.8215	.8222	.8228	.8235	.8241	.8248	.8254	1	1	2	3	3	4	5	5	6
6.7	.8261	.8267	.8274	.8280	.8287	.8293	.8299	.8306	.8312	.8319	1	1	2	3	3	4	5	5	6
6.8	.8325	.8331	.8338	.8344	.8351	.8357	.8363	.8370	.8376	.8382	1	1	2	3	3	4	4	5	6
6.9	.8388	.8395	.8401	.8407	.8414	.8420	.8426	.8432	.8439	.8445	1	1	2	2	3	4	4	5	6
7.0	.8451	.8457	.8463	.8470	.8476	.8482	.8488	.8494	.8500	.8506	1	1	2	2	3	4	4	5	6
7.1	.8513	.8519	.8525	.8531	.8537	.8543	.8549	.8555	.8561	.8567	1	1	2	2	3	4	4	5	5
7.2	.8573	.8579	.8585	.8591	.8597	.8603	.8609	.8615	.8621	.8627	1	1	2	2	3	4	4	5	5
7.3	.8633	.8639	.8645	.8651	.8657	.8663	.8669	.8675	.8681	.8686	1	1	2	2	3	4	4	5	5
7.4	.8692	.8698	.8704	.8710	.8716	.8722	.8727	.8733	.8739	.8745	1	1	2	2	3	4	4	5	5
7.5	.8751	.8756	.8762	.8768	.8774	.8779	.8785	.8791	.8797	.8802	1	1	2	2	3	3	4	5	5
7.6	.8808	.8814	.8820	.8825	.8831	.8837	.8842	.8848	.8854	.8859	1	1	2	2	3	3	4	5	5
7.7	.8865	.8871	.8876	.8882	.8887	.8893	.8899	.8904	.8910	.8915	1	1	2	2	3	3	4	4	5
7.8	.8921	.8927	.8932	.8938	.8943	.8949	.8954	.8960	.8965	.8971	1	1	2	2	3	3	4	4	5
7.9	.8976	.8982	.8987	.8993	.8998	.9004	.9009	.9015	.9020	.9025	1	1	2	2	3	3	4	4	5
8.0	.9031	.9036	.9042	.9047	.9053	.9058	.9063	.9069	.9074	.9079	1	1	2	2	3	3	4	4	5
8.1	.9085	.9090	.9096	.9101	.9106	.9112	.9117	.9122	.9128	.9133	1	1	2	2	3	3	4	4	5
8.2	.9138	.9143	.9149	.9154	.9159	.9165	.9170	.9175	.9180	.9186	1	1	2	2	3	3	4	4	5
8.3	.9191	.9196	.9201	.9206	.9212	.9217	.9222	.9227	.9232	.9238	1	1	2	2	3	3	4	4	5
8.4	.9243	.9248	.9253	.9258	.9263	.9269	.9274	.9279	.9284	.9289	1	1	2	2	3	3	4	4	5
8.5	.9294	.9299	.9304	.9309	.9315	.9320	.9325	.9330	.9335	.9340	1	1	2	2	3	3	4	4	5
8.6	.9345	.9350	.9355	.9360	.9365	.9370	.9375	.9380	.9385	.9390	1	1	2	2	3	3	4	4	5
8.7	.9395	.9400	.9405	.9410	.9415	.9420	.9425	.9430	.9435	.9440	0	1	1	2	2	3	3	4	4
8.8	.9445	.9450	.9455	.9460	.9465	.9469	.9474	.9479	.9484	.9489	0	1	1	2	2	3	3	4	4
8.9	.9494	.9499	.9504	.9509	.9513	.9518	.9523	.9528	.9533	.9538	0	1	1	2	2	3	3	4	4
9.0	.9542	.9547	.9552	.9557	.9562	.9566	.9571	.9576	.9581	.9586	0	1	1	2	2	3	3	4	4
9.1	.9590	.9595	.9600	.9605	.9609	.9614	.9619	.9624	.9628	.9633	0	1	1	2	2	3	3	4	4
9.2	.9638	.9643	.9647	.9652	.9657	.9661	.9666	.9671	.9675	.9680	0	1	1	2	2	3	3	4	4
9.3	.9685	.9689	.9694	.9699	.9703	.9708	.9713	.9717	.9722	.9727	0	1	1	2	2	3	3	4	4
9.4	.9731	.9736	.9741	.9745	.9750	.9754	.9759	.9763	.9768	.9773	0	1	1	2	2	3	3	4	4
9.5	.9777	.9782	.9786	.9791	.9795	.9800	.9805	.9809	.9814	.9818	0	1	1	2	2	3	3	4	4
9.6	.9823	.9827	.9832	.9836	.9841	.9845	.9850	.9854	.9859	.9863	0	1	1	2	2	3	3	4	4
9.7	.9868	.9872	.9877	.9881	.9886	.9890	.9894	.9899	.9903	.9908	0	1	1	2	2	3	3	4	4
9.8	.9912	.9917	.9921	.9926	.9930	.9934	.9939	.9943	.9948	.9952	0	1	1	2	2	3	3	4	4
9.9	.9956	.9961	.9965	.9969	.9974	.9978	.9983	.9987	.9991	.9996	0	1	1	2	2	3	3	3	4

비 례 부 분

정 규 분 포 표

$$f(z)=\frac{1}{\sqrt{2\pi}}\int_0^x e^{-\frac{1}{2}z^2}\,dz$$

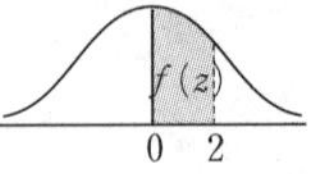

z	0.00	0.01	0.02	0.03	0.04	0.05	0.06	0.07	0.08	0.09
0.0	.0000	.0040	.0080	.0120	.0160	.0199	.0239	.0279	.0319	.0359
0.1	.0398	.0438	.0478	.0517	.0557	.0596	.0636	.0675	.0714	.0753
0.2	.0793	.0832	.0871	.0910	.0948	.0987	.1026	.1064	.1103	.1141
0.3	.1179	.1217	.1255	.1293	.1331	.1368	.1406	.1443	.1480	.1517
0.4	.1554	.1591	.1628	.1664	.1700	.1736	.1772	.1808	.1844	.1879
0.5	.1915	.1950	.1985	.2019	.2054	.2088	.2123	.2157	.2190	.2224
0.6	.2257	.2291	.2324	.2357	.2389	.2422	.2454	.2486	.2518	.2549
0.7	.2580	.2611	.2642	.2673	.2704	.2734	.2764	.2794	.2823	.2852
0.8	.2881	.2910	.2939	.2967	.2995	.3023	.3051	.3078	.3106	.3133
0.9	.3159	.3186	.3212	.3238	.3264	.3289	.3315	.3340	.3365	.3389
1.0	.3413	.3438	.3461	.3485	.3508	.3531	.3554	.3577	.3599	.3621
1.1	.3643	.3665	.3686	.3708	.3729	.3749	.3770	.3790	.3810	.3830
1.2	.3849	.3869	.3888	.3907	.3925	.3944	.3962	.3980	.3997	.4015
1.3	.4032	.4049	.4066	.4082	.4099	.4115	.4131	.4147	.4162	.4177
1.4	.4192	.4207	.4222	.4236	.4251	.4265	.4279	.4292	.4306	.4319
1.5	.4332	.4345	.4357	.4370	.4382	.4394	.4406	.4418	.4429	.4441
1.6	.4452	.4463	.4474	.4484	.4495	.4505	.4515	.4525	.4535	.4545
1.7	.4554	.4564	.4573	.4582	.4591	.4599	.4608	.4616	.4625	.4633
1.8	.4641	.4649	.4656	.4664	.4671	.4678	.4686	.4693	.4699	.4706
1.9	.4713	.4719	.4726	.4732	.4738	.4744	.4750	.4756	.4761	.4767
2.0	.4772	.4778	.4783	.4788	.4793	.4798	.4803	.4808	.4812	.4817
2.1	.4821	.4826	.4830	.4834	.4838	.4842	.4846	.4850	.4854	.4857
2.2	.4861	.4864	.4868	.4871	.4875	.4878	.4881	.4884	.4887	.4890
2.3	.4893	.4896	.4898	.4901	.4904	.4906	.4909	.4911	.4913	.4916
2.4	.4918	.4920	.4922	.4925	.4927	.4929	.4931	.4932	.4934	.4936
2.5	.4938	.4940	.4941	.4943	.4945	.4946	.4948	.4949	.4951	.4952
2.6	.4953	.4955	.4956	.4957	.4959	.4960	.4961	.4962	.4963	.4964
2.7	.4965	.4966	.4967	.4968	.4969	.4970	.4971	.4972	.4973	.4974
2.8	.4974	.4975	.4976	.4977	.4977	.4978	.4979	.4980	.4980	.4981
2.9	.4981	.4982	.4983	.4983	.4984	.4984	.4985	.4985	.4986	.4986
3.0	.4987	.4987	.4987	.4988	.4988	.4989	.4989	.4989	.4990	.4990

권사유
판본소

Basic 고교생을 위한 수학공식 활용사전

초판 1쇄 발행 2002년 3월 10일 | 초판 10쇄 발행 2014년 2월 25일 |
엮은이 김종호 | 펴낸이 신원영 | 펴낸곳 (주)신원문화사 |
주소 서울시 영등포구 당산동 121-245 신원빌딩3층 | 전화 3664-2131~4 | 팩스 3664-2130 |
출판등록 1976년 9월 16일 제5-68호

＊잘못된 책은 바꾸어 드립니다.

ISBN 89-359-1007-4 41410